环境工程实验理论与技术

朱灵峰 主编

黄河水利出版社

内 容 提 要

本书简单介绍了环境工程专业基本概念和基本理论,系统阐述了环境工程专业实验理论与技术。主要内容包括实验数据的分析整理;正交实验方案的设计和方差分析;环境监测实验理论与技术(包括水质、大气、土壤和固体废弃物的监测实验技术等);水污染控制工程实验理论与技术(包括在水处理中应用较广泛的沉淀、过滤和生物处理技术);大气污染控制实验理论与技术(包括大气中颗粒污染物的净化实验和大气中气体状态污染物的净化实验技术);噪声污染控制和固体废弃物处理处置实验技术;环境工程专业综合性实验设计。

本书可作为环境类专业本专科大学生的实验教材,也可作为环境类专业工程技术人员及大中专院校环境工程专业教师的参考书。

图书在版编目(CIP)数据

环境工程实验理论与技术/ 朱灵峰主编. — 郑州:
黄河水利出版社,2006.8
ISBN 7-80621-806-8

Ⅰ.环… Ⅱ.朱… Ⅲ.环境工程-实验-高等
学校-教材 Ⅳ.X5-33

中国版本图书馆 CIP 数据核字(2006)第 095104 号

出 版 社:黄河水利出版社
      地址:河南省郑州市金水路 11 号   邮政编码:450003
发行单位:黄河水利出版社
      发行部电话:0371-66026940   传真:0371-66022620
      E-mail:hhslcbs@126.com
承印单位:黄河水利委员会印刷厂
开本:787 mm×1 092 mm 1/16
印张:16
字数:370 千字   印数:1—2 000
版次:2006 年 8 月第 1 版   印次:2006 年 8 月第 1 次印刷

书号:ISBN 7-80621-806-8/X·12   定价:28.00 元

前　言

　　环境工程专业经过几十年的发展,理论体系日臻完善,相比理论教学,实践教学环节相对比较落后,比较突出的问题是缺乏实验教材,这是当前制约培养环境类专业学生创新精神和实践能力的主要障碍。

　　本书全面系统地介绍了环境工程专业的实验理论和实验技术,内容包括实验数据的分析整理;正交实验方案的设计和方差分析;环境监测实验理论和技术(包括水质、大气、土壤和固体废弃物的监测实验技术等);水污染控制工程实验理论与技术(包括在水处理中应用较广泛的沉淀、过滤和生物处理技术);大气污染控制实验理论与技术(包括大气中颗粒污染物的净化实验和大气中气体状态污染物的净化实验技术);噪声污染控制和固体废弃物处理处置实验技术;环境工程专业综合性实验设计等七章。编写过程中,我们立足于环境工程专业基础知识体系,充分考虑水利院校学生的特点,注重学生基本理论、基本技能及创新思维能力的启发和培养,实验方法与内容设计灵活多样,方便不同院校选择实验教学。全书计量单位采用 SI 单位制。

　　本书由朱灵峰主编,胡习英、张杰、李海华、曹年海任副主编。参加本书编写的有华北水利水电学院环境与市政工程学院的胡习英(第一、五章),李海华(第三章),张杰(第四章);华北水利水电学院资源与环境学院的曹年海(第二、六章),第七章由胡习英、李海华、朱灵峰共同编写完成。全书由参编人员讨论拟定编写大纲,最后由朱灵峰教授修改和定稿。

　　在本书的编写过程中,作者参阅并引用了大量的国内外有关文献和资料,在此向所引用文献的作者致以诚挚谢意。陈南祥教授审阅了书稿,提出了修改意见,在此表示感谢。另外,本书在出版过程中,得到了华北水利水电学院教务处的指导帮助和环境与市政工程学院环境工程学科的资助,黄河水利出版社给予了大力支持和帮助,在此一并表示衷心的感谢。

　　由于编者水平有限,编写时间仓促,书中难免存在错误或疏漏之处,敬请广大读者批评指正。

编　者

2006 年 6 月

目　　录

第一章　实验数据分析

环境工程实验中所用的许多物理学、化学和生物学数据,是描述和评价环境质量的基本依据。由于环境监测系统的条件限制以及操作人员的技术水平有限,测试值与真值之间常存在差异;环境污染的流动性、变异性以及与时空因素关系,使某一区域的环境质量由许多因素综合决定;描述某一河流的环境质量,必须对整条河流按规定布点,以一定频率测定,根据大量数据综合才能表述它的环境质量,所有这一切均需通过统计处理。而统计处理就包括实验数据的分析与整理。

第一节　实验误差分析

一、误差定义及表现形式

由于被测量的数据形式通常不能以有限位数表示,同时由于认识能力不足和科学技术水平的限制,使测量值与真值不一致,这种矛盾在数值上表现即为误差。任何测量结果都有误差,误差自始至终存在于一切科学实验和一切测量全过程之中(误差公理)。误差按表现形式分为系统误差、随机误差和过失误差;按其性质分为绝对误差、相对误差和引用误差。

一个没有标明误差的测量结果,是没有用处的数据。尽管误差要比测量结果小很多,在计算上也可能很难,但科技工作者对测量结果和误差的需求同样重视,这种需求是来自实践和对科学水平不断提高的关系。研究误差理论是认识与改造客观的需要、评价与确保质量的需要、经济与正确地组织实验的需要、促进理论发展的需要。

(一)系统误差

系统误差又称可测误差、恒定误差或偏倚(bias),指测量值的总体均值与真值之间的差别,是由测量过程中某些恒定因素造成的,在一定条件下具有重现性,并不因增加测量次数而减小。它的产生可以是方法、仪器、试剂、恒定的操作人员和恒定的环境所造成的。在实验中,系统误差产生的原因常有以下几个方面。

(1)仪器误差。因使用不准确的仪器所造成的误差。例如滴定管、移液管、容量瓶刻度不准,分光光度计波长刻度与实际不符等。

(2)方法误差。由方法本身造成的误差。例如在容量分析中计算终点与滴定终点不相符合,分析反应中有副反应发生等原因引起的结果偏高或偏低。

(3)试剂误差。因试剂不纯、配制不准或所用蒸馏水中含有杂质等原因所造成的误差。

(4)操作误差。由操作者个人习惯、偏见或者对操作条件及规程理解差异所造成的误差。

系统误差对结果的影响是恒定的,而且经常反复出现。实验人员必须学会发现和克服系统误差,否则分析结果将总是偏高或偏低。

系统误差是可以发现和克服的。例如,采用校正仪器的方法可以克服仪器误差;选用标准方法可避免方法误差;在实验中进行空白实验或对照实验可找出试剂误差;实验人员操作时可按照标准规程进行操作,进行专业培训学习并克服不良习惯,可帮助消除操作误差。

(二)随机误差

随机误差又称偶然误差或不可测误差,是由测定过程中各种随机因素的共同作用所造成,如测定过程中电压、大气压、温度的波动,仪器本身的不稳定性,操作者在实验过程中的细微差异等因素。表面看来这类误差似乎捉摸不定,但实际上也有它的规律:同样大小的正负偶然误差出现的机会在多次测试中大致相等;小误差出现的机会多,大误差出现的机会少;而且在重复测定过程中(在同一条件下)其误差绝对值不会超过一定的界限范围。随机误差遵从正态分布规律,可概括为有界性、单峰性、对称性和抵偿性。

在实验分析过程中,可以采用严格控制实验条件、按照标准操作规程操作、适当增加重复测定次数的办法减小偶然误差。

(三)过失误差

过失误差又称粗差,是由测量过程中犯了不应有的错误所造成,如加错试剂、读错数字、操作失误、记录或运算数值时出现错误,均可引起较大误差。这类较大误差的数值称为异常值,它明显地歪曲测量结果,因而一经发现必须及时改正,绝不允许把过失误差当做偶然误差。

(四)绝对误差

某量值的绝对误差是该量的给出值与客观真值之差;其给出值包括:测量值(单一测量值或多次测量的均值)、实验值、标称值、示值、计算近似值等要研究和给出的非真值。如果定义中的给出值是用测量方式获得的测量结果,则测量绝对误差为其测量值与真值之差,绝对值有正负之分。即

$$测量绝对误差 = 测量结果 - 真值 \qquad (1-1)$$

如果给出值是计算仪器的示值,则示值绝对误差为

$$示值绝对误差 = 示值 - 真值 \qquad (1-2)$$

如果给出值是实验值则实验绝对误差为

$$实验绝对误差 = 实验值 - 真值 \qquad (1-3)$$

在某一时刻和某一位置或状态下,某量的效应体现出客观值或实际值称为真值。真值包括以下几种:

(1)理论真值:例如三角形内角之和等于$180°$,同一量值自身之差为0,自身之比为1。

(2)约定真值:由国际计量大会定义的国际单位制,由国际单位制所定义的真值叫约定真值。

长度单位——光在真空中在$1/299\ 792\ 458s$的时间间隔内行程的长度是$1m$;

质量单位——保存在法国巴黎国际计量局的铂铱合金圆柱体(国际千克原器)的质量是$1kg$;

时间单位——^{133}Cs原子,处于特定状态(原子基态的两个超精细能级之间的跃迁)时辐射出$9\ 192\ 631\ 770$个周期的电磁波,它所持续的时间为$1s$。此外还有电流强度、热力

学温度、发光强度、物质的量等基本单位。

凡满足以上条件复现的量值都是真值(约定)。

(3)标准器相对真值:高一级标准器的误差为低一级标准器或普通计量仪器误差的(1/3~1/20)时(一般为1/5),则可认为前者是后者的相对真值。

例如:铂电阻温度计复现的温度值相对于普通温度计指示的温度值而言是真值。

绝对误差的性质:有量纲、有方向(即大小)。

修正值、真值、给出值、误差的关系式如下:

$$修正值 = - 误差 = 真值 - 给出值 \tag{1-4}$$

$$真值 = 给出值 + 修正值 = 给出值 - 误差 \tag{1-5}$$

即含有误差的给出值加上修正值后就可消除误差的影响,而加上修正值的作用如同扣除误差的作用。

(五)相对误差

相对误差指绝对误差与真值之比(常以百分数表示)。

【例1-1】 用米尺测100m绝对误差为1m;用米尺测1 000m,绝对误差为1m,从绝对误差的角度说是一样的,但由于所测长度不同,故而它们的准确程度不一样,前者100m差1m,后者1 000m差1m,为了描述其测量的准确程度引出相对误差:

$$相对误差 = 误差 \div 真值 = \frac{误差}{真值} \times 100\% \tag{1-6}$$

例1-1中,相对误差分别为1/100=1%,1/1 000=0.1%。

(六)引用误差

引用误差是一种简化的相对误差,用于多档和连续分度的仪器仪表中,这些仪器仪表可测范围不是一点,而是一个量程,各分度点的示值和其对应的真值都不一样。若用前面相对误差的计算公式,则所用的分母都不一样,计算麻烦,为了计算和划分准确度等级方便,一律取该仪器仪表的量程或测量范围上限值为分母:

$$引用误差 = \frac{绝对误差}{量程(上限)} \times 100\% \tag{1-7}$$

电工仪表的准确度等级分别定为0.1、0.2、0.5、1.0、1.5、2.5、5级。其标明仪表的引用误差不能超过的界限,如仪表的级别用 S 代表,则说明合格的仪表最大引用误差不会超过 $S\%$。设仪表的量程为 $0 \sim X_n$,测量点为 X,则该仪表在 X 点邻近处的示值误差为

$$绝对误差(\Delta X) \leqslant 引用误差上限 \leqslant S\% \times X_n \tag{1-8}$$

$$相对误差 \leqslant \frac{X_n}{X} \times S\% \tag{1-9}$$

因此,仪表测量 X 点时所产生的最大相对误差为最大绝对误差与测量点的比值,即

$$r = \Delta X / X = \frac{X_n}{X} S\% \tag{1-10}$$

一般 $X \leqslant X_n$,X 越接近 X_n 时准确度越高,X 越远离 X_n 准确度越低。因此,人们在用这类仪表测量时尽可能在仪表的邻近上限值处或2/3量程以上测量。

【例1-2】 待测电压为100V、现有0.5级0~300V、1.0级0~100V两块电表,问用哪个电压表测量比较好?

解：

$$r_1 = \frac{X_n}{X} \times S\% = \frac{300\text{V}}{100\text{V}} \times 0.5\% = 1.5\%$$

$$r_2 = \frac{X_n}{X} \times S\% = \frac{100\text{V}}{100\text{V}} \times 1.0\% = 1.0\%$$

此例说明,用级别低的表测量有时比级别高的仪表测量相对误差要小,因此测量时要级别和量程二者兼顾。

二、精密度、正确度和准确度

精密度表示测量结果中随机误差的大小程度。测量精密度与随机误差大小成反比关系,即精密度越高随机误差越小,反之则越差。

正确度表示测量结果中系统误差的大小程度,对已定系统误差可以加修正值消除,对未定系统误差可以用置信限来估计。

准确度是测量结果中系统误差与随机误差的综合,表示测量结果与真值的一致程度。若已修正所有系统误差,则准确度也可用不确定度来表示。在实验或测量中,精密度好正确度不一定好,正确度好精密度也不一定好,但准确度好则需要精密度与正确度都好。

三、偏差、不确定度、总体、样本与正态分布

(一)偏差定义、分类

一个值减去其参考值,称为偏差。这里的值或一个值是指测量得到的值,参考值是指设定值、应有值或标称值。以测量仪器的偏差为例,它是从零件加工的"尺寸偏差"的概念引申过来的。尺寸偏差是加工所得的某一实际尺寸与其要求的参考尺寸或标称尺寸之差。相对于实际尺寸来说,由于受加工过程中诸多因素的影响,它偏离了要求的或应有的参考尺寸,于是产生了尺寸偏差,即

$$\text{尺寸偏差} = \text{实际尺寸} - \text{参考尺寸} \tag{1-11}$$

对于量具也有类似的情况。例如:用户需要一个准确值为1kg的砝码,并将此应有的值标示在砝码上;工厂加工时由于诸多因素的影响,所得的实际值为1.002kg,此时的偏差为 +0.002kg。而如果在标称值上加一个修正值 +0.002 后再用,则这块砝码就显得没有误差了。这里的示值误差和修正值,都是相对于标称值而言的。现在从另一个角度来看,这块砝码之所以具有 −0.002kg 的示值误差,是因为加工发生偏差,偏大了 0.002kg,从而使加工出来的实际值(1.002kg)偏离了标称值(1kg)。为了描述这个差异,引入"偏差"这个概念就是很自然的事,即

$$\text{偏差} = \text{实际值} - \text{标称值} \tag{1-12}$$

由此可见,偏差与修正值相等,或与误差等值而反向。应强调指出的是:偏差相对于实际值而言,修正值与误差则相对于标称值而言,它们所指的对象不同。所以在分析时,首先要分清所研究的对象是什么;还要提及的是:上述尺寸偏差也称实际偏差或简称偏差,而常见的概念还有上偏差(最大极限尺寸与应有参考尺寸之差)、下偏差(最小极限尺寸与应有参考尺寸之差),它们统称为极限偏差。由代表上、下偏差的两条直线所确定的

区域,即限制尺寸变动量的区域,通称为尺寸公差带。

偏差分为绝对偏差、相对偏差、平均偏差、相对平均偏差和标准偏差等。

(1)绝对偏差(d_i)是测定值(x_i)与均值($\bar{x}$)之差:

$$d_i = x_i - \bar{x} \tag{1-13}$$

(2)相对偏差是绝对偏差与均值之比(常以百分数表示):

$$相对偏差 = \frac{d}{x} \times 100\% \tag{1-14}$$

(3)平均偏差是绝对偏差绝对值之和的平均值:

$$\bar{d} = \frac{1}{n} \sum_{i=1}^{n} |d_i| = \frac{1}{n}(|d_1| + |d_2| + \cdots + |d_n|) \tag{1-15}$$

(4)相对平均偏差是平均偏差与均值之比(常以百分数表示):

$$相对平均偏差 = \frac{\bar{d}}{x} \times 100\% \tag{1-16}$$

(5)标准偏差和相对标准偏差。

①差方和,亦称离差平方或平方和,是指绝对偏差的平方之和,以 S 表示:

$$S = \sum_{i=1}^{n} (x_i - \bar{x})^2 \tag{1-17}$$

②样本方差,用 s^2 或 V 表示:

$$s^2 = \frac{1}{n-1} \sum_{i=1}^{n} (x_i - \bar{x})^2 = \frac{1}{n-1} S \tag{1-18}$$

③样本标准偏差,用 s 或 s_D 表示:

$$s = \sqrt{\frac{1}{n-1} \sum_{i=1}^{n} (x_i - \bar{x})^2}$$

$$= \sqrt{\frac{1}{n-1} S} \tag{1-19}$$

$$= \sqrt{\frac{\sum x_i^2 - \frac{(\sum x_i)^2}{n}}{n-1}}$$

④样本相对标准偏差,又称变异系数,是样本标准偏差在样本均值中所占的百分数,记为 C_V:

$$C_V = \frac{s}{x} \times 100\% \tag{1-20}$$

⑤总体方差和总体标准偏差,分别用 σ^2 和 σ 表示:

$$\sigma^2 = \frac{1}{N} \sum_{i=1}^{n} (x_i - \mu)^2 \tag{1-21}$$

$$\sigma = \sqrt{\sigma^2} \tag{1-22}$$

$$= \sqrt{\frac{1}{N} \sum_{i=1}^{n} (x_i - \mu)^2}$$

$$= \sqrt{\dfrac{\sum x_i^2 - \dfrac{(\sum x_i)^2}{N}}{N}}$$

式中：N 为总体容量；μ 为总体均值。

⑥极差，即一组测量值中最大值（x_{max}）与最小值（x_{min}）之差，表示误差的范围，用 R 表示：

$$R = x_{max} - x_{min} \tag{1-23}$$

(二)测量不确定度表示方法

1. 测量不确定度

表征合理地赋于被测量之值的分散性及与测量结果相联系的参数，称为测量不确定度。"合理"意指应考虑到各种因素对测量的影响所做的修正，特别是测量应处于统计控制的状态下，即处于随机控制过程中。"相联系"意指测量不确定度是一个与测量结果"在一起"的参数，在测量结果的完整表述中应包括测量不确定度。此参数可以是诸如标准（偏）差或其倍数，或说明了置信水准的区间的半宽度。

测量不确定度从词义上理解，意味着对测量结果可信性、有效性的怀疑程度或不肯定程度，是定量说明测量结果的质量的一个参数。实际上由于测量不完善和人们的认识不足，所得的被测量值具有分散性，即每次测得的结果不是同一值，而是以一定的概率分散在某个区域内的许多值。虽然客观存在的系统误差是一个不变值，但由于我们不能完全认知或掌握，只能认为它是以某种概率分布存在于某个区域内，而这种概率分布本身也具有分散性。测量不确定度就是说明被测量之值分散性的参数，它不说明测量结果是否接近真值。

为了表征这种分散性，测量不确定度用标准（偏）差表示。在实际使用中，往往希望知道测量结果的置信区间，因此规定测量不确定度也可用标准（偏）差的倍数或说明置信水准区间的半宽度表示。为了区分这两种不同的表示方法，分别称它们为标准不确定度和扩展不确定度。

在实践中，测量不确定度可能来源于以下 10 个方面：

(1)对被测量的定义不完整或不完善；

(2)实现被测量的定义的方法不理想；

(3)取样的代表性不够，即被测量的样本不能代表所定义的被测量；

(4)对测量过程受环境影响的认识不周全，或对环境条件的测量与控制不完善；

(5)对模拟仪器的读数存在人为偏移；

(6)测量仪器的分辨力或鉴别力不够；

(7)赋予计量标准的值或标准物质的值不准；

(8)用于数据计算的常量和其他参量不准；

(9)测量方法和测量程序的近似性和假定性；

(10)在表面上看来完全相同的条件下，被测量重复观测值的变化。

由此可见，测量不确定度一般来源于随机性和模糊性，前者归因于条件不充分，后者归因于事物本身概念不明确。这就使测量不确定度一般由许多分量组成，其中一些分量可以用测量系列结果(观测值)的统计分布来进行评价,并且以实验标准(偏)差表征;而另一些分量可以用其他方法(根据经验或其他信息的假定概率分布)来进行评价,并且也以标准(偏)差表征。所有这些分量,应理解为都贡献给了分散性。若需要表示某分量是由某原因导致时,可以用随机效应导致的不确定度和系统效应导致的不确定度,而不要用"随机不确定度"和"系统不确定度"这两个已过时或淘汰的说法。例如:由修正值和计量标准带来的不确定度分量,可以称为系统效应导致的不确定度。

不确定度当由方差得出时,取其正平方根;当分散性的大小用说明置信水准区间的半宽度表示时,作为区间的半宽度取负值显然也是毫无意义的。当不确定度除以测量结果时,称为相对不确定度,这是个无量纲量,通常以百分数或10的负数幂表示。

在测量不确定度的发展过程中,人们从传统上理解为"表征(或说明)被测量真值所处范围的一个估计值(或参数)";也有一段时期理解为"由测量结果给出的被测量估计值的可能误差的度量"。这些含义从概念上来说是测量不确定度发展和演变的过程,与现定义并不矛盾,但它们涉及到真值和误差这两个理想化的或理论上的概念,实际上是难以操作的未知量,而可以具体操作的则是测量结果的变化,即被测量之值的分散性。

2.标准不确定度

以标准(偏)差表示的测量不确定度,称为标准不确定度。

标准不确定度用符号 u 表示,它不是由测量标准引起的不确定度,而是指不确定度以标准(偏)差表示,来表征被测量之值的分散性。这种分散性可以有不同的表示方式,例如:用 $\dfrac{\sum\limits_{i=1}^{n}(x_i-\bar{x})^2}{n}$ 表示时,由于正残差与负残差可能相消,反映不出分散程度;用 $\dfrac{\sum\limits_{i=1}^{n}|\ x_i-\bar{x}\ |}{n}$ 表示时,则不便于进行解析运算。只有用标准(偏)差表示的测量结果的不确定度,才称为标准不确定度。

当对同一被测量作 n 次测量,表征测量结果分散性的量 s 按下式算出时,称它为实验标准(偏)差:

$$s=\sqrt{\frac{\sum\limits_{i=1}^{n}(x_i-\bar{x})^2}{n-1}} \tag{1-24}$$

式中:x_i 为第 i 次测量的结果;$\bar{x}$ 为所考虑的 n 次测量结果的算术平均值。

对同一被测量作有限的 n 次测量,其中任何一次的测量结果或观测值,都可视做无穷多次测量结果或总体的一个样本。数理统计方法就是通过这个样本所获得的信息来推断总体的性质。期望是通过无穷多次测量所得的观测值的算术平均值或加权平均值,又称为总体均值 μ,显然它只是在理论上存在,可表示为

$$\mu=\lim_{n\to\infty}\frac{1}{n}\sum_{i=1}^{n}x_i \tag{1-25}$$

方差 σ^2 则是无穷多次测量所得观测值 x_i 与期望 μ 之差的平方的算术平均值,它也只是在理论上存在,可表示为

$$\sigma^2 = \lim_{n \to \infty} \frac{1}{n} \sum_{i=1}^{n} (x_i - \mu)^2 \tag{1-26}$$

方差的正平方根 σ 通常被称为标准差,又称为总体标准差或理论标准差;而通过有限次测量算得的实验标准差 s,又称为样本标准差。

s 是单次观测值 x_i 的实验标准差, $s/\sqrt{n}$ 才是 n 次测量所得算术平均值 $\bar{x}$ 的实验标准差,它是 $\bar{x}$ 分布的标准差的估计值。为易于区别,前者用 $s(x)$ 表示,后者用 $s(\bar{x})$ 表示,故有 $s(\bar{x}) = s(x)/\sqrt{n}$。

通常用 $s(x)$ 表征测量仪器的重复性,而用 $s(\bar{x})$ 评价以此仪器进行 n 次测量所得测量结果的分散性。随着测量次数 n 的增加,测量结果的分散性 $s(\bar{x})$ 即与 n 成反比地减小,这是由于对多次观测值取平均后,正、负误差相互抵偿所致。所以,当测量要求较高或希望测量结果的标准差较小时,应适当增加 n;但当 $n > 20$ 时,随着 n 的增加, $s(\bar{x})$ 的减小速率减慢。因此,在选取 n 的多少时应予综合考虑或权衡利弊,因为增加测量次数就会拉长测量时间、加大测量成本。在通常情况下,取 $n \geqslant 3$, $n = 4 \sim 20$ 为宜。另外,应当强调 $s(\bar{x})$ 是平均值的实验标准差,而不能称它为平均值的标准误差。

(三)总体、样本和平均数

(1)总体和个体。研究对象的全体称为总体,其中一个单位叫个体。

(2)样本和样本容量。总体中的一部分叫样本,样本中含有个体的数目叫此样本的容量,记作 n。

(3)平均数。平均数代表一组变量的平均水平或集中趋势,样本观测中大多数测量值靠近。

①算术均数:简称均数,是最常用的平均数,其定义为

样本均数 $$\bar{x} = \frac{\sum x_i}{n} \tag{1-27}$$

总体均数 $$\mu = \frac{\sum x_i}{n} \quad (n \to \infty) \tag{1-28}$$

②几何均数:当变量呈等比关系,常需用几何均数,其定义为

$$\bar{x}_g = (x_1 x_2 \cdots x_n)^{\frac{1}{n}}$$

$$= \lg^{-1}\left(\frac{\sum \lg x_i}{n}\right) \tag{1-29}$$

例如,计算酸雨 pH 值的均数,都是计算雨水中氢离子活度的几何均数。

③中位数:将各数据按大小顺序排列,位于中间的数据即为中位数,若为偶数取中间两数的平均值,适用于一组数据的少数呈"偏态"分散在某一侧,使均数受个别极数的影响较大。

④众数:一组数据中出现次数最多的一个数据。

平均数表示集中趋势,当监测数据是正态分布时,其算术均数、中位数和众数三者重合。

【**例 1-3**】 有一氯化物的标准水样,浓度为 110mg/L,以银量法测定 5 次,其值分别为 112、115、114、113、115mg/L,求算术均数、几何均数、中位数、绝对误差、相对误差、绝

对偏差、平均偏差、极差、样本差方和、样本方差、标准偏差和相对标准偏差。

解 算术均数：$\bar{x} = \frac{1}{5}(112 + 115 + 114 + 113 + 115) = 113.8(\text{mg/L})$

几何均数：$\bar{x}_g = (112 \times 115 \times 114 \times 113 \times 115)^{\frac{1}{5}} = 113.8(\text{mg/L})$

中位数 $= 114\text{mg/L}$

绝对误差：$x_i - x_t = 112 - 110 = 2(\text{mg/L})$（以 x_i 为 112mg/L，x_t 为 110mg/L 为例）

相对误差：$\frac{x_i - x_t}{x_t} \times 100\% = 1.8$

绝对偏差：$d_i = x_i - \bar{x}$

$\qquad\qquad = 112 - 113.8 = -1.8(\text{mg/L})$

平均偏差：$\bar{d} = (|112 - 113.8| + |115 - 113.8| + \cdots + |115 - 113.8|)$

$\qquad\qquad = 1.04(\text{mg/L})$

极差：$R = 115 - 112 = 3(\text{mg/L})$

样本差方和：$S = (-0.8)^2 + (1.2)^2 + (0.2)^2 + (-0.8)^2 + (1.2)^2$

$\qquad\qquad = 6.80(\text{mg/L})$

样本方差：$s^2 = \frac{1}{n-1}S$

$\qquad\qquad = \frac{1}{4} \times 6.80 = 1.70(\text{mg/L})$

样本标准偏差：$s = \sqrt{s^2} = 1.3(\text{mg/L})$

样本相对标准差：$C_V = \frac{1.3}{113.8} \times 100\% = 1.1\%$

(四)正态分布

相同条件下对同一样品测定中的随机误差，均遵从正态分布。正态概率密度函数为

$$\varphi(x) = \frac{1}{\sigma\sqrt{2\pi}}e^{-\frac{(x-\mu)^2}{2\sigma^2}} \tag{1-30}$$

式中：x 为由此分布中抽出的随机样本值；μ 为总体均值，是曲线最高点的横坐标，曲线对 μ 对称；σ 为总体标准偏差，反映了数据的离散程度。

从统计学知道，样本落在下列区间内的概率见表 1-1。

表 1-1　正态分布总体的样本落在下列区间内的概率

区间	落在区间内的概率(%)	区间	落在区间内的概率(%)
$\mu \pm 1.000\sigma$	68.26	$\mu \pm 2.000\sigma$	95.44
$\mu \pm 1.645\sigma$	90.00	$\mu \pm 2.576\sigma$	99.00
$\mu \pm 1.960\sigma$	95.00	$\mu \pm 3.000\sigma$	99.73

正态分布曲线说明：

(1)小误差出现的概率大于大误差，即误差的概率与误差的大小有关。

(2)大小相等、符号相反的正负误差数目近于相等,故曲线对称。

(3)出现大误差的概率很小。

(4)算术均值是可靠的数值。

在实际工作中,有些数据本身不呈正态分布,但将数据通过数学转换后可显示正态分布,最常用的转换方式是将数据取对数。若监测数据的对数呈正态分布,称为对数正态分布。例如,大气监测当 SO_2 成颗粒物浓度较低时,数据经实验证明一般呈对数正态分布,有些工厂排放废水的浓度数据也呈对数正态分布。

四、系统误差的检验方法

系统误差是指固定的或服从某确定规律的误差,它决定了测定结果的正确度。

在分析测试中,经常遇到这类问题。例如,用标样来评价一个分析方法、检验两个实验室或两个分析人员测试结果的一致性、研究测试条件对测试结果的影响、检查空白值等,其实质都是检查系统误差。一个分析实验室要向送检部门报送分析结果,如果分析结果是由几个分析人员或用不同分析方法得到的,应该对不同分析人员或不同分析测定结果之间是否存在系统误差进行检验,只有确认不存在系统误差之后,才能以加权平均值报出结果。

从统计检验的角度来看,检查两组测定值之间是否存在系统误差,就是检验两组测定值的分布是否相同,若相同就认为二者之间不存在系统误差;若不同就认为二者之间存在系统误差。

(一)两组测定间系统误差的检验

1. 符号检验法

若有两总体,从两总体中抽样,各进行 n 次独立测定,得到 n 对一一对应的数据

$$X_{11}, X_{12}, \cdots, X_{1i}, \cdots, X_{1n}$$

$$X_{21}, X_{22}, \cdots, X_{2i}, \cdots, X_{2n}$$

如果两组测定值之间不存在系统误差,出现 $X_{1i} > X_{2i}$ 与出现 $X_{2i} > X_{1i}$ 的机会是相同的,概率各为 1/2。当 n 足够大时,在 n 对数据中,$X_{1i} > X_{2i}$ 出现的次数 n_+ 与 $X_{2i} > X_{1i}$ 出现的次数 n_- 应该是相等的。但当 n 较小时,由于实验误差的影响,n_+ 与 n_- 不一定相等,但也不应该相差很大。若出现 $X_{1i} = X_{2i}$ 的情况不计,令 $n = n_+ + n_-$,n_+ 与 n_- 之中数字较小者 $r = \min(n_+, n_-)$ 就不应比符号检验表(见表 1-2)中相应显著性水平 α 和 n 以下的数 S 还小;若 $r \leqslant S$,则有理由认为这两组测定值之间存在系统误差,做出这一结论的置信度为 $P = (1 - \alpha) \times 100\%$。

出现 $X_{1i} > X_{2i}$ 或 $X_{2i} > X_{1i}$ 的次数 C 是一个随机变量,遵从二项分布(符号检验表就是由二项分布计算出来的),当 n 较大时,由数理统计理论知道,C 近似遵从均值为 $n/2$、标准差为 $\sqrt{n/4}$ 的正态分布,这时可用正态分布的性质来检验。检验统计量为

$$t = \frac{r - \dfrac{n}{2}}{\sqrt{\dfrac{n}{4}}} \tag{1-31}$$

表 1-2　符号检验表(S 值)

n	α		n	α		n	α	
	0.05	0.10		0.05	0.10		0.05	0.10
1	—	—	21	5	6	41	13	14
2	—	—	22	5	6	42	14	15
3	—	—	23	6	7	43	14	15
4	—	—	24	6	7	44	15	16
5	—	0	25	7	7	45	15	16
6	0	0	26	7	8	46	15	16
7	0	0	27	7	8	47	16	17
8	0	1	28	8	9	48	16	17
9	1	1	29	8	9	49	17	18
10	1	1	30	9	10	50	17	18
11	1	2	31	9	10	51	18	19
12	2	2	32	9	10	52	18	19
13	2	3	33	10	11	53	18	20
14	2	3	34	10	11	54	19	20
15	3	3	35	11	12	55	19	20
16	3	4	36	11	12	56	20	21
17	4	4	37	12	13	57	20	21
18	4	5	38	12	13	58	21	22
19	4	5	39	12	13	59	21	22
20	5	5	40	13	14	60	21	23

若取显著性水平 $\alpha = 0.05$，t 落在区间(-1.96，$+1.96$)内，则认为两总体之间没有显著性差异；如果 t 值落在这个区间之外，则认为两总体之间有显著性差异，两组测定值之间存在系统误差。

【例 1-4】　用氯化铵－邻菲啰啉法和三氯化铝法测定铁矿石中碳酸铁，得到的数据列于表 1-3 中，根据表中的数据检验两测定方法之间是否存在系统误差。

解
$$n_+ = 3, n_- = 7$$
$$n = n_+ + n_- = 10$$

查符号检验表(见表 1-2)，在 $n = 10$、显著性水平 $\alpha = 0.05$ 时的 S 值为 1，n_+ 与 n_- 中较小的数字为 3，它大于 1，因此可以认为两方法之间不存在系统误差。

符号检验法主要适用于连续随机变量。此法的最大优点是简单直观，并且它不要求对检验的分布事先有所了解；它的缺点是精度比较差，没有充分利用数据提供的信息，因为只是简单地比较测定值的相对大小，而不考虑这些测定值本身的具体数值。符号检验法只适用于测定数据成对的场合。

表 1-3 铁矿石中碳酸铁测定数据

试样编号	氯化铵－邻菲啰啉法（%）	三氯化铝法（%）	符号
1	6.33	6.53	－
2	9.45	9.52	－
3	14.35	14.56	－
4	17.32	17.47	－
5	20.47	20.78	－
6	23.88	24.26	－
7	27.88	27.73	＋
8	32.46	32.23	＋
9	35.73	35.74	－
10	39.72	39.21	＋

2. t 检验法

t 检验法比符号检验法的精度高,因此对于正态分布,在有条件时,最好还是使用 t 检验法。t 检验使用如下式所示的统计量:

$$t = \left| \frac{\bar{x}_2 - \bar{x}_1}{\bar{s}} \right| \sqrt{\frac{n_1 n_2}{n_1 + n_2}} \tag{1-32}$$

其中 $\bar{s}$ 是合并方差,按下式计算:

$$\bar{s} = \sqrt{\frac{(n_1 - 1){s_1}^2 + (n_2 - 1){s_2}^2}{n_1 + n_2 - 2}} \tag{1-33}$$

如果由样本值计算的 t 值大于 t 分布表(见相关统计学教材)中相应显著性水平 α 和自由度 $f = n_1 + n_2 - 2$ 下的临界值 $t_{\alpha, f}$,则认为两总体之间有显著性差异,即有系统误差存在。反之,结论相反。

仍以例 1-4 中的数据为例,说明如何用 t 检验法来检查系统误差,这时

$$n_1 = 10, n_2 = 10$$
$$\bar{x}_1 = 21.757, \bar{x}_2 = 21.803$$
$${s_1}^2 = 113.98, {s_2}^2 = 110.56$$
$$\bar{s} = \sqrt{\frac{(n_1 - 1){s_1}^2 + (n_2 - 1){s_2}^2}{n_1 + n_2 - 2}} = 10.6$$
$$t = \left| \frac{\bar{x}_2 - \bar{x}_1}{\bar{s}} \right| \sqrt{\frac{n_1 n_2}{n_1 + n_2}}$$

$$= \frac{21.803 - 21.757}{10.6} \sqrt{\frac{10 \times 10}{10 + 10}} = 0.0097$$

查 t 分布表,在 $f = 18$,$t_{0.05,18} = 2.10$,$t < t_{0.05,18}$,说明两组测定值间不存在系统误差。

(二)多组测定间系统误差的检验(F 检验)

多组测定间的系统误差检验,实际上就是用单因素多水平实验的方差分析来检验多个均值之间是否存在显著性差异。

设对某独立变量进行 m 组测定,每组分别进行了 $n_1, n_2, \cdots, n_m$ 次测定,且单次测定的精度是一样的,于是便得到 m 组测定值(见表1-4),x_i 遵从正态分布。

表1-4 m 组测定值

第一组	第二组	⋯	第 m 组
x_{11}	x_{21}	⋯	x_{m1}
x_{12}	x_{22}	⋯	x_{m2}
⋮	⋮		⋮
x_{1n_1}	x_{2n_2}	⋯	x_{mn_m}
$\bar{x}_1$	$\bar{x}_2$	⋯	$\bar{x}_m$

分组因素的方差估计值为

$$\frac{Q_G}{f_G} = \frac{\sum_{i=1}^{m} \left[n_i (\bar{x}_i - \bar{x}_.)^2 \right]}{m - 1} \tag{1-34}$$

实验误差效应方差估计值为

$$\frac{Q_E}{f_E} = \frac{\sum_{i=1}^{m} \sum_{j=1}^{n} (x_{ij} - \bar{x}_i)^2}{\sum_{i=1}^{m} (n_i - m)} \tag{1-35}$$

检验统计量为

$$F = \frac{Q_G/f_G}{Q_E/f_E} \tag{1-36}$$

如果由样本值计算的 F 值大于 F 分布表中给定显著性水平 α 与相应自由度(f_G, f_E)下的临界值 $F_\alpha(f_G, f_E)$,则表示各组测定间有系统误差存在;若 $F < F_\alpha(f_G, f_E)$,则没有明显理由认为各组测定间存在系统误差。

各组测定间系统误差的大小,由下式计算:

$$S_B = \sqrt{\frac{\sum_{i=1}^{m} \left[n_i(m-1) \right]}{\left(\sum_{i=1}^{m} n_i \right)^2 - \sum_{i=1}^{m} n_i^2} \left(\frac{Q_G}{f_G} - \frac{Q_E}{f_E} \right)} \tag{1-37}$$

单次测定的随机误差由下式计算：

$$S_E = \sqrt{\frac{Q_E}{f_E}} \qquad (1-38)$$

【例1-5】 有7个实验室测定一个催化剂中的碳含量,测得的数据如表1-5所示,试问各实验室测定数据之间是否存在系统误差? 如果有系统误差,估计其系统误差的大小。

表1-5 各实验室测定数据

实验室		1	2	3	4	5	6	7
测定值	1	1.60	1.74	1.70	1.57	1.55	1.66	1.62
	2	1.58	1.69	1.69	1.53	1.52	1.62	1.64
	3	1.57	1.65	1.70	1.58	1.50	1.64	1.60
总和		4.75	5.08	5.09	4.68	4.57	4.92	4.86
平均值		1.58	1.69	1.70	1.56	1.52	1.64	1.62

解 先计算各项变差平方和与自由度

$$Q_G = \sum_{i=1}^{m} \left[n(\bar{x}_i - \bar{x}^2) \right] = 0.077\,6$$

$$Q_E = \sum_{i=1}^{m} \sum_{j=1}^{n} (x_{ij} - x_i)^2 = 0.008\,9$$

$$f_G = m - 1 = 7 - 1 = 6$$

$$f_E = m(n-1) = 7(3-1) = 14$$

$$F = \frac{Q_G/f_G}{Q_E/f_E} = 2.03$$

查F分布表(见相关统计学教材),在给定显著性水平 $\alpha = 0.05$ 和自由度 $f_G = 6$, $f_E = 14$ 时的临界值 $F_{0.05(6,14)} = 2.85$, $F > F_{0.05(6,14)}$,说明各实验室测定数据之间存在有系统误差。其系统误差为

$$S_B = \sqrt{\frac{\sum\limits_{i=1}^{m} \left[n_i(m-1) \right]}{\left(\sum\limits_{i=1}^{m} n_i \right)^2 - \sum\limits_{i=1}^{m} n_i^2} \left(\frac{Q_G}{f_G} - \frac{Q_E}{f_E} \right)} = 0.004\,1$$

五、随机误差的特性

正态分布 $N(0, \sigma)$ 随机误差有以下四个特性:
(1)有界性:在一定测量条件下,随机误差的绝对值不会超过一定界限。
(2)单峰性:绝对值小的误差比绝对值大的误差出现的机会多。
(3)对称性:绝对值相等的正、负误差出现的机会相同。
(4)以等精度测量某一量时,其随机误差的算术平均值随着测量次数的无限增加而趋

近于零,即误差的极限平均值为零。误差的极限平均值即为误差的期望值,随机误差的期望值为零。

第二节　实验数据整理

一、数字修约与取舍

(一)有效数字的位数

数字是分析结果进行记录、计算与交流的形式,它不仅表示结果的大小,而且反映检测的准确程度。在分析上,常用有效数字表示。

由有效数字构成的数值与通常数学上的数值在概念上是不同的。例如12.3、12.30、12.300这三个数在数学上是表示相同数值的数;但在分析上,它不仅反映了数字的大小,而且反映了测量这一物体质量时的准确程度。第一个数值表示测量的准确程度为0.1,相对误差为$0.1/12.3 \times 100 = 0.8\%$;第二个数值(12.30)表示测量的准确程度为0.01,相对误差为$0.01/12.30 \times 100 = 0.08\%$;第三个数值(12.300)表示测量的准确程度达到0.001,相对误差$0.001/12.300 \times 100 = 0.008\%$。三个数字反映了三种测量情况,这三个数字的区别就是有效数字位数不同,它们分别是三位有效数字、四位有效数字和五位有效数字。

有效数字,即表示数字的有效意义。它规定一个有效数字只保留最后一位数字是可疑的或者说是不准确的,其余数字均为确定数字或者是准确数字。

由有效数字构成的测定值必然是近似值(最后一位数是不准确的)。因此,在数字运算时也必须反映出这个情况。

在确定有效数字的位数时,首先必须弄清楚数字"0"的意义,它既作为数字的定位、也可作为有效数字。

(1)非零数字之前的"0"在数值中只起定位作用,不是有效数字。例如,0.012有二位有效数字,"0"的作用只表示非零数字"1"处于小数点后二位的位置;又如,0.008有一位有效数字,"0"的作用只表示非零数字"8"处于小数点后第三位的位置。所以,以上两个数值分别可以改写为1.2×10^{-2}、8×10^{-3}。

(2)非零数字的中间和数值末尾的"0",均为有效数字,计算有效数字的位数时应计算在内。例如,0.102有三位有效数字;0.120也有三位有效数字。如果数字末端的"0"不作为有效数字时,要改写成用乘以10^n来表示。如12 300取三位有效数字,应写成1.23×10^4或12.3×10^3。

(二)数字修约规则

前面讲过有效数字的概念就是实际能测得的数字。有效数字保留的位数,应根据分析方法和仪器的准确度来确定,一个数字只能是最后一位是可疑的。根据这些原则,数据的记录、数字的运算都不能任意增加或减少有效数字的位数。

我们在实际工作中常常会碰到这种情况,一个分析结果常由许多原始数据经过许多步数学运算才得出来的,那么在这些运算过程中,中间数字如何记录?最后的结果应保留多少有效数字呢? 要解决这些问题,我们必须了解数字的修约规则和有效数字的运算规则。

各种测量、计算的数据需要修约时,应遵守下列规则:四舍六入五考虑,五后非零则进一,五后皆零视奇偶,五前为偶应舍去,五前为奇则进一。

具体来说,数字修约规则可根据 GB8170—87 的规定来进行:

(1)在拟舍弃的数字中,若左边第一个数字小于 5(不包括 5)时,应舍去;若左边第一个数字大于 5(不包括 5)时,则进一。

(2)在拟舍弃的数字中,若左边第一个数字等于 5,其右边的数字并非全部为零时,则进一;若右边的数字皆零时,所拟保留的末位数字若为奇数则进一,若为偶数(包括"0")则不进。

(3)所拟舍弃的数字,若为两位以上数字时,不得连续进行多次修约,应根据所拟舍弃的数字中左边第一个数字的大小,按上述规定一次修约出结果。

【例 1-6】 将下列数据修约到只保留一位小数:

14.342 6、14.263 1、14.250 1、14.250 0、14.050 0、14.150 0

解 按照上述修约规则求解。

(1)修约前　　　修约后

　14.342 6　　　14.3

因保留一位小数,而小数点后第二位数小于或等于 4 者应予舍弃。

(2)修约前　　　修约后

　14.263 1　　　14.3

小数点后第二位数字大于或等于 6,应予进一。

(3)修约前　　　修约后

　14.250 1　　　14.3

小数点后第二位数字为 5,但 5 的右面并非全部为零,则进一。

(4)修约前　　　修约后

　14.250 0　　　14.2

　14.050 0　　　14.0

　14.150 0　　　14.2

【例 1-7】 将 15.4546 修约成整数。

解 (1)正确的做法:

修约前　　　　修约后

15.454 6　　　　15

(2)不正确的做法:

修约前　　　　一次修约　　　二次修约　　　三次修约　　　四次修约

15.454 6　　　15.455　　　　15.46　　　　15.5　　　　　16

(三)有效数字运算规则

在确定了有效数字应保留的位数后,先对各个数据进行修约,然后进行计算,具体规定如下:

(1)加减法计算的结果,其小数点后保留的位数,应与参加运算各数中小数点后位数最少的相同。

【例 1-8】 求 $0.012\,3 + 23.45 + 2.023 = ?$

解 以上数据中,23.45 的小数点后位数最少(小数点后二位),故运算后的结果应为小数点后二位数。运算前先将各数修约至小数点后二位再多一位,然后相加。

修约前	修约后	正确计算
0.012 3	0.012	0.012
23.45	23.45	23.45
2.023	2.023	+ 2.023
		25.485

修约至小数点后两位为 25.49。也可将所有数值相加后,再修约至小数点后两位。

(2)乘除法计算的结果,其有效数字保留的位数,应与参加运算各数中的有效数字位数最少者相同。

【例 1-9】 求 $1.087\,94 \times 0.013\,6 \times 25.32 = ?$

解 参加运算的三个数字有效数字最少的为 0.013 6,其为三位,它的相对误差最大,故以此数为标准,确定其他数字的位数,然后相乘:$1.09 \times 0.013\,6 \times 25.3 = 0.375$,如果计算结果为 0.374 634 就不合理了。

二、离群值的检验与取舍

当对同一量进行多次重复测定时,常常发现一组测定值中某一两个测定值比其余测定值明显偏大或偏小,我们将这种与一组测定值中其余测定值明显偏离的测定值称为离群值。

离群值可能是测定值随机波动的极度表现,即极值。它虽然明显地偏离其余测定值,但是仍然处于统计上所允许的合理误差范围之内,与其他测定值属于同一总体;离群值亦可能是与其余测定值不属于同一总体的异常值。对于离群值必须首先从技术上设法弄清楚其出现的原因,如果查明确由检测技术上的失误而引起的,不管这样的测定值是否为异常值,都应该舍弃,而不必进行统计检验。但是有时由于各原因未必能从技术上找出它出现的原因,在这种情况下,既不能轻易地保留它,也不能随意地舍弃它,而应对它进行统计检验,以便从统计上判明离群值是否为异常值。如果统计检验表明它为异常值,应从这组测定值中将其舍去,只有这样才会使测定结果符合客观实际情况;如果统计检验表明它不是异常值,既便是极值也应该将其保留。如果将本来不是异常值的测定值主观地作为异常值舍弃,表面上看起来得到的测定值精度提高了,但是这是一种虚假的高精度,并非是客观情况的真实反映。因此,在考察和评价测定数据本身的可靠性时,决不可以将测定值的正常离散与异常值混淆起来。

检验离群值的基本思想是:根据被检验的一组测定值是由同一正态总体随机取样得到的假设,给定一个合理的误差界限(两倍或三倍标准差),相应于误差界限的某一特定小概率出现的测定值,在统计上应称为随机因素效应的临界值,凡其偏差超过误差界限的离群值,就认为它不属于随机误差范畴,而是来自于不同总体,于是就可以将其作为异常值舍弃。上面所说的特定小概率在统计检验上称显著性水平,它表示"将本来不是异常值而作异常值舍弃"风险的概率,在检测工作中一般选取显著性水平为 0.05。

在数据处理时,必须剔除离群数据以使测定结果更符合客观实际。正确数据总有一定分散性,如果人为地删去一些误差较大但并非离群的测量数据,由此得到精密度很高的测量结果并不符合客观实际。因此,对可疑数据的取舍必须遵循一定的原则。

测量中发现明显的系统误差和过失误差,由此而产生的数据应随时剔除。而可疑数据的舍取应采用统计方法判别,即离群数据的统计检验。检验的方法很多,现介绍最常用的三种。

(一)狄克逊(Dixon)检验法

此法适用于一组测量值的一致性检验和剔除离群值,本法中对最小可疑值和最大可疑值进行检验的公式因样本的容量(n)不同而异,检验方法如下:

(1)将一组测量数据从小到大顺序排列为 $x_1, x_2, \cdots, x_n, x_1$ 和 x_n 分别为最小可疑值和最大可疑值。

(2)按表 1-6 计算式求 Q 值。

表 1-6　狄克逊检验统计量 Q 计算式

n 值范围	可疑数据为最小值 x_1 时	可疑数据为最大值 x_n 时	n 值范围	可疑数据为最小值 x_1 时	可疑数据为最大值 x_n 时
3～7	$Q = \dfrac{x_2 - x_1}{x_n - x_1}$	$Q = \dfrac{x_n - x_{n-1}}{x_n - x_1}$	11～13	$Q = \dfrac{x_3 - x_1}{x_{n-1} - x_1}$	$Q = \dfrac{x_n - x_{n-2}}{x_n - x_2}$
8～10	$Q = \dfrac{x_2 - x_1}{x_{n-1} - x_1}$	$Q = \dfrac{x_n - x_{n-1}}{x_n - x_2}$	14～25	$Q = \dfrac{x_3 - x_1}{x_{n-2} - x_1}$	$Q = \dfrac{x_n - x_{n-2}}{x_n - x_3}$

(3)根据给定的显著性水平(α)和样本容量(n),从表 1-7 查得临界值(Q_α)。

(4)若 $Q \leqslant Q_{0.05}$,则可疑值为正常值;若 $Q_{0.05} < Q \leqslant Q_{0.01}$,则可疑值为偏离值;若 $Q > Q_{0.01}$,则可疑值为离群值。

【例 1-10】　一组测量值从小到大顺序排列为:14.65、14.90、14.90、14.92、14.95、14.96、15.00、15.01、15.01、15.02。检验最小值 14.65 和最大值 15.02 是否为离群值?

解　(1)检验最小值 $x_1 = 14.65, n = 10, x_2 = 14.90, x_{n-1} = 15.01$

$$Q = \frac{x_2 - x_1}{x_{n-1} - x_1} = \frac{14.90 - 14.65}{15.01 - 14.65} = 0.69$$

查表 1-7,当 $n = 10$,给定显著性水平 $\alpha = 0.01$ 时,$Q_{0.01} = 0.597$。

$Q > Q_{0.01}$,故最小值 14.65 为离群值,应予剔除。

(2)检验最大值 $x_n = 15.02$:

$$Q = \frac{x_n - x_{n-1}}{x_n - x_2} = \frac{15.02 - 15.01}{15.02 - 14.90} = 0.083$$

查表 1-7 可知,$Q_{0.05} = 0.477$。

$Q < Q_{0.05}$,故最大值 15.02 为正常值。

表 1-7　狄克逊检验临界值(Q_α)

n	显著性水平(α)		n	显著性水平(α)	
	0.05	0.01		0.05	0.01
3	0.941	0.988	15	0.525	0.616
4	0.765	0.889	16	0.507	0.595
5	0.642	0.780	17	0.490	0.577
6	0.560	0.698	18	0.475	0.561
7	0.507	0.637	19	0.462	0.547
8	0.554	0.683	20	0.450	0.535
9	0.512	0.635	21	0.440	0.524
10	0.477	0.597	22	0.430	0.514
11	0.576	0.679	23	0.421	0.505
12	0.546	0.642	24	0.413	0.497
13	0.521	0.615	25	0.406	0.489
14	0.546	0.641			

(二)格鲁勃斯(Grubbs)检验法

此法适用于检验多组测量值均值的一致性和剔除多组测量值中的离群均值;也可用于检验一组测量值一致性和剔除一组测量值中的离群值,方法如下:

(1)有 I 组测定值,每组 n 个测定值的均值分别为 $\bar{x}_1$、$\bar{x}_2$,$\cdots$,$\bar{x}_I$,$\cdots$其中最大均值记为 $\bar{x}_{\max}$,最小均值记为 $\bar{x}_{\min}$。

(2)由 n 个均值计算总均值($\bar{x}$)和标准偏差($s_{\bar{x}}$):

$$\bar{x} = \frac{1}{I}\sum_{i=1}^{I}\bar{x}_i , s_{\bar{x}} = \sqrt{\frac{1}{I-1}\sum_{i=1}^{I}(\bar{x}_i - \bar{x})^2} \qquad (1-39)$$

(3)可疑均值设为 $\bar{x}_d$(可能为最大值,也可能为最小值)时,按下式计算统计量(T):

$$T = \frac{\bar{x}_d - \bar{x}_{\min}}{s_{\bar{x}}} \qquad (1-40)$$

(4)根据测定值组数和给定的显著性水平(α),从表 1-8 查得临界值(T_α)。

(5)若 $T \leqslant T_{0.05}$,则可疑均值为正常均值;若 $T_{0.05} < T \leqslant T_{0.01}$,则可疑均值为偏离均值;若 $T > T_{0.01}$,则可疑均值为离群均值,应予剔除,即剔除含有该均值的一组数据。

表 1-8 格鲁勃斯检验临界值(T_a)

I	显著性水平		I	显著性水平	
	0.05	0.01		0.05	0.01
3	1.153	1.155	15	2.409	2.705
4	1.463	1.492	16	2.443	2.747
5	1.672	1.749	17	2.475	2.785
6	1.822	1.944	18	2.504	2.821
7	1.938	2.097	19	2.532	2.854
8	2.032	2.221	20	2.557	2.884
9	2.110	2.322	21	2.580	2.912
10	2.176	2.410	22	2.603	2.939
11	2.234	2.485	23	2.624	2.963
12	2.285	2.050	24	2.644	2.987
13	2.331	2.607	25	2.663	3.009
14	2.371	2.695			

【例 1-11】 10 个实验室分析同一样品,各实验室 5 次测定的平均值按大小顺序为:4.41、4.49、4.50、4.51、4.64、4.75、4.81、4.95、5.01、5.39,检验最大均值 5.39 是否为离群均值?

解
$$\bar{x} = \frac{1}{10}\sum_{i=1}^{10}\bar{x}_i = 4.746$$

$$s_{\bar{x}} = \sqrt{\frac{1}{10-1}\sum_{i=1}^{10}(\bar{x}_i - \bar{x})^2} = 0.305$$

$$\bar{x}_{max} = 5.39 \qquad 则统计量$$

$$T = \frac{\bar{x}_{max} - \bar{x}}{s_{\bar{x}}} = \frac{5.39 - 4.746}{0.305} = 2.11$$

当 $I = 10$,给定显著性水平 $\alpha = 0.05$ 时,查表 1-8 得临界值 $T_{0.05} = 2.176$。

因 $T < T_{0.05}$,故 5.39 为正常均值,即均值为 5.39 的一组测定值为正常数据。

(三)"3S"法

可疑值的检验除了上述两种方法外,还有一种简便易行的取舍方法,称为"3S"法或"3 倍偏差与标准差比值"法。"3S"法指可疑值的偏差与标准差的比值若大于 3 时,可疑值可以舍去。应该指出,这里的测量值算术平均值不包括可疑值。

【**例 1-12**】 在某分析中测得一组数据如下:25.24、25.30、25.18、25.56、25.23、25.35、25.32,检验最大值 25.56 是否为离群值?

解 先求出去掉可疑值后的平均值 $\bar{x} = 25.27$

再求出标准差:

$$s = \sqrt{\frac{\sum\limits_{i=1}^{n}(x_i - \bar{x})^2}{n-1}}$$

可得

$$S = 0.064$$

再求出可疑值的偏差与标准差的比值: $\dfrac{25.56 - 25.27}{0.064} = 4.53$

因为 4.53>3,故 25.56 应弃去。

三、监测结果的表述

对一个试样某一指标的测定,其结果表达方式一般有如下几种。

(一)用算术均数($\bar{x}$)代表集中趋势

测定过程中排除系统误差和过失误差后,只存在随机误差,根据正态分布的原理,当测定次数无限多($n \to \infty$)时的总体均值(μ)应与真值(x_t)很接近,但实际只能测定有限次数。因此,样本的算术均数是代表集中趋势表达监测结果的最常用方式。

(二)用算术均数和标准偏差表示测定结果的精密度($\bar{x} \pm s$)

算术均数代表集中趋势,标准偏差表示离散程度。算术均数代表性的大小与标准偏差的大小有关,即标准偏差大,算术均数代表性小,反之亦然,故而监测结果常以($\bar{x} \pm s$)表示。

(三)用($\bar{x} \pm s$, C_V)表示结果

标准偏差大小还与所测均数水平或测量单位有关。不同水平或单位的测定结果之间,其标准偏差是无法进行比较的,而变异系数是相对值,故可在一定范围内用来比较不同水平或单位测定结果之间的变异程度。例如,用镉试剂法测定镉,当镉含量小于 0.1mg/L 时,最大相对偏差和变异系数分别为 7.3%和 9.0%。

四、均数置信区间和"t"值

均数置信区间是考察样本均数($\bar{x}$)与总体均数(μ)之间的关系,即以样本均数代表总体均数的可靠程度。从正态分布曲线可知,68.26%的数据在 $\mu \pm \sigma$ 区间之中,95.44%的数据在 $\mu \pm 2\sigma$ 区间之中……正态分布理论是从大量数据中得出的。当从同一总体中随机抽取足够数量的大小相同的样本,并对它们测定得到一批样本均数,如果原总体是正态分布,则这些样本均数的分布将随样本容量(n)的增大而趋向正态分布。

样本均数的均数符号为 $\bar{x}$;样本均数的标准偏差符号为 $s_{\bar{x}}$。标准偏差只表示个体变量值的离散程度,而均数标准偏差是表示样本均数的离散程度。

均数标准偏差的大小与总体标准偏差成正比,与样本含量的平方根成反比:

$$s_{\bar{x}} = \frac{s}{\sqrt{n}}$$

由于总体标准偏差不可知,故只能用样本标准偏差来代替,这样计算所得的均数标准偏差仅为估计值,均数标准偏差的大小反映抽样误差的大小,其数值愈小,则样本均数愈接近总体均数,以样本均数代表总体均数的可靠性就愈大;反之,均数标准偏差愈大,则样本均数的代表性愈不可靠。

样本均数与总体均数之差对均数标准差的比值称为 t 值:

$$t = \frac{\bar{x} - \mu}{s_{\bar{x}}} \tag{1-41}$$

移项得

$$\mu = \bar{x} - t \cdot s_{\bar{x}} = \bar{x} - t \frac{s}{\sqrt{n}}$$

根据正态分布的对称性特点,应写成

$$\mu = \bar{x} \pm t \frac{s}{\sqrt{n}} \tag{1-42}$$

式(1-42)中右面的 $\bar{x}$、s 和 n 从测定可得,t 与样本容量(n)和置信度有关,而置信度可以直接按要求指定。t 值见表 1-9。由表可知,当 n 一定时,要求置信度愈大则 t 愈大,其结果的数值范围愈大。而置信度一定时,n 愈大 t 值愈小,数值范围愈小。置信水平不是一个单纯的数学问题。置信度过大反而无实用价值。例如 100% 的置信度,则数值区间为 $[-\infty, +\infty]$,通常采用 90%~95% 置信度(0.10~0.05)。

【例 1-13】 测定某废水中氰化物浓度得到下列数据:$n = 4$,$\bar{x} = 15.30 \text{mg/L}$,$s = 0.10$,求置信度分别为 90% 和 95% 时的置信区间。

解 由题意可知 $n' = n - 1 = 3$,置信度为 90% 时,查表 1-9 得 $t = 2.35$

$$\mu = 15.30 \pm 2.35 \times \frac{0.10}{\sqrt{4}}$$

$$\approx 15.30 \pm 0.12 (\text{mg/L})$$

即 90% 的可能在 15.18~15.42mg/L 之间。

同理,置信度为 95% 时,查表 1-9 得 $t = 3.18$

$$\mu = 15.30 \pm 3.18 \times \frac{0.10}{\sqrt{4}}$$

$$= 15.30 \pm 0.16 (\text{mg/L})$$

即 95% 的可能在 15.14~15.46mg/L 之间。

表 1-9 t 值表

自由度(n')	P(双侧概率)				
	0.200	0.100	0.050	0.020	0.010
1	3.078	6.31	12.71	31.82	63.66
2	1.89	2.92	4.30	6.96	9.92
3	1.64	2.35	3.18	4.54	5.84
4	1.53	2.13	2.78	3.75	4.60
5	1.84	2.02	2.57	3.37	4.03
6	1.44	1.94	2.45	3.14	3.71
7	1.41	1.89	2.37	3.00	3.50
8	1.40	1.84	2.31	2.90	3.36
9	1.38	1.83	2.26	2.82	3.25
10	1.37	1.81	2.23	2.76	3.17
11	1.36	1.80	2.20	2.72	3.11
12	1.36	1.78	2.18	2.68	3.05
13	1.35	1.77	2.16	2.65	3.01
14	1.35	1.76	2.14	2.62	2.98
15	1.34	1.75	2.13	2.60	2.95
16	1.34	1.75	2.12	2.58	2.92
17	1.33	1.74	2.11	2.57	2.90
18	1.33	1.73	2.10	2.55	2.88
19	1.33	1.73	2.09	2.54	2.86
20	1.33	1.72	2.09	2.53	2.85
21	1.32	1.72	2.08	2.52	2.83
22	1.32	1.72	2.07	2.51	2.82
23	1.32	1.71	2.07	2.50	2.81
24	1.32	1.71	2.06	2.49	2.80
25	1.32	1.71	2.06	2.49	2.79
26	1.31	1.71	2.06	2.48	2.78
27	1.31	1.70	2.05	2.47	2.77
28	1.31	1.70	2.05	2.47	2.76
29	1.31	1.70	2.05	2.46	2.76
30	1.31	1.70	2.04	2.46	2.75
40	1.30	1.68	2.02	2.42	2.70
60	1.30	1.67	2.00	2.39	2.66
120	1.29	1.66	1.98	2.36	2.62
∞	1.28	1.64	1.96	2.33	2.58
	0.100	0.050	0.025	0.010	0.005
自由度(n')	P(单侧概率)				

第三节　实验数据的数学分析

在本节中,我们将重点讨论在环境工程实验中进行数据分析时用得较多的线性回归分析、方差分析、因子分析和模糊聚类分析等数学分析方法。

线性回归模型是人们在应用统计中所习惯使用的主要分析模型。线性回归模型之所以有广泛应用,一方面是因为它概括了一大类实际统计问题;另一方面是因为它结构简单,处理问题比较方便,从而成为近似地处理其他类问题的较合适的模型。方差分析是根据实验结果进行分析,鉴别各有关因素对实验结果影响程度的有效方法。因子分析是把影响实验的多个指标化为几个互不相关的综合指标或主要因子的一种数学统计方法。模糊聚类分析是运用模糊数学的基本理论把相似的对象归并成类,从而达到对实验数据进行分析整理的目的。

一、回归分析模型

如果从 20 世纪初 Gauss(1809 年)提出最小二乘法算起,线性模型已有相当悠久的历史,其理论也有了广泛深入的发展,并积累了许多行之有效的方法,如回归分析、方差分析等。

根据自变量因子的性质,可将线性模型分为以下 3 类:凡自变量因子都是数量因子,就称这个模型是回归分析模型;如果自变量因子均为属性因子,则称此模型为方差分析模型;倘若自变量因子中既有属性因子,又有数量因子,就称此模型为协方差分析模型。

(一)回归的概念

在含有变量的系统中,考察一些变量对另一些变量的作用是必要的,因为它们之间可能存在一种简单的函数关系,也可能存在一种非常复杂的函数关系。对后一种情形,或许希望用一些简单函数,如多项式去逼近这种关系。

在这里,我们首先要区分两种主要类型的变量。一种变量相当于通常函数关系中的自变量,对这样的变量能够赋予一个需要的值(如室内的温度、施肥量)或者能够取到一个可观测但不能人为控制的值(如室外的温度),这种变量称为自变量或称预报变量。预报变量的变化能够波及另一些变量,这样的变量称为因变量或称为响应变量。回归分析的目的是寻求一个响应变量 y 对一组自变量 $x, \cdots, x_P$(当 $P = 1$,就是一个随机变量)的统计依赖关系。统计依赖关系不再是单纯的因果关系,它与一般变量间的函数关系有本质不同。但这种依赖关系是在一定的统计意义下确实存在的。

回归分析正是研究预报变量的变动对响应变量的变动的影响程度,其目的在于根据已知预报变量的变化来估计或预测响应变量的变化情况。回归(regression)这一术语是1886 年 Galton 在研究遗传现象时引进的。他发现:虽然高个子的先代会有高个子的后代,但后代的增高并不与先代的增高等量,于是称这一现象为"向平常高度的回归"。随后,他的朋友 K.Pearson 等人收集了上千个家庭成员的身高数据,分析出儿子的身高 y 和父亲的身高 x 大致可归结为以下关系:

$$y = 0.516x + 33.73(\text{以英寸为单位})$$

由于 0.516 近似地等于 0.5,这意味着如父亲身高超过父亲平均身高 6 英寸,则其儿子的身高大约只超过儿子平均身高 3 英寸,由此可见有向平均值返回的趋势。诚然,如今对回归这一概念的理解并不是 Galton 的原意,但这一名词一直沿用下来,并成为统计中最常用的概念之一。

在环境工程实验中也经常要了解各种参数之间是否有联系,例如,BOD 和 TOC 都是代表水中有机污染的综合指标,它们之间是否有关? 又如在水稻田施农药,水稻叶上农药残留量与施药后天数之间是否有关? 下面将介绍怎样判断各参数之间的联系。

(二)相关和直线回归方程

让我们先从观察值出发来讨论。设在一个总体中取得某个样本,观察它的两个特征,得到反映这两个特征的指标(x,y)的观察值(x_1,y_1),将这样的观察进行 n 次,获得观察值(x_a,y_a),$a = 1,\cdots,n$,从而得到平面上 n 个点,如图 1-1 所示。在 n 较大的情况下(n 太小就不足为凭),如果有一条曲线基本上通过这些点,或使这些点的大部分偏离曲线不远,则称这条曲线是对观察值的拟合(曲线)。如果这条曲线的方程能写成 $y = f(x)$,则称此曲线为 y 对 x 的回归曲线,此曲线是直线时,就称为回归直线。这暂且还是一个很粗糙的想法,但它是回归概念的一个直观的出发点。

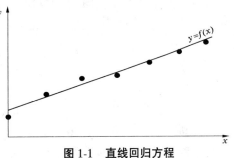

图 1-1 直线回归方程

变量之间关系有以下两种主要类型。

1. 确定性关系

例如,欧姆定律 $U = IR$,已知 3 个变量中任意两个就能按公式求第三个量。

2. 相关关系

有些变量之间既有关系又无确定性关系,则称为相关关系,它们之间的关系式叫回归方程式,最简单的直线回归方程为

$$\bar{y} = ax + b \tag{1-43}$$

式中:a、b 均为常数。

当 x 为 x_1 时,实际 y 值在按计算所得的 $\bar{y}$ 左右波动。

上述回归方程可根据最小二乘法来建立。即首先测定一系列 $x_1,x_2,\cdots,x_n$ 和相对应的 $y_1,y_2,\cdots,y_n$,然后按下式求常数 a 和 b:

$$a = \frac{n\sum xy - \sum x \sum y}{n\sum x^2 - (\sum x)^2} \tag{1-44}$$

$$b = \frac{\sum x^2 \sum y - \sum x \sum xy}{n\sum x^2 - (\sum x)^2} \tag{1-45}$$

【例 1-14】 用比色法测酚得到表 1-10 所列数据,试求对吸光度(A)和浓度(C)回归直线方程。

表 1-10　比色法测酚结果

酚浓度 （mg/L）	0.005	0.010	0.020	0.030	0.040	0.050
吸光度 A	0.020	0.046	0.100	0.120	0.140	0.180

解　酚浓度为 x，吸光度为 y，则

$$\sum x = 0.155 \quad , \quad \sum y = 0.606, n = 6$$

$$\sum x^2 = 0.005\ 52 \quad , \quad \sum xy = 0.020\ 8$$

$$a = \frac{6 \times 0.020\ 8 - 0.155 \times 0.606}{6 \times 0.005\ 52 - (0.155)^2} = 3.4$$

$$b = \frac{0.005\ 52 \times 0.606 - 0.155 \times 0.020\ 8}{6 \times 0.005\ 52 - (0.155)^2} = 0.013$$

因此，方程为 $\bar{y} = 3.4x + 0.013$。

（三）相关系数及其显著性检验

相关系数是表示两个变量之间关系的性质和密切程度的指标，其符号为 r，取值在 $-1 \sim +1$ 之间。其计算公式为

$$r = \frac{\sum [(x - \bar{x})(y - \bar{y})]}{\sqrt{\sum (x - \bar{x})^2 \sum (y - \bar{y})^2}} \tag{1-46}$$

x 与 y 的相关关系有如下几种情况：

（1）若 x 增大，y 也相应增大，称 x 与 y 呈正相关，此时 $0 < r < 1$，若 $r = 1$，称完全正相关。

（2）若 x 增大，y 相应减小，称 x 与 y 呈负相关。此时，$-1 < r < 0$，当 $r = -1$ 时，称完全负相关。

（3）若 y 与 x 的变化无关，称 x 与 y 不相关，此时 $r = 0$。

若总体中 x 与 y 不相关，在抽样时由于偶然误差，可能计算所得 $r \neq 0$。所以，应检验 r 值有无显著意义，方法如下：

第一步，求出 r 值。

第二步，按求出 $t = |r| \sqrt{\dfrac{n-2}{1-r^2}}$，求出 t 值，n 为变量配对数，自由度 $n' = n - 2$。

第三步，查 t 值表（一般单侧检验）。

若 $t > t_{0.01(n)}$，$P < 0.01$，r 有非常显著意义而相关；

若 $t < t_{0.1(n)}$，$P > 0.1$，r 关系不显著。

【例 1-15】　用 Ag-DDC 法测砷时得到表 1-11 所列数据。求其线性关系如何，并作显著性检验。

表 1-11　Ag-DDC 法测砷结果

x	0	0.50	1.00	2.00	3.00	5.00	8.00	10.00
y	0	0.014	0.032	0.060	0.094	0.144	0.230	0.300

解
$$\sum x = 29.50 \quad , \quad \sum y = 0.874$$

$$\bar{x} = \frac{29.50}{8} \quad , \quad \bar{y} = \frac{0.874}{8}$$

$$r = \frac{\sum[(x-\bar{x})(y-\bar{y})]}{\sqrt{\sum(x-\bar{x})^2 \sum(y-\bar{y})^2}} = 0.999\ 3$$

从 $r = 0.999\ 3$ 可知 x 与 y 几乎呈完全正相关。

显著性检验：$t = |r|\sqrt{\dfrac{n-2}{1-r^2}}$

$$= 0.999\ 3\sqrt{\frac{8-2}{1-(0.999\ 3)^2}} = 65.42$$

因本例是正相关，不会出现负相关，用单侧检验，查表得 $t_{0.01(6)} = 3.14$，因为

$$t = 65.42 \gg 3.14 = t_{0.01(6)}$$

所以，相关有非常显著意义。

二、方差分析

方差分析是分析实验数据和测量数据的一种常用的统计方法。环境监测是一个复杂的过程，各种因素的改变都可能对测量结果产生不同程度的影响。方差分析，就是通过分析数据，弄清与研究对象有关的各个因素对该对象是否存在影响以及影响程度和性质。在实验室的质量控制、协作实验、方法标准化以及标准物质的制备工作中，都经常采用方差分析。

(一)方差分析中的统计名词

1.单因素实验和多因素实验

一项实验中只有一种可改变的因素叫单因素实验；具有两种以上可改变因素的实验称多因素实验。在数理统计中，通常用 A、B 等表示因素，在实际工作中可酌情自定，如不同实验室用 L 表示、不同方法用 M 表示等。

2.水平

因素在实验中所处的状态称水平。例如，比较使用同一分析方法的 5 个实验室是否具有相同的准确度，该因素有 5 个水平；比较 3 种不同类型的仪器是否存在差异，该因素有 3 个水平；比较 9 瓶同种样品是否均匀，该因素有 9 个水平。在数理统计中，通常用 a、b 等表示因素 A、B 等的水平数。在实际工作中可酌情自定，如因素 L 的水平数用 l 表示，因素 M 的水平数用 m 表示等。

3.总变差及总差方和

在一项实验中，全部实验数据往往参差不齐，这一总的差异称为总变差。总变差可以

用总差方和(S_T)来表示。S_T 可分解为随机作用差方和与水平间差方和。

4．随机作用差方和

产生总变差的原因中,部分原因是实验过程中各种随机因素的干扰与测量中随机误差的影响,表现为同一水平内实验数据的差异,这种差异用随机作用差方和(S_E)表示。在实际问题中 S_E 常代之以具体名称,如平行测定差方和、组内差方和、批内差方和、室内差方和等。

5．水平间差方和

产生总变差的另一部分原因是来自实验过程中不同因素以及因素所处的不同水平的影响,其表现为不同水平实验数据均值之间的差异,这种差异用各因素(包括交互作用)的水平间差方和 S_A、S_B、$S_{A×B}$ 等表示,在实际问题中常代之以具体名称,如重复测定差方和、组间差方和、批间差方和、室间差方和等。

6．交互作用

在多因素实验中,不仅各个因素在起作用,而且各因素间有时能联合起来起作用,这种作用称为交互作用。如因素 A 与 B 的交互作用表示为 $A×B$。

(二)方差分析的基本思想

(1)将 S_T 分解为 S_E 和各因素的水平间差方和,并分别给予数量化的表示:

$$S_T = S_A + S_B + S_{A×B} + \cdots + S_E \tag{1-47}$$

(2)用水平间差方和的均方(如 V_A)与随机作用差方和(S_E)的均方(V_E)在给定的显著性水平(α)下进行 F 检验,若二者相差不大,表明该因素影响不显著,即该因素各水平无显著差异;若二者相差很大,表明该因素影响显著,即该因素各水平有显著差异。

(三)方差分析的方法步骤

第一步,建立假设(H_0)。相应的因素以及交互作用对实验结果无显著影响,即各因素不同水平实验数据总体均值相等。

第二步,选取统计量并明确其分布。

第三步,给定显著性水平(α)。

第四步,查出临界值(F_a)。

第五步,列表(或用其他方式)计算有关的统计量。

第六步,根据方差分析表作方差分析。

第七步,如有必要,对有关参数作进一步估算。

在实际工作中,只需进行上述步骤中的第一、五、六步,第三、四步的内容已包括在第六步中。为了简化计算,在方差分析中采用编码公式对原始数据(x)作适当变换:

$$x = c(x - x_0) \tag{1-48}$$

通常,x_0 取接近原始数据平均值的某个值,c 的取值应使 x 为某个整数。原始数据(x)可由编码数据(X)经译码公式译出:

$$x = c^{-1}X + X_0 \tag{1-49}$$

(四)应用方差分析的条件

方差分析要求实验数据(原始数据或编码数据)必须具备下列条件:

(1)同一水平的数据应遵从正态分布。

(2)各水平实验数据的总体方差都相等,尽管各总体方差通常是未知的。

其中第二个条件尤为重要,因此在一些要求较精密的实验中(如误差分析和标准制定),通常要用样本方差检验总体方差的一致性(检验方法可采用 Cochran 方差一致性检验)。

环境监测中经常遇到这样的问题,由于某种因素的改变而产生不同组数据之间的差异。通过分析不同组数据之间的差异,可以推断产生差异的原因的影响是否很显著。例如,研究时间、地点、方法、人员、实验室的改变是否导致了不同组数据之间的明显差异。

在一项实验中,全部实验数据之间的差异(分散性)可以用总差方和(S_T)来表示。S_T 可以分解为组内差方和(S_E)和组间差方和(S_L)。S_E 是 S_T 中来源于组内数据分散的部分,它往往反映了各种随机因素对组内数据的影响;S_L 是 S_T 中来源于组间数据分散的部分,表现为不同组数据均值之间的差异,反映了所研究因素对组间数据的影响。方差分析就是将 S_T 分解为 S_E 和 S_L,然后以组间均方与组内均方进行 F 检验,若检验结果显著,则表明因素对分组的影响是显著的。

三、因子分析

对于多指标问题 $X = (x_1, x_2, x_3, \cdots, x_m)$,形成的背景原因是各种各样的,其共同原因称为公共因子;每一个分量 x_i 又有其特定的原因,称为特定因子。因子分析就是用较少个数的公共因子的线性函数与特定因子之和来表达原观察变量的每一个分量,以便达到合宜的解释原变量的相关性并降低其维数。简单地说,因子分析就是用较少的因子来描述多指标之间联系的一种统计方法。该方法通过研究相关矩阵的内部依赖关系,将多个变量综合成少数几个因子,仍然可以再现原始变量与因子之间的相关关系。

因子分析主要是由心理学家发展起来的,1904 年 Chales Speraman 用这种方法对智力测验得分进行了统计分析。目前,因子分析在心理学、社会学、经济学、生态学以及环境学等领域都有成功的应用。它主要应用于两个方面:一是将为数众多的变量减少为几个新因子,再现系统内变量之间的内在联系;二是用于分类,根据变量或者样本的因子得分值在因子轴所构成的空间中进行分类处理。

因子分析要注意解决以下问题:首先要确定待分析的若干变量是否适于因子分析;其次要构造因子变量,并利用方差最大旋转使得因子变量更具有可解释性;旋转变换的目的是使因子载荷相对集中,便于对因子作合理的解释,按因子载荷阵各列元素绝对值的大小,可以判断各因子主要对哪些变量有潜在支配作用,可以用相关阵的特征根及相应主成分的累计贡献率来作为因子个数选择的参考。

因子分析可以用以下的数学模型来表示:

$$x_1 = a_{11}F_1 + a_{12}F_2 + \cdots + a_{1m}F_m + a_1\varepsilon_1$$
$$x_2 = a_{21}F_1 + a_{22}F_2 + \cdots + a_{2m}F_m + a_2\varepsilon_2$$
$$\cdots\cdots$$
$$x_p = a_{p1}F_1 + a_{p2}F_2 + \cdots + a_{pm}F_m + a_p\varepsilon_p$$

中 $x_1, x_2, x_3, \cdots, x_p$ 为 p 个原有变量,是均值为零、标准差为 1 的标准化变量;

$F_1, F_2, F_3, \cdots, F_m$ 为 m 个因子变量，$m < p$，表示成矩阵形式为

$$x = AF + a\varepsilon \qquad (1\text{-}50)$$

其中，$A = \begin{bmatrix} a_{11} & a_{12} & \cdots & a_{1m} \\ a_{21} & a_{22} & \cdots & a_{2m} \\ \vdots & \vdots & & \vdots \\ a_{p1} & a_{p2} & \cdots & a_{pm} \end{bmatrix}$ 称为因子载荷矩阵；F 为各 X 分量的公共因子，即在多个变量中共同出现的因子，各 F 的均值为零，方差为 1，相互独立；ε 为 X 的特定因子，只对 X 起作用，各 ε 的均值为零，相当于多元回归分析中的残差部分。

在因子载荷矩阵 A 中，a_{ij} 是因子载荷，是第 i 个原有变量在第 j 个因子变量上的负荷，相当于多元回归分析中的标准回归系数。因子载荷表示第 i 个变量和第 j 个公共因子的相关系数，当 a_{ij} 的绝对值大时，表明变量 x_i 与公共因子 F_j 的相依程度大，关系密切。

因子分析就是从一组数据出发，分析出公共因子与特殊因子来，并求出相应的载荷矩阵，并且还要进一步解释各个公共因子的含义。

求取因子载荷矩阵的方法和方差贡献率的具体方法可参见一些数理统计方面的资料。

四、模糊聚类分析

模糊数学已在环境科学领域中得到了初步的应用，如在环境评价、环境污染物分类、环境区域划分等方面，用模糊数学方法进行数据处理，均获得了有益的结果。

模糊数学是用数学方法来解决一些模糊问题。所谓模糊问题是指界线不清或隶属关系不明确的问题，而环境质量评价中"污染程度"的界线就是模糊的，人为地用特定的分级标准去评价环境污染程度是不确切的。例如评价河流污染时，用内梅罗公式计算总污染指数 pI 值，把 $pI \leqslant 1$ 作为一级轻污染河水的指标，如果实际情况是 $pI = 1.02$，则算作二级污染河水，这完全是人为的硬性规定。如果改用隶属度，则可认为当 $pI = 1.0$ 时，河水隶属于一级水的程度达到 100%；而当 $pI = 1.02$ 时，河水隶属于一级的程度只达到 98%，相应地可认为该河水隶属于二级水的程度为 2%。采用隶属度的概念来表达客观事物是模糊数学的基点，由此可以去研究众多模糊现象。有关模糊聚类分析的详细介绍请参考其他文献。

第二章　实验设计与分析

在生产实践和科学实验中,人们常常通过快速、高效的实验,来寻找比较合适的条件。有实践经验的实验人员都知道实验安排得好,次数不多就能获得有用的信息,通过科学的分析,可以帮助人们了解矛盾各方面的具体地位以及矛盾之间具体的相互关系,掌握内在的规律,得到明确的结论。如果实验的计划和安排不妥,往往次数很多仍然捉摸不到其中的变化规律,得不到满意的结论。因此,如何合理地安排实验,如何对实验的结果进行科学的分析,就成为人们十分关心的问题。这方面的实践和研究形成了统计数学的一个重要分支——实验设计,并得到了广泛的应用。

我们遇到的实际问题一般都是比较复杂的,包含有多种因素,各个因素又有不同的状态,它们互相交织在一起。为了寻求合适的生产条件就要对各种因素以及各个因素的不同状态进行实验,这就是多因子的实验问题。

多因子实验问题的突出矛盾是:①所有可能搭配的实验次数与实际可行的实验次数之间的矛盾;②实际所作少数实验与要求全面掌握内在规律之间的矛盾。

为了解决第一类矛盾,要求我们必须合理地设计和安排实验,以便通过尽可能少的实验次数,就可抓住主要矛盾;为了解决第二类矛盾,要求我们对实验结果作科学的分析,透过现象看本质,认识内在的规律,为解决问题提供可靠的依据。正交实验设计(orthogonal experimental design)方法就是一种研究多因子实验问题的重要数学方法,它主要使用正交表这一工具来进行整体设计、综合比较、统计分析。也就是说,它使用正交表从所有可能搭配中一下就能挑出若干必需的实验,然后再用统计分析方法对实验结果进行综合处理,解决问题。由于实验是整体设计的,即要做的实验是同时挑好的,因此只要人力和设备许可,这些实验可以同时进行,大大缩短实验周期,节约了时间。目前,正交实验设计法已在环境科学、冶金、化工、橡胶、纺织、无线电、医药卫生等方面得到了有效的应用。

第一节　正交表与正交实验方案设计

正交实验设计是研究多因素多水平的又一种设计方法,它是根据正交性从全面实验中挑选出部分有代表性的点进行实验,这些有代表性的点具备了"均匀分散,齐整可比"的特点。正交实验设计是一种高效率、快速、经济的实验设计方法。日本著名的统计学家田口玄一将正交实验选择的水平组合列成表格,称为正交表。

一、正交表

利用"均衡分散性"与"整齐可比性"这两条正交性原理,从大量的实验点中挑选出适量具有代表性的实验点,制成有规律排列的表格,这种表称为正交表。正交表是正交设计的基本工具。我们首先认识下列几张简单的正交表。

先说一下记号 $L_4(2^3)$ 的含义,"L"代表正交表,L 下角的数字"4"表示有 4 横行(以后简称为行),即要做 4 次实验;括号内的指数"3"表示有 3 纵列(以后简称为列),即最多允许安排的因子个数是 3 个;括号内的数"2"表示表的主要部分只有 2 种数字,即因子有两种水平 1 与 2,分别称为 1 水平与 2 水平。$L_8(4\times2^4)$ 正交表则要做 8 次实验,最多可考察一个 4 水平和 4 个 2 水平的因素。图 2-1 所示为正交表符号含义。

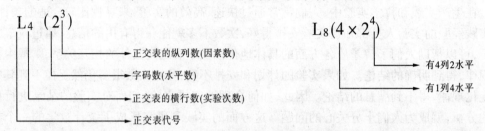

图 2-1 正交表符号含义

正交表是实验设计法中合理安排实验,并对数据进行统计分析的主要工具,最简单的正交表是 $L_4(2^3)$,见表 2-1。

表 2-1 $L_4(2^3)$ 正交表

实验号	列 号		
	1	2	3
1	1	1	1
2	1	2	2
3	2	1	2
4	2	2	1

表 $L_4(2^3)$ 称为正交表是因为它有以下两个性质:

(1)每一列中,不同的数字出现的次数相等,这里不同的数字只有两个——1 和 2,它们各出现 2 次。

(2)任意两列中,将同一横行的两个数字看成有序数对(即左边的数放在前,右边的数放在后,按这一次序排出的数对)时,每种数对出现的次数相等。这里有序数对共有 4 对:(1,1),(1,2),(2,1),(2,2),它们各出现一次,即对任意两个纵列它们字码间的搭配也是均衡的。

这两个特点正是"均衡分散性"和"整齐可比性"。这两条正交性原理的体现也就是正交表"正交性"的含义。凡满足上述两个性质的表就称为正交表。常见的正交表有:$L_4(2^3)$,$L_8(2^7)$,$L_{16}(2^{15})$,$L_{32}(2^{31})$,$\cdots$,$L_9(3^4)$,$L_{37}(3^{13})$,$\cdots$,$L_{16}(4^5)$,$\cdots$,$L_{35}(5^6)$ 等。

二、正交实验方案

(一)什么是正交实验法

采用什么样的设计方案能使一项新产品满足有关的性能要求,采用什么样的工艺方案能够做到优质、高产、低消耗;要突破一项生产质量关键、进行一项技术革新,应该改进哪些生产条件……由于客观事物受许多方面因素的影响,人们常常不能立即回答这些问题。为此,往往需要进行实验来增加对于客观事物的认识,以便摸索其中的规律性。

凡是要做实验就存在着如何安排实验和如何分析实验结果的问题。这就是做实验的方法问题。一项科学地安排实验的方法应能做到以下两点:①在实验安排上尽可能地减少实验次数;②在进行较少次数实验的基础上,能够利用所得到的实验数据,分析出指导实践的正确结论,并得到较好的结果。因此,科学的实验方法是使我们的工作达到多快好省的一个工具。

那么,究竟选择哪一部分实验才能反映全面的情况呢? 显然,随手拈来几个实验是不可能满足上述要求的。"正交实验法"就能够帮助我们选择一部分有代表性的实验方案,并给出科学地分析实验结果的方法。

利用"正交实验法"可以解决多因素、多水平及多指标这一类的实验问题。采用"正交实验法"虽然实验次数比较少,但同样能够明确回答下面的几个问题:

(1)因素的主次。实验中所考察的因素中哪个是主要因素,哪个是比较次要的因素,哪些是影响很小的因素。

(2)因素与指标的关系。

(3)什么是较好的生产条件。

(4)进一步实验的方向。

因素水平确定之后,全面实验的次数可由各因素水平数的乘积算得。

(二)怎样设计正交实验方案

【例 2-1】 明矾石水泥配比实验。在处理粉煤灰中,利用粉煤灰试制建筑砖时,复合掺用水泥、发泡剂和胶合剂以提高粉煤灰的强度。如果每个因素取 3 个水平,要求选择各因素的最优掺量。

如上所述,如果每个因素各个水平的所有组合都做实验,要作 $3^3 = 27$ 次,实验次数太多。能否做一部分实验,又能得出好的结果呢? 换句话说,怎样设计该例的实验方案呢?

用正交设计安排实验方案的基本方法如下。

1．明确实验目的,确定考核指标

实验前,首先要明确通过实验想解决什么问题,摸清什么规律,继而确定考核指标。如例 2-1 实验的目的是:通过实验,摸清复合使用水泥、发泡剂和胶合剂对粉煤灰强度影响的规律,从而选择各因素的最优掺量。这样,考核指标就是抗压强度。

必须注意,在粉煤灰砖实验中,我们所确定的考核指标应该都能直接用量来表示,如强度、比重等,它们均叫做定量指标。不能用量表示的非定量指标,要想办法变成定量指标(如评分等)才能进行正交设计。

2．挑因素、选水平,制定因素水平表

所谓因素是指对考核指标有影响的因素,所谓水平是指各因素在实验中要比较的具体条件。因素与水平是根据实验条件、实验目的,并在一定的实验基础上或凭借专业知识来确定的。例 2-1 中挑了 3 个因素,每个因素各选 3 个水平,见表 2-2。表中因素 A(水泥掺量)的 3 个水平分别是水平 1(10%),水平 2(15%),水平 3(20%)。因素 B(发泡剂掺量)和因素 C(胶合剂掺量)的 3 个水平类推。

表 2-2　因素水平表

水平	因　　素		
	A 水泥掺量（%）	B 胶合剂掺量（%）	C 发泡剂掺量（%）
1	10	2	0.3
2	15	3.5	0.6
3	20	5	0.9

注：掺量为占粉煤灰重量的百分数。

诸因素中,水平能用量表示的,称为定量因素;不能用量表示的,如水泥品种、胶合剂品种等,称为定性因素。每个因素的水平数可以相等,也可以不相等。重要的因素或需要重点考察的因素可以多选一些水平,其余可少选一些。对于每个因素用哪个水平对应上哪个用量,是可以任意指定的,一般来说,最好是打乱次序来安排。在粉煤灰砖配比实验中必须注意诸因素受到一个关系式的约束。只选(全部因素数－1)个因素进行考察。例如上述明矾石水泥配比实验中,全部因素有 4 个,即粉煤灰＋水泥＋胶合剂＋发泡剂＝100%组成一个关系式,只选其中水泥、胶合剂、发泡剂 3 个因素,粉煤灰这个因素是不独立的,否则就不能满足这个关系式。

3.确定各因素的水平,选择合适的正交表

把具体的因素水平填到选出的正交表(见表 2-3)上。

表 2-3　L₉(3⁴)实验方案

实验号	A 水泥	B 胶合剂	C 发泡剂	水　平
	1	2	3	
1	1(10%)	1(2%)	1(0.3%)	1
2	1(10%)	2(3.5%)	2(0.6%)	2
3	1(10%)	3(5%)	3(0.9%)	3
4	2(15%)	1(2%)	2(0.6%)	3
5	2(15%)	2(3.5%)	3(0.9%)	1
6	2(15%)	3(5%)	1(0.3%)	2
7	3(20%)	1(2%)	3(0.9%)	2
8	3(20%)	2(3.5%)	1(0.3%)	3
9	3(20%)	3(5%)	2(0.6%)	1

(1)因素顺序上列:按因素水平表上固定下来的次序,把 A、B、C 各因素顺序地放到 L₉(3⁴)的第 1、2、3 列上。

(2)水平对号入座:各因素在各列上固定下来以后,在因素 A、B、C 所在的三个列的字码"1"、"2"、"3"的后面分别填上因素水平表中的具体水平,这里要对号入座。

例如,在第 1 列中,"1"的后面填上(10%),"2"的后面填上(15%),"3"的后面填上(20%)。第 2 列、第 3 列的填法与第 1 列类似。于是表2-3就成了例2-3的实验方案。

在选用正交表时,应综合以下三方面的情况:①考察因素及水平的多少;②实验工作量的大小及允许条件;③有无重点因素要加以详细的考察。

4.列出实验条件

表2-3的 9 个横行就是 9 次实验的具体条件。例如,第 1 号实验的实验条件是水泥掺量 10%、胶合剂掺量 2%、发泡剂掺量 0.3%。其余 8 个实验号按上述办法定出实验条件。

5.确定实验方案

根据因素水平表及选用的正交表确定实验方案应注意以下几点:

(1)因素顺序上列按照因素水平表中固定下来的因素次序,顺序地放到正交表的纵列上,每列上放一种。

(2)水平对号入座因素上列后,把相应的水平按因素水平表所确定的关系对号入座。

(3)确定实验条件正交表在因素顺序上列、水平对号入座后,表的每一横行,即代表所要进行实验的一种条件,横行数即为实验次数。

实验方案确定后,往下就是严格按实验条件进行实验。需要指出的是,除了选定的因素外,其他条件应该固定,以便进行合理的比较。

由此可见,按正交设计安排的 9 次实验基本上能够反映 81 次实验的情况。同时,从例2-1我们进一步看到,当实验考察的因素越多时,使用正交设计的效率就越高,即减少实验的次数越多。本例的实验实施仅为全面实验的 1/9。

综合上述,正交设计可以有规律地减少实验次数,只作有代表性的部分实验,并能在错综复杂的实验中对结果作出科学的分析。

三、正交实验合理性解释

任何工业、农业或其他科学技术的多因素实验的安排,要么用全面实验法,要么用简单比较法,要么用正交设计。要说明正交设计的优点,只要把这三种方法作个简单的比较,就清楚了。

(一)全面实验法(全实施)

以一个 A、B、C 三个因子的 3 个水平的实验为例,全面实验就需要做 $3^3 = 27$ 次实验。全面实验方法的优点是对事物内部的规律性剖析得比较清楚,缺点是要求实验次数太多、特别是当遇到多水平多因子的实验时,往往无法实现,于是就产生了简单比较法。

(二)简单比较法

(1)先用固定 A_1B_1(当然也可以固定别的水平)、变动 C 的办法,安排 $A_1B_1C_1$、$A_1B_1C_2$、$A_1B_1C_3$ 三次实验,如果三次实验认为 $A_1B_1C_2$ 较好,C 宜固定 C_2。

(2)再用固定 A_1C_2 变动 B 的办法,安排 $A_1B_1C_2$、$A_1B_2C_2$、$A_1B_3C_2$ 三次实验(因 $A_1B_1C_2$ 在变动 C 时做了,这里可以不做),如果三次实验认为 $A_1B_3C_2$ 较好,B 宜固定 B_3。

(3)最后用固定 B_3C_2 变动 A 的办法,安排 $A_1B_3C_2$、$A_2B_3C_2$、$A_3B_3C_2$ 三次实验(因 $A_1B_3C_2$ 在变动 B 时做了,这里可以不做),如果三次实验认为 $A_1B_3C_2$ 较好,于是 $A_1B_3C_2$

就是 7 次实验中较好的工艺了。

这种简单比较法优点是可以减少实验次数和收到一定的效果,缺点是代表性差。因此,这样安排实验的方法,不能客观地反映 27 个实验点的情况,有较大的盲目性。

(三)正交设计

正交设计吸收了上述两种方法的优点,克服了它们的缺点。一个三因素三水平的实验,用正交设计的 $L_9(3^4)$ 安排,其 9 次实验点的分布,正是实验立体图案中的 1、5、9、12、15、17、21、24、26 的 9 个点。从这 9 个实验点的分布,可以看出这样两个特点:

(1)在 9 次实验中,因子 A、B、C 的 3 个水平都"一视同仁"。即每个因子的每个水平都做了 3 次实验(而简单比较法有的因子的水平做了 6 次实验,有的因子的水平一次也没有做)。

(2)这 9 次实验点是均衡分布的。即实验立体图的任何一个面上均有 3 个实验点,任何一根线上只有一个实验点。

由于正交设计有上述两个特点,所以它具有实验次数少、代表性强和综合可比性的优点。

正交设计实验次数少、代表性强,是说这些实验基本上反映了全面实验的情况,可以通过这些实验选出全面实验中最好的一点。

正交设计的综合可比性,还是以三因素三水平实验来说明,即在因子 B、C 变动情况下来比较 A,在因子 A、C 变动的情况下来比较 B,在因子 A、B 变动情况下来比较 C,三种情况同时考虑。而且对每一个因子的每一水平都做了 3 次实验,也就是说,三种不同的 A、B、C 的变化是处于完全均等的状况。由于这一点,当我们比较 A 列的 A_1、A_2、A_3 时,可以认为它们的差异主要是 A 的水平不同而引起的,而 B、C 的影响被消除了。当比较 B、C 时也是如此。

由于有了上述基础,在分析实验结果时,可根据实际问题的需要采用各种不同的方法:最简单的可以直接从表格计算上比较结果好坏(直观分析);进一步地可以通过一些简单的计算,得到更多的结论,当实验中误差比较严重的时候,还可以用方差分析的方法分析误差的影响。最终可以找出实验因子的主次关系和最优水平组合。所以,正交设计是一种较好的多因素实验方法。

四、正交实验分析举例

下面以混凝—吸附法处理果胶废水工艺实验为例,对正交实验分析方法进行说明。本实验方案从"以废治废"的思路出发,充分利用盐析法提取果胶工艺废水中残余 $Al(\text{Ⅲ})$ 的特点,采用化学混凝方法除去悬浮杂质(SS)与 $Al(\text{Ⅲ})$ 及 SO_4^{2-},并利用炉渣与活性炭对混凝处理后的废水进行脱色。经过探索性实验与正交实验,确定了该方案的最佳工艺条件,并据此进行果胶废水处理的初步工艺设计。

(一)实验部分

1.试剂与主要仪器

试剂:石灰粉(建筑用,有效钙大于 80%);聚丙烯酰胺(简称 PAM,分子量 5×10^6);活性炭(ZJ-25 型、粒状);炉渣(本单位锅炉渣)。

主要仪器:721 型紫外与可见光分光光度计;pHS-3C 酸度计;XJ-1 型 COD 消解装置;调速电动搅拌机。

2.实验方法

(1)将两道废水按一定体积比配成 200mL 水样,加入石灰乳,迅速搅拌均匀;再加入 PAM 继续搅拌 10min,静沉 30min;取去上层清液分析确定混凝效果。

(2)取混凝处理后的水样 100mL,分别通过装有不同质量炉渣的玻璃管(内径为 35mm),滤速约为 0.002 5mm/s。取滤液测透光率,并以自来水为基准比较脱色效果。

(3)活性炭通过称重加入法,测其脱色容量。

(二)结果与讨论

1.果胶废水的特性

果胶生产工艺流程如图 2-2 所示。

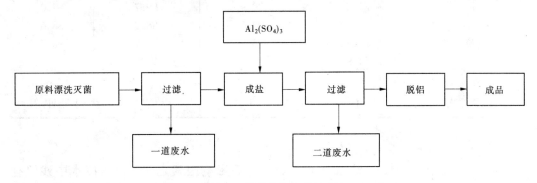

图 2-2 果胶生产工艺流程

整个生产过程中,共排放两次废水。一道废水主要杂质是纤维类、原果胶等有机物与黏土,水色为深棕色,COD_{Cr} 高达 6 540.4mg/L;二道废水是在成盐工序中排出的,主要杂质是成盐后溶液中残留的硫酸铝与少量溶入的果胶铝盐,水色为浅黄绿色,COD_{Cr} 为 1 339.6mg/L。

2.正交实验

探索性实验表明,在果胶废水进行处理中,两道水的配比、石灰乳加入量(为了便于控制,以 pH 值来调整)、搅拌时间与搅拌速度都对混凝效果有影响。从单项实验结果与生产实际出发,两道废水的配比以 1:1 比较适宜。正交实验在固定废水配比因素下,选择 pH 值、PAM 加入量、搅拌时间与搅拌速度四因素为研究对象,取三水平,按 $L_9(3^4)$ 设计正交实验表,以透光率为评判标准,正交实验结果与分析见表 2-4。

1)pH 值对混凝效果的影响

本实验是用加入石灰乳来调节 pH 值的。石灰既是 pH 调节剂、沉淀剂,又起到增加电解质助凝的作用。从正交实验结果看,pH 值属于主要影响因素。它决定了 Al(Ⅲ)存在的形态以及与 PAM 协同混凝效果发挥的好坏。pH 为 7.0 时,Al(Ⅲ)主要以 $Al(OH)_3$ 形态存在,有利于减少沉淀作用的发生。所用 PAM 属于阴离子型,也适用于在中性范围内使用。因此,选择 pH 值为 7.0,对除去废水中悬浮物与胶体有利,同时对除去 Al(Ⅲ)与 SO_4^{2-} 也有利。

表 2-4　正交实验结果与分析

实验序号	pH 值	PAM 加入量(mL)	搅拌速度(r/min)	搅拌时间(min)	透光率(%)
1	6.0	3	100	5	81.6
2	6.0	5	150	7	82.8
3	6.0	7	200	10	79.5
4	7.0	3	150	10	96.2
5	7.0	5	200	5	92.4
6	7.0	7	100	7	91.0
7	8.0	3	200	7	92.0
8	8.0	5	100	10	76.5
9	8.0	7	150	5	87.0
$\overline{K_1}$		81.3	89.9	89.7	87.0
$\overline{K_2}$		93.2	90.6	88.7	88.6
$\overline{K_3}$		91.8	85.8	87.9	90.7
R		11.9	4.8	1.8	3.7
较优水平		7.0	5	100	10
因素主次		Ⅰ	Ⅱ	Ⅳ	Ⅲ

2)PAM 加入量对混凝效果的影响

从正交实验结果看,PAM 加入量也属于重要影响因素之一。由于废水中残留有 Al(Ⅲ),所以起混凝剂作用的实质是 Al(Ⅲ)与 PAM 两种,这样可以减少 PAM 用量,降低处理成本。Al(Ⅲ)虽然也可以单独起混凝剂的作用,但对 $CaSO_4$ 等细小颗粒的吸附效果不好,处理后出水硬度偏高。加入 PAM 后,由于阴离子型高分子混凝剂对 $CaSO_4$ 等胶体颗粒的强烈吸附架桥作用,不仅可以使絮体粗大,而且使出水硬度大大降低。实验表明,0.4% 的 PAM 加入 5mL 比较适宜,此时出水硬度接近于自来水的硬度,而且絮体易于过滤,上清液澄清。

3)搅拌速度与搅拌时间对混凝沉淀效果的影响

虽然正交实验的结果表明,搅拌速度与搅拌时间属于次要影响因素,但也应注意加以控制。适当的搅拌速度与搅拌时间,对混凝剂的分散、吸附架桥作用的发挥及絮团的形成与性状有利。从实验结果看,PAM 加入后,以 100r/min 的搅拌速度搅拌 10min,透光率最高。此时桨板外缘线速为 0.42m/s,属于轻度絮凝。

3.脱色实验

混凝沉淀处理后的废水,颜色为黄色。用炉渣进行脱色实验,结果见表 2-5。

表 2-5　脱色实验结果

炉渣量(g)	0.0	50.0	75.0	100.0	125.0	150.0
透光率(%)	90.5	95.5	96.7	97.5	98.0	99.5
滤液色泽	黄色	亮黄	较浅黄色	淡黄	极淡黄	无色

当炉渣用量为150.0g时,处理100mL废水,水渣质量比为0.67。脱色后测得透光率为99.5%,出水的色泽与自来水相似。

取混凝沉淀处理后水样若干份,体积为100mL,分别加入不同质量的活性炭,慢速搅拌30min。取滤液测其透光率并观察水的色泽,结果见表2-6。

表2-6 活性炭投放量实验

活性炭用量(g)	0.0	0.5	1.0	1.5	2.0	2.5	3.0
透光率(%)	90.5	94.5	95.8	96.6	97.8	98.5	99.8
滤液色泽	黄色	较浅黄色	较浅黄色	较浅黄色	极淡	近无色	无色

当活性炭投入量为3.0g时,水与活性炭质量的比为33.3,处理后的水无色透明。

炉渣是就地取材的"废物",用来将废水脱色到淡黄色。透光率约在98%时,若无特殊要求,作洗水用是没问题的。若用在盐析工序,需进一步用活性炭脱色,此时用1.0g活性炭就可以将100mL经炉渣初脱色后的水样脱至无色,将活性炭的处理效能提高3倍。

4. 废水处理效果

采用混凝—吸附法工艺处理后,废水质量见表2-7。

表2-7 处理前后果胶废水特性及杂质去除率

测试对象	pH	SS(mg/L)	COD(mg/L)	Al(Ⅲ)(mmol/L)	SO_4^{2-}(mmol/L)	透光率(%)
一道水	5.05	5 545	6 540.4	—		4.9
二道水	3.86	1 221	1 339.6	11.64	47.50	69.8
处理后出水	7.0	—	512.2	0.080	4.50	99.8
去除率(%)		100	87.0	99.3	90.5	

(三)工艺设计

基于混凝—吸附法处理果胶废水实验研究结果,初步拟定果胶废水处理工艺流程,如图2-3所示。

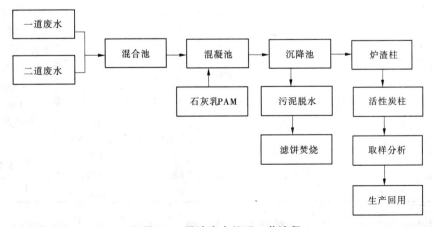

图2-3 果胶废水处理工艺流程

一、二道废水按 1:1 比例混合后,进入混凝池投加石灰乳与 PAM,调 pH 值为 7.0,经搅拌 10min 后,进入沉降池沉降,上清液经炉渣、活性炭柱脱色后,出水经分析合格后即可回用。

(四)结论

本实验坚持"以废治废"的原则,充分利用废水中的 Al(Ⅲ),提出了处理盐析法果胶废水的技术工艺。经过正交实验表明:在两道废水配比为 1:1 时,pH 值为 7.0(即 200mL 水样中约加石灰 0.6g),0.4%PAM 加入 5mL,搅拌速度为 100r/min,搅拌 10min,混凝沉淀效果最佳。

采用炉渣与活性炭联合脱色的方法既充分利用了废弃物炉渣,又可提高活性炭处理效果。用此方法完全可以脱去废水的颜色。

经过该工艺处理后的废水无色透明,pH 值为 7.0,Al(Ⅲ) 去除率为 99.3%,SO_4^{2-} 去除率为 90.5%,COD 去除率为 87.0%,达到回用水的标准。

第二节 正交实验数据分析

一、极差分析

【例 2-2】 某污水处理中,有 A、B、C、D 4 个影响因素,每个因素取 3 个水平,分别是 A_1、A_2、A_3,B_1、B_2、B_3,C_1、C_2、C_3,D_1、D_2、D_3;F 为其响应,进行 9 次实验,得到 9 个 F 值,将它们填入 $L_9(3^4)$ 表右侧数据栏内(见表 2-8)。现在,我们从 9 个实验数据出发,利用正交表来分析实验结果。

表 2-8 实验结果

实验号	A 1	B 2	C 3	D 4	F
1	1	1	1	1	857
2	1	2	2	2	951
3	1	3	3	3	909
4	2	1	2	3	878
5	2	2	3	1	973
6	2	3	1	2	899
7	3	1	3	2	803
8	3	2	1	3	1 030
9	3	3	2	1	927
Ⅰ	2 717	2 538	2 786	2 757	
Ⅱ	2 750	2 954	2 756	2 653	$T = 8\ 227$
Ⅲ	2 760	2 735	2 685	2 817	
R	43	416	101	164	

首先分析因素 A。因素 A 排在第 1 列,所以要从第 1 列来分析。如果把包含 A 因素"1"水平的三次实验(第 1、2、3 号实验)算做第一组,同样,把包含 A 因素"2"水平、"3"水

平的各三次实验(第 4、5、6 号及第 7、8、9 号实验)分别算第二组、第三组。那么,9 次实验就分成了 3 组。在这 3 组实验中,各因素的水平出现的情况见表 2-9。

表 2-9 各因素水平出现的情况

实验号	A	B	C	D
1、2、3	全是 A_1	B_1 一次 B_2 一次 B_3 一次	C_1 一次 C_2 一次 C_3 一次	D_1 一次 D_2 一次 D_3 一次
4、5、6	全是 A_2	B_1 一次 B_2 一次 B_3 一次	C_1 一次 C_2 一次 C_3 一次	D_1 一次 D_2 一次 D_3 一次
7、8、9	全是 A_3	B_1 一次 B_2 一次 B_3 一次	C_1 一次 C_2 一次 C_3 一次	D_1 一次 D_2 一次 D_3 一次

由表 2-9 可以看出,在 A_1、A_2、A_3 各自所在的那组实验中,其他因素(B、C、D)的 1、2、3 水平都分别出现了一次。

把第一组实验得到的实验数据相加,即将第 1 列 1 水平所对应的第 1、2、3 号实验数据相加(见表 2-8),其和记作Ⅰ:

Ⅰ = 857 + 951 + 909 = 2 717

把第二组实验得到的数据相加,即将第 1 列 2 水平所对应的第 4、5、6 号实验数据相加,其和记作Ⅱ:

Ⅱ = 878 + 973 + 899 = 2 750

同样,将第 1 列 3 水平所对应的第 7、8、9 号实验数据相加,其和记作Ⅲ:

Ⅲ = 803 + 1 030 + 927 = 2 760

于是,我们可以将Ⅰ看做是这样 3 次实验的数据和,即在这 3 次实验中,只有 A_1 水平出现 3 次,而 B、C、D 三个因素的 1、2、3 水平各出现一次(见表 2-9),数据和Ⅰ反映了 3 次 A_1 水平的影响,以及 B、C、D 每个因素的 1、2、3 水平各一次的影响。同样,数据和Ⅱ(Ⅲ)反映了 3 次 A_2(A_3)水平以及 B、C、D 每个因素的 3 个水平各一次的影响。

当我们比较Ⅰ、Ⅱ、Ⅲ 的大小时,可以认为 B、C、D 对Ⅰ、Ⅱ、Ⅲ 的影响是大体相同的。因此,可以把Ⅰ、Ⅱ、Ⅲ之间的差异看做是由于 A 取了 3 个不同的水平而引起的。

用同样的方法分析因素 B。B 因素排在第 2 列,所以要从第 2 列来分析。把包含 B_1 水平的第 1、4、7 号实验数据相加记作Ⅰ,把包含 B_2 水平的第 2、5、8 号实验数据相加记作Ⅱ,把包含 B_3 水平的第 3、6、9 号实验数据相加记作Ⅲ。计算结果如下:

Ⅰ = 857 + 878 + 803 = 2 538

Ⅱ = 951 + 973 + 1 030 = 2 954

Ⅲ = 909 + 899 + 927 = 2 735

同样,把这3组实验中各因素水平出现的情况列成表(见表2-10)。

表2-10　各因素水平出现的情况

实验号	A	B	C	D
1、4、7	A_1一次 A_2一次 A_3一次	全是B_1	C_1一次 C_2一次 C_3一次	D_1一次 D_2一次 D_3一次
2、5、8	A_1一次 A_2一次 A_3一次	全是B_2	C_1一次 C_2一次 C_3一次	D_1一次 D_2一次 D_3一次
3、6、9	A_1一次 A_2一次 A_3一次	全是B_3	C_1一次 C_2一次 C_3一次	D_1一次 D_2一次 D_3一次

从表2-10同样可以看出,在B因素取某一水平的3次实验中,其他A、C、D的3个水平也是各出现一次。所以,按第2列计算的Ⅰ、Ⅱ、Ⅲ之间的差异同样是由于B取了3个不同的水平而引起的。

按照这个方法,我们便可把各因素的Ⅰ、Ⅱ、Ⅲ计算出来。总之,按正交表各列计算的Ⅰ、Ⅱ、Ⅲ数值的差异就反映了各列所排因素取F不同水平对指标的影响。

在计算完各列的Ⅰ、Ⅱ、Ⅲ之后,还要把每一列的Ⅰ、Ⅱ、Ⅲ中最大值和最小值之差算出来,我们把这个差值叫做极差,记作R。这样,便可算出这四列(即四个因素)的极差,结果如下:

第1列(A因素)$R = 2\,760 - 2\,717 = 43$;

第2列(B因素)$R = 2\,954 - 2\,538 = 416$;

第3列(C因素)$R = 2\,786 - 2\,685 = 101$;

第4列(D因素)$R = 2\,817 - 2\,653 = 164$。

每一列算出的极差大小反映了该列所排因素选取的水平变动对指标影响的大小。

至此,我们计算了各列的Ⅰ、Ⅱ、Ⅲ及R,并把这些结果填入表2-8的相应位置上。这样,就完成了实验数据的计算这一步。今后,就用这种表格化的办法进行计算。

根据这些计算结果,就可以回答下面的四个问题。

(1)各因素对指标的影响谁主谁次呢?

根据极差R这一栏的数据(见表2-8)可知,第2列和第4列较大,第1列最小。这反映了因素B、D的水平变动时,指标波动最大;因素A的水平变动时,指标波动很小。

由此可以根据极差的大小顺序排出因素的主次顺序,如图2-4所示。

图2-4中,R值相近的因素用","号隔开,而R值相差较大的因素用";"号隔开。

(2)各因素取什么水平好呢?

选取因素的水平是与要求的指标有关的。要求的指标越大越好,应该取使指标增大的水平,即各因素Ⅰ、Ⅱ、Ⅲ中最大的那个水平;反之,如要求的指标越小越好,则取其中最小的那个水平。若例2-2的实验目的是提高 F,所以应该挑选每个因素Ⅰ、Ⅱ、Ⅲ中最大的那个水平,即 A_3、B_2、C_1、D_3。

主 ————————→ 次

B;   D;   C;   A

图2-4 因素的主次顺序

(3)什么是较好的处理条件?

各因素的好水平加在一起,是否就是较优处理条件? 从Ⅰ、Ⅱ、Ⅲ的计算可以看出,各因素选取的水平变动时,指标波动的大小,实际上是不受其他因素的水平变动影响的。所以,把各因素的好水平简单地组合起来就是较好处理条件。但是,实际上选取较好处理条件时,还要考虑因素的主次,以便在同样满足指标要求的情况下,对于一些比较次要的因素按照优质、高效、低消耗的原则选取水平,得到更为符合实际要求的较好处理条件。

对于主要因素,一定要按有利于指标的要求选取水平(即取计算结果选出的好水平)。例2-2中对于次要因素 A,就可根据其他方面的要求选取水平,最后决定选 A_1。较优处理条件是:$A_1B_2C_1D_3$。

需要指出的是,例2-2中得到的较好处理条件,恰恰不包括在已做过的9次实验中。这是由于使用正交表安排的9个实验是有代表性的,能够比较全面地反映4个因素各个水平对 F 的影响,在对实验数据进行了计算分析后,可以从81种搭配中挑出较好的生产条件,而不会漏掉。

(4)各因素的水平变化时,指标的变化规律怎样呢?

由实验结果可知,因素 B 从 B_1 增加到 B_3 时,F 是逐渐提高的。因素 D 从 D_1 增加到 D_3 时,F 先降低,然后又升高,而且下降与升高得快慢差不多。因此,如果还希望进一步提高 F,则 B 因素取大于 B_3,D 因素取大于 D_3,再进一步做实验是有可能提高的。因此,通过计算分析为我们指出了进一步实验的方向。

二、方差分析

方差分析是将因子水平(或交互作用)的变化所引起的实验结果间的差异与误差的波动所引起的实验结果间的差异区分开来的一种数学方法。如果因子水平的变化所引起的实验结果的变动落在误差范围以内,或者与误差相差不大,我们就可以判断这个因子水平的变化并不引起实验结果的显著变动,也就是处于相对的静止状态。相反,如果因子水平的变化所引起的实验结果的变动超过误差的范围,我们就可以判断这个因子水平的变化会引起实验结果的显著变动。根据这一点,我们来介绍方差分析的基本思想和方法。

(一)单因子实验方差分析

【例2-3】 对处理某污水要考察反应温度对某物质的去除率的影响。为此,比较两个反应温度30℃、40℃(分别记为 A_1、A_2),这是二水平的单因子实验,其指标是去除率,实验结果见表2-11。

如果没有误差,只要对 A_1、A_2 各做一次实验,直接比较去除率的大小,就可以判断反应温度高低的好坏。然而,实验结果总是受误差的影响,如果我们从第1号实验的两个结果中,根据89大于76就说 A_2 比 A_1 好,显然是不可靠的。因为我们无法判断89>76是

由于 A_1、A_2 的条件不同而引起的,还是由于误差而引起的。同样,也不能从第 2 号实验的结果作出相反的结论。那么,我们进行重复实验(这里各重复 5 次),比较 A_1、A_2 的平均值,由于 71.4＜80.0,是否可说 A_2 比 A_1 好呢? 还很难说。虽然平均值的代表性强一些,受误差的影响小一些,但是由于还不知道误差的大小,仍不能判断这个差别是否由于因子水平的改变而引起的。因此,我们必须对误差引起的指标波动有个定量的估计。

如果没有误差,在 A_1(30℃)条件下,实验数据都应该相同,应等于它们的理论值 μ_1,因此 $75 - \mu_1, 78 - \mu_1, \cdots$ 就是误差。由于实验过程中误差影响,我们不能直接测得 μ_1,但是我们可以用同一条件下实验结果的平均值(这里是 71.4)来代替 μ_1,这样 $75 - 71.4, 78 - 71.4\cdots$ 就近似地反映了误差的大小。对于误差来说,它的正负号是没有什么意义的,重要的是要知道它的绝对值在什么范围内波动,所以我们取它们的平方并将它们相加得:
$$(75 - 71.4)^2 + (78 - 71.4)^2 + (60 - 71.4)^2 + (61 - 71.4)^2 + (83 - 71.4)^2 = 429.20$$

表 2-11 实验结果

实验号	水　平	
	A_1(30℃)	A_2(40℃)
1	75	89
2	78	62
3	60	93
4	61	71
5	83	85
平均值	71.4	80.0

这样得到的平方和称为数据的偏差平方和,它是 A_1 条件下误差所引起的,以 S_1 表示。同样,可算出 A_2 条件下误差所引起的偏差平方和 S_2:
$$S_2 = (89 - 80)^2 + \cdots + (85 - 80)^2 = 680$$

把这两个平方和相加就得到总的误差所引起的偏差平方和,简称误差的偏差平方和,以 $S_误$ 表示,即
$$S_误 = S_1 + S_2 = 429.20 + 680 = 1\,109.2$$
它就是我们对误差引起的波动所作的定量估计。

同样,我们可以求出全部数据的总平均,即
$$\frac{75 + 78 + 60 + 61 + 83 + 89 + 62 + 93 + 71 + 85}{10} = 75.7$$

全部数据中每个数据与总平均之差的平方和反映了数据总的波动,称为总的偏差平方和,以 $S_总$ 表示,即
$$S_总 = (75 - 75.7)^2 + (78 - 75.7)^2 + \cdots + (85 - 75.7)^2 = 1\,294.10$$

可以设想,如果因子的水平改变对指标不发生影响,而且也没有误差,那么全部数据显然应该都一样,$S_总$ 为零。但 $S_总$ 实际上不是零,可见,它是由误差引起的波动和因子

水平改变所引起的波动这两部分组成。

对于因子 A,它取 1 水平时去除率的平均值为 71.4,这个平均值可以代替各个 1 水平(共 5 个)对去除率的影响;A 取 2 水平时去除率的平均值为 80.0,这个平均值可以代替各个 2 水平(共 5 个)对去除率的影响;所以,5 个 71.4 与 5 个 80.0 对它们的总平均 75.7 之差的平方和为

$$S_A = 5(71.4 - 75.7)^2 + 5(80.0 - 75.7)^2 = 184.9$$

S_A 就反映了因子 A 的水平改变所引起的波动,当然其中也包含了实验误差的影响。

从这里也可以看出:

$$S_总 = S_误 + S_A = 1\ 109.2 + 184.9 = 1\ 294.1$$

即数据总的偏差平方和是误差所引起的以及因子 A 的水平改变所引起的两个偏差平方和之和,这个公式可以用来检验 $S_误$ 及 S_A 的计算是否正确。

有了 $S_误$ 和 S_A,是否就能区分因子水平引起的波动与误差引起的波动呢? 还有问题,因为从数据的偏差平方和可见,数据个数多的,偏差平方和就可能大。换言之,偏差平方和不但与数据本身的变动有关,还与数据的个数有关。为此,需要首先消除数据个数的影响,可以采用平均偏差平方和 S_A/f_A 与 $S_误/f_误$ 进行比较,其中 f_A 与 $f_误$ 分别是偏差平方和 S_A 与 $S_误$ 的自由度。所谓自由度就是独立的数据个数。对 S_1 而言,在 5 个数据 75、78、60、61、83 中,由于它们之间有 1 个关系式:

$$\frac{75 + 78 + 60 + 61 + 83}{5} = 71.4$$

所以,数学上称这 5 个数据中只有 5 - 1(此处"1"即 1 个关系式)个对其平均值是独立的(也就是说,如果 5 个实验结果的平均值已知为 71.4,且其中 4 个实验结果分别为 75、78、60、61 的话,那么第 5 个实验结果也就完全确定了——它被其他 4 个独立的实验结果所约束,即等于 $5 \times 71.4 - (75 + 78 + 60 + 61) = 83$,所以 S_1 的自由度 $f_1 = 5 - 1 = 4$;同样,S_2 的自由度 $f_2 = 5 - 1 = 4$,而 $S_误 = S_1 + S_2$,所以 $S_误$ 的自由度 $f_误 = 4 + 4 = 8$。类似地,在 S_A 中数据 71.4 与 80.0 间有关系式:

$$\frac{71.4 + 80.0}{2} = 75.7$$

所以,这两个平均数中只有 2 - 1 = 1 个是独立的,即 $f_A = 2 - 1 = 1$,在 $S_总$ 的 10 个数据 76,78,…,85 间也有一个关系式:

$$\frac{75 + 78 + 60 + 61 + 83 + 89 + 62 + 93 + 71 + 85}{10} = 75.7$$

因此,$S_总$ 的自由度 $f_总 = 10 - 1 = 9$。

可见,对于 $S_总 = S_A + S_误$,也有

$$f_总 = f_A + f_误 \tag{2-1}$$

式中

$$f_总 = 总的实验次数 - 1 \tag{2-2}$$

$$f_A = 因子 A 的水平数 - 1 \tag{2-3}$$

$$f_{误} = f_{总} - f_A \qquad (2\text{-}4)$$

现在,我们考虑比值 $\dfrac{S_A/f_A}{S_{误}/f_{误}}$,如果 S_A/f_A 与 $S_{误}/f_{误}$ 差不多,那就说明因子A的水平改变对指标的影响在误差范围以内,亦即水平之间无显著差异;反之,就可认为因子的水平改变对指标有显著影响。现在的问题是,若记 $F_A = \dfrac{S_A/f_A}{S_{误}/f_{误}}$,那么当 F_A 多大时,我们就能说因子 A 是显著的(也即 A 的水平改变对效率有显著影响) 呢?只要查一下 F 分布表,在 F 分布表上的数值就是各种情况下的临界值(查法下面介绍),查得的临界值记为 F_α。当 $F_A \geqslant F_\alpha$ 时,我们就可有大概 $(1 - \alpha)$ 的把握说因子A对指标有显著影响。在这里 α 称为信度。

(二)方差分析中的几个数学概念

1.算术平均值

设有 n 个数 $y_1, y_2, \cdots, y_n$,用 $\overline{y}$ 表示它们的算术平均值,即

$$\overline{y} = \frac{1}{n}(y_1 + y_2 + \cdots + y_n) = \frac{1}{n}\sum_{i=1}^{n} y_i \qquad (2\text{-}5)$$

2.偏差平方和

$y_1, y_2, \cdots, y_n$ 与 $\overline{y}$ 之差的平方和即偏差平方和,用数学式子表示为

$$S = \sum_{i=1}^{n}(y_i - \overline{y})^2 \qquad (2\text{-}6)$$

此公式还可简化为一种更常用的形式:

$$S = \sum_{i=1}^{n}(y_i - \overline{y})^2 = \sum_{i=1}^{n} y_i^2 - 2\sum_{i=1}^{n} y_i\overline{y} + n\overline{y}^2 = \sum_{i=1}^{n} y_i^2 - n\overline{y}^2 \qquad (2\text{-}7)$$

若令 $G = \sum_{i=1}^{n} y_i$,$GT = \dfrac{G^2}{n}$,于是

$$S = \sum_{i=1}^{n} y_i^2 - CT, \text{自由度 } f = n - 1$$

偏差平方和反映了一组数据的分散和集中程度,S 大,说明 $(y_1, y_2, \cdots, y_n)$ 这组数分散;S 小,说明它们集中。

3.平均偏差平方和与自由度

为了合理地比较两组个数不同的数据的分散和集中程度,应采用平均偏差平方和(简称均方和)。将 n 个数 $y_1, y_2, \cdots, y_n$ 的偏差平方和 $S = \sum_{i=1}^{n}(y_i - \overline{y})^2$ 除以 S 中平方项的个数减1,即除以 $n - 1$,就得到平均偏差平方和 $\dfrac{S}{n-1}$,其中 $n - 1$ 就是 S 的自由度。

4.数据的简化

当 n 个数 $y_1, y_2, \cdots, y_n$ 较大时,为了简化计算,可将每一个数 $y_i(i = 1, 2, \cdots, n)$ 都减去同一个数 c,这并不影响偏差平方和的计算结果,但计算工作量却可减少很多。证明如下:

令 $x_i = y_i - c(i = 1, 2, \cdots, n)$ 则

$$\overline{x} = \frac{1}{n} \sum_{i=1}^{n} x_i = \frac{1}{n} \sum_{i=1}^{n} (y_i - c) \tag{2-8}$$

于是

$$\sum_{i=1}^{n} (x_i - \overline{x})^2 = \frac{1}{n} \sum_{i=1}^{n} \left[(y_i - c) - (\overline{y} - c) \right]^2 = \sum_{i=1}^{n} (y_i - \overline{y})^2 \tag{2-9}$$

5. F 比

因子水平的改变引起的平均偏差平方和与误差的平均偏差平方和的比值称为 F 比，即 $F_{比} = \dfrac{S_{因子}/f_{因子}}{S_{误}/f_{误}}$。

对于例 2-3，$F_A = \dfrac{184.9/1}{1\,109.2/8} = 1.33$。

6. F 分布表及其查法

为了判断 $F_{比}$ 大小的意义即 $F_{比}$ 多大时可认为实验结果的差异主要是由因子水平的改变所引起的；$F_{比}$ 多小时，可以认为实验结果的差异主要是由实验误差所引起的，这就需要有一个标准，据以衡量 $F_{比}$，这个标准就是根据统计数学原理编制的 F 分布表。F 分布表列出了各种自由度情况下 $F_{比}$ 的临界值。在 F 分布表上横行 $n_1:1,2,3,4,\cdots$ 代表 $F_{比}$ 中分子的自由度；竖行 $n_2:1,2,3,4,\cdots$ 代表 $F_{比}$ 中分母的自由度，表中的数值即各种自由度情况下 $F_{比}$ 的临界值。

例如，对于例 2-3，因子 A 的偏差平方和的自由度 $f_A = 1$，误差 e 的偏差平方和的自由度 $f_e = 8$。查得 $F_{0.1}(1,8) = 3.46$，这里 0.1 是信度。

7. 信度 α

在判断 $F_{比}$ 时（例如判断因子 A 的水平的改变对实验结果是否有显著影响），信度 α 是指我们对作出的判断大概有 $1 - \alpha$ 的把握。若 $\alpha = 5\%$，那就是当 $F_A > F_{0.05}(f_A, f_e)$ 时，我们大概有 95% 的把握判断因子 A 的水平改变对实验结果有显著影响。对于不同的信度 α，有不同的 F 分布表，常用的有 $\alpha = 1\%$、5%、10% 等，根据自由度的大小，可在各种信度的 F 分布表上查得 $F_{比}$ 的临界值，分别记作 $F_{0.01}(n_1, n_2)$，$F_{0.05}(n_1, n_2)$，$F_{0.10}(n_1, n_2)$ 等。

8. 显著性

设因子 A 的 $F_{比}$ 为 F_A。

(1)当 $F_A > F_{0.01}(n_1, n_2)$ 时，说明该因子水平的改变对实验结果有高度显著的影响，记作 $**$。

(2)当 $F_{0.01}(n_1, n_2) > F_A > F_{0.05}(u_1, n_2)$ 时，说明该因子水平的改变对实验结果有显著的影响，记作 $*$。

(3)当 $F_{0.05}(n_1, n_2) > F_A > F_{0.10}(n_1, n_2)$ 时，说明该因子水平的改变对实验结果有一定的影响，记作 $\otimes$。

对例 2-3 来说，由于 $F_A = 1.33 < 3.46 = F_{0.10}(1,8)$，所以可判断反应温度 30℃ 与 40℃ 对去除率的影响没有显著的差异，实验结果（去除率）所出现的波动主要是由实验误

差造成的。

(三)多因子实验的方差分析

在我们了解了单因子实验的方差分析后,就不难理解多因子实验的方差分析。对于多因子实验,引起实验结果之间差异的原因是:①由于各因子水平变化所引起;②实验误差(包括未加控制或无法控制的因子的变化)所引起。

和单因子实验的情况一样,在多因子实验中,方差分析的目的就在于将实验误差所引起的结果差异与实验条件的改变(即各因子不同的水平变化)所引起的结果差异区分开来,以便能抓住问题的实质;此外,还要将影响实验结果的主要因子和次要因子区分开来,以便集中力量研究几个主要因子。

下面是一个选择工业污水最适处理条件的多因子实验实例。

【例 2-4】 某一种工业污水的处理可由 Ⅰ、Ⅱ、Ⅲ、Ⅳ、Ⅴ 等物质处理,现打算对其中 5 个成分的最适配比以及最适装量按 3 种水平进行实验,并将其中两个成分(物质 Ⅰ 与物质 Ⅱ)合并为一个因子,这样构成一个 5 因子 3 水平实验。具体如下:

A 物质Ⅰ+物质Ⅱ(%)　　A_1:0.5+0.5　　A_2:1+1　　A_3:1.5+1.5
B 物质Ⅲ(%)　　　　　　B_1:4.5　　　　B_2:6.5　　B_3:8.5
C 物质Ⅳ(%)　　　　　　C_1:0　　　　　C_2:0.01　C_3:0.03
D 物质Ⅴ(%)　　　　　　D_1:0.5　　　　D_2:1.5　D_3:2.5
E 用量　　　　　　　　　E_1:30　　　　　E_2:60　E_3:90

此外,还需考察交互作用 $A \times B, A \times C, A \times E$(交互作用在本章第三节讲)。

由于有 5 个 3 水平的因子,以及 3 组交互作用需要考察,因此自由度总计有 $6 \times (3-1) + 3 \times (3-1) \times (3-1) = 24$ 个,为此查三水平正交表,见 $L_{27}(3^{13})$ 正交表,它有 $27 - 1 = 26$ 个自由度,可选它来进行表头设计的尝试(见表 2-12)。

表 2-12　实验安排

表头设计	A	B	A×B	C	A×C	E	A×E	D		
列号	1	2	3　4	5	6　7	8	9　10	11	12	13

于是得到了由正交表 $L_{27}(3^{13})$ 的第 1,2,5,8,11 列组成的实验计划及实现这一计划后的实验结果(见表 2-13)。

如果我们仍然使用直观分析法,就会遇到下列两个问题:

(1)由于我们没有对实验的误差进行估计,所以就无法分清某个因子的 3 个水平所对应的实验结果的差异,究竟是因为 3 个水平之间有显著的好坏之分,还是仅由实验误差造成。也就是说,在这 5 个因子中,究竟哪几个因子的水平有实质性的差异,哪几个因子的水平没有实质性的差异。

(2)由于三水平因子的交互作用要占两列,这样,根据直观分析就无法考察交互作用影响的大小。

为了解决这两个问题,我们需要使用方差分析的方法。

观察上面的实验结果,可看到数据在 37.0% ~ 137.5% 之间波动。这个波动可用实验结果的总偏差平方和 $S_{总}$ 来表示。设各号实验结果经四舍五入后,以 $y_i(i=1,2,\cdots,27)$表示,即 $y_1=0.69$, $y_2=0.64$,$\cdots$,用 $\overline{y}$ 表示它们的平均值,即 $\overline{y}=\dfrac{1}{27}\sum\limits_{i=1}^{27}y_i$,则

表 2-13 实验计划与结果

实验号	列号					实验结果(%)
	1	2	5	8	11	
	A	B	C	E	D	
1	0.5+0.5	4.5	0	30	0.5	68.9
2	0.5+0.5	4.5	0.01	60	1.5	54.0
3	0.5+0.5	4.5	0.03	90	2.5	37.0
4	0.5+0.5	6.5	0	60	2.5	65.5
5	0.5+0.5	6.5	0.01	90	0.5	75.0
6	0.5+0.5	6.5	0.03	30	1.5	47.6
7	0.5+0.5	8.5	0	90	1.5	80.5
8	0.5+0.5	8.5	0.01	30	2.5	68.4
9	0.5+0.5	8.5	0.03	60	0.5	38.6
10	1+1	4.5	0	30	0.5	92.5
11	1+1	4.5	0.01	60	1.5	115.0
12	1+1	4.5	0.03	90	2.5	90.0
13	1+1	6.5	0	60	2.5	86.3
14	1+1	6.5	0.01	90	0.5	97.1
15	1+1	6.5	0.03	30	1.5	117.0
16	1+1	8.5	0	90	1.5	98.5
17	1+1	8.5	0.01	30	2.5	113.0
18	1+1	8.5	0.03	60	0.5	79.5
19	1.5+1.5	4.5	0	30	0.5	69.0
20	1.5+1.5	4.5	0.01	60	1.5	110.0
21	1.5+1.5	4.5	0.03	90	2.5	91.2
22	1.5+1.5	6.5	0	60	2.5	85.8
23	1.5+1.5	6.5	0.01	90	0.5	115.5
24	1.5+1.5	6.5	0.03	30	1.5	129.5
25	1.5+1.5	8.5	0	90	1.5	65.5
26	1.5+1.5	8.5	0.01	30	2.5	137.5
27	1.5+1.5	8.5	0.03	60	0.5	73.3

$$S_{总}=\sum_{i=1}^{27}(y_i-\overline{y})^2=\sum_{i=1}^{27}y_i^2-CT \qquad (2\text{-}10)$$

$$\left(CT=\frac{G^2}{27},G=\sum_{i=1}^{27}y_i,f_{总}=26\right)$$

$S_总$ 反映了实验结果的差异，$S_总$ 大，说明各次实验结果之间差异大；反之就小。那么实验结果的差异又是怎样引起的呢？一是由于这 27 个实验中各因子 A、B、C、D、E 的水平都不相同，就是说，差异是由因子 A、B、C、D、E 的水平变化引起的；二是因为存在着实验误差（包括未加控制的因子变化）。

我们能算出由各因子水平变化引起的差异。

1. 因子的偏差平方和计算（$S_{因子}$）

例如因子 A，放在 $L_{27}(3^{13})$ 正交表的第 1 列上，有 9 个 1 水平、9 个 2 水平、9 个 3 水平，如果这个实验只安排一个因子 A，那么实验结果的差异就由于因子 A 的水平变化和实验误差所引起，这样就属于单因子实验问题。同样，可以用因子 A 的 1 水平对处理结果的平均影响 $x_1/9$ 代替各个 1 水平（共 9 个）对处理结果的影响；用其 2 水平对产量的平均影响 $x_2/9$ 代替各个 2 水平（共 9 个）对产量的影响；用其 3 水平对产量的平均影响 $x_3/9$ 代替各个 3 水平（共 9 个）对产量的影响。根据正交表的综合可比性，$x_1/9$、$x_2/9$、$x_3/9$ 这三个平均值可以相互比较，且它们反映了因子 A 的 3 个水平间的差异，所以因子 A 的偏差平方和 S_A 可由计算 9 个 $x_1/9$、$x_2/9$、$x_3/9$ 与 $\overline{y}$ 的偏差的平方和得到，即

$$S_A = 9(x_1/9 - \overline{y})^2 + 9(x_2/9 - \overline{y})^2 + 9(x_3/9 - \overline{y})^2$$

自由度：

$$f_A = 3 - 1 = 2$$

经过简单的代数运算，可简化为

$$S_A = \frac{x_1^2 + x_2^2 + x_3^2}{9} - CT \quad (CT = \frac{G^2}{27}, G = \sum_{i=1}^{27} y_i)$$

将具体数据代入，得

$$S_A = 20.59 - 19.69 = 0.9$$

显然，S_A 反映了因子 A 的 3 个水平所引起的实验结果的差异，当然其中也包含着实验误差的影响。

同样，可求出因子 B、C、D、E 的偏差平方和 S_B、S_C、S_D、S_E 的值：

$$S_B = \frac{x_1^2 + x_2^2 + x_3^2}{9} - CT = 0.05$$

$$S_C = \frac{x_1^2 + x_2^2 + x_3^2}{9} - CT = 0.23$$

$$S_D = \frac{x_1^2 + x_2^2 + x_3^2}{9} - CT = 0.07$$

$$S_E = \frac{x_1^2 + x_2^2 + x_3^2}{9} - CT = 0.11$$

自由度：

$$f_B = f_C = f_D = f_E = 3 - 1 = 2$$

2. 因子间交互作用的偏差平方和计算

由于三水平因子间的交互作用占正交表中两列，所以因子间交互作用的偏差平方和应为两列的偏差平方和相加。例如：

$$S_{A×B} = S_3 + S_4 = 0.01 + 0.05 = 0.06$$

$$f_{A×B} = 2 × 2 = 4$$

$$S_{A×C} = S_6 + S_7 = 0.22 + 0.10 = 0.32$$

$$f_{A×C} = 2 × 2 = 4$$

$$S_{A×E} = S_9 + S_{10} = 0.04 + 0.02 = 0.06$$

$$f_{A×E} = 2 × 2 = 4$$

3. 误差的偏差平方和计算（S_e）

对于正交表中误差的偏差平方和计算,可以用正交表中末排因子的空白列的偏差平方和来计算。此外,如果其他列的偏差平方和与空白列的偏差平方和相接近,那也可以合并起来作为误差估计,这样可使估计更为精确。例 2-4 中除 S_{12}、S_{13} 外还可将 S_3、S_4、S_9、S_{10} 均归入误差,所以

$$S_e = S_{12} + S_{13} + S_3 + S_4 + S_9 + S_{10} = 0.01 + 0.07 + 0.01 + 0.05 + 0.04 + 0.02 = 0.2$$

$S_3 + S_4$ 及 $S_9 + S_{10}$ 原来是考察 A×B 及 A×E 的交互作用,经计算后,其数值与空白列相近,说明 A 与 B 及 A 与 E 之间,并不存在交互作用。

上述各列偏差平方和的计算均可以在正交表 $L_{27}(3^{13})$ 上进行,详见表 2-12。由于因子 A、B、C、D、E 及交互作用 A×B、A×C、A×E 分别放在 $L_{27}(3^{13})$ 的第 1、2、5、11、8 和第 3、4、6、7、9、10 列上,所以在算得 $S_j(j = 1, 2, \cdots, 13)$ 后有:$S_A = S_1$,$S_B = S_2$,$S_C = S_5$,$S_D = S_{11}$,$S_E = S_8$,$S_{A×B} = S_3 + S_4$,$S_{A×C} = S_6 + S_7$,$S_{A×E} = S_9 + S_{10}$,以及空白列的 S_{12}、S_{13}。由 $S_总$ 及各 S_j 的意义,我们不难理解:

$$S_总 = S_1 + S_2 + \cdots + S_{12} + S_{13} = S_A + S_B + S_C + S_D + S_E + S_{A×C} + S_e$$

这个等式可以帮助我们检查各列偏差平方和的计算有无差错。

4. 因子和因子间交互作用的显著性检验

分别计算出因子 A、B、C、D、E 和 A×C 的 $F_比$:

$$F_A = \frac{S_A/f_A}{S_e/f_e} = \frac{0.9/2}{0.2/12} = 26.47$$

$$F_B = \frac{S_B/f_B}{S_e/f_e} = \frac{0.05/2}{0.2/12} = 1.47$$

$$F_C = \frac{S_C/f_C}{S_e/f_e} = \frac{0.23/2}{0.2/12} = 6.76$$

$$F_D = \frac{S_D/f_D}{S_e/f_e} = \frac{0.07/2}{0.2/12} = 2.06$$

$$F_E = \frac{S_E/f_E}{S_e/f_e} = \frac{0.11/2}{0.2/12} = 3.24$$

$$F_{A×C} = \frac{S_{A×C}/f_{A×C}}{S_e/f_e} = \frac{0.32/2}{0.2/12} = 4.71$$

查 F 表可得:

$$F_{0.01}(2, 12) = 6.93, F_{0.05}(2, 12) = 3.89, F_{0.1}(2, 12) = 2.81$$

$$F_{0.01}(4,12) = 5.41, \ F_{0.05}(4,12) = 3.26, F_{0.1}(4,12) = 2.48$$

显著性检验结果为

因子 A	＊＊(高度显著)
因子 C	＊(显著)
因子 E	⊛(有一定影响)
因子 A 和因子 C 的交互作用	＊(显著)
因子 B 和 D	不显著

上述显著性检验的过程可归纳为方差分析表,见表 2-14。

表 2-14　方差分析表

方差来源	偏差平方和	自由度	平均偏差平方和	$F_{比}$	显著性
A	$S_A = S_1 = 0.9$	2	0.45	26.47	＊＊
B	$S_B = S_2 = 0.05$	2	0.025	1.47	
C	$S_C = S_5 = 0.23$	2	0.115	6.76	＊
E	$S_E = S_8 = 0.11$	2	0.055	3.24	⊛
D	$S_D = S_{11} = 0.07$	2	0.35	2.06	
A×C	$S_{A×C} = S_6 + S_7 = 0.32$	4	0.08	4.71	＊
误差	$S_e = S_3 + S_4 + S_9 + S_{10} + S_{12} + S_{13} = 0.2$	12	0.017		

对于显著的交互作用 A×C,可作交互作用表,见表 2-15。

表 2-15　交互作用表

C	A		
	(0.5＋0.5) 1	(1＋1) 2	(1.5＋1.5) 3
1(0)	2.149	2.773	2.203
2(0.01)	1.974	3.251	3.630
3(0.03)	1.232	2.865	2.940

　　从上面的检验方法可见,要区分各因子对指标影响是否显著(即各因子的 3 个水平之间是否真有差异),必须先求出误差的估计 S_e,而 S_e 是通过正交表中的空白列获得的,所以我们在今后的表头设计中需要注意,必须留出一些空白列,供方差分析时用。

　　如果正交表中所有的列都被因子或交互作用占据了,没有空白列,就无法得到误差的估计。对于这种情况若根据以往的实验资料,知道误差的估计值,譬如为 σ^2,则同样可作方差分析,只需把 σ^2 的自由度看成 ∞,然后认为所作的 $F_{比} = \dfrac{S/F}{\sigma}$ 的衡量标准为

$F_\alpha(f, \infty)$ 就行了。如果没有历史资料，无法得到误差的估计值，那么或者选用更大(即列数更多)的正交表，或者进行重复实验(或取样)，否则只能取各列偏差平方和中最小的近似看做是误差的估计。

对于例 2-4，通过方差分析，表明：

(1)处理物质中Ⅰ与Ⅱ的水平改变对处理情况有高度显著的影响，根据水平1、2、3的大小可以看出，选取2水平或3水平好。

(2)处理物质中Ⅲ的水平改变对处理情况没有显著影响，可任意选。此例仍根据水平1、2、3的大小，选用2水平。

(3)处理物质中Ⅳ的水平改变对处理情况有显著影响，根据水平1、2、3的大小，选取2水平。

(4)处理物质中Ⅴ的水平改变对处理情况无显著影响，仍根据水平1、2、3的大小可以看出，选取2水平好。进一步可考虑少加或不加，这对节约原材料和为扩大生产创造条件均有很大意义。

(5)处理物质的用量对处理情况有一定影响，根据水平1、2、3的大小以选取1水平为好。

(6)处理物质中Ⅰ、Ⅱ与Ⅳ的交互作用对处理情况有显著影响，参照交互作用表，A取3水平、C取2水平为好。

(7)本实验是利用正交表来安排多因子实验的部分实施方案，从原先需做的243次(3^5)实验中挑选27次实验，本实验所得最优条件 $A_3B_2C_2D_2E_1$ 虽不包含在27次实验中，但根据正交表的特点，进行方差分析后，可从这27次实验中推测出其中最优的实验方案。

第三节　交互作用

一、交互作用的直观意义

在一个实验中，若有 $s(s>1)$ 个因素且它们对响应的作用是各自独立的，则称因素间无交互作用，相应的模型称为可加模型，例如二因素(记为 A 和 B)的实验，若其方差分析模型为

$$y_{ijk} = \mu + \alpha_i + \beta_j + e_{ijk} \quad (i=1,\cdots,p; j=1,\cdots,q; k=1,\cdots,r) \quad (2\text{-}11)$$

式中：α_i 为因素 A 的主效应；β_j 为因素 B 的主效应；y_{ijk} 为水平组合 A_iB_j 下第 k 次实验的响应值；e_{ijk} 为该次实验的随机误差。

考虑 A 的两个不同的水平组合 i_1 和 i_2，其响应值的差

$$y_{i_1jk} - y_{i_2jk} = \alpha_{i_1} - \alpha_{i_2} + e_{i_1jk} - e_{i_2jk} \quad (2\text{-}12)$$

由 A 的主效应和随机误差所决定，与 B 取什么水平无关。

如果在一次实验中，不仅因素 A 和 B 对响应有影响，而且它们联合起来对响应也产生影响，这时模型可表示为

$$y_{ijk} = \mu + \alpha_i + \beta_j + (\alpha\beta)_{ij} + e_{ijk} \quad (i=1,\cdots,p; j=1,\cdots,q; k=1,\cdots,r)$$

$$(2\text{-}13)$$

式中：$(\alpha\beta)_{ij}$ 表示水平组合 $A_i B_j$ 对 y 的交互作用。

我们用 $A \times B$ 表示 A 和 B 的交互作用。

例如，下面是两因素（A 和 B）二水平的两个实验（Ⅰ和Ⅱ）的响应值：

	A_1	A_2			A_1	A_2
B_1	50	55		B_1	50	55
B_2	53	58		B_2	53	62

实验Ⅰ在左边，当 A 从 A_1 变到 A_2 时指标都增加 5，与 B 的水平无关；同样，当 B 从 B_1 变到 B_2 时指标都增加 3，与 A 的水平无关，即

	$A_2 - A_1$			$B_2 - B_1$
B_1	5		A_1	3
B_2	5		A_2	3

而右边的实验Ⅱ情况就不大一样，即

	$A_2 - A_1$			$B_2 - B_1$
B_1	5		A_1	3
B_2	9		A_2	7

也就是说，A 从 A_1 变到 A_2 引起响应变化的大小与 B 取什么水平有关；反之，B 的变化对响应的影响与 A 取什么水平也有关，这时 A 和 B 有交互作用。若将上述两个实验按图 2-5 方式做图，我们可以看到，实验Ⅰ的两条线相互平行，而实验Ⅱ的两条线明显的不平行，前者表明 A 和 B 之间没有交互作用，而后者有交互作用。由于有实验误差，即使 A 和 B 之间没有交互作用，相应点图的两条线只能近于平行，故我们需要对交互作用有一个定量的估计。

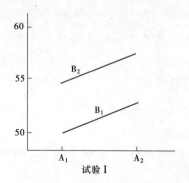 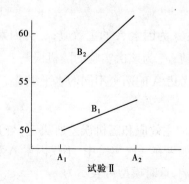

图 2-5　响应与因素的关系

主效应 α_i 和 β_j 应有以下约束条件:

$$\sum_{i=1}^{p} \alpha_i = \sum_{j=1}^{q} \beta_j = 0 \qquad (2\text{-}14)$$

当实验中包括了更多的因素时,除了 2 个因素之间有交互作用,可能还有 3 因素之间的交互作用、4 因素之间的交互作用等。例如,A×B×C 表示因素 A、B、C 之间的三阶交互作用,A×B×C×D 表示因素 A、B、C、D 之间的四阶交互作用。

大量的实践表明,高阶的交互作用常常不存在,或很小,可以忽略。在实验设计的统计推断中,普遍采用如下的原则:保证估计诸因素主效应,尽量能估计两两因素之间的交互作用,如有余力,可估计部分高阶交互作用。

二、考虑交互作用的正交实验设计

因素间可能会有交互作用,交互作用的概念在上面已经介绍,下面我们通过一个例子来说明,如何用正交表来安排有交互作用的实验以及有关的数据分析。

【例 2-5】 在处理某污水时,为了提高处理质量,选了 3 个因素,每个因素 2 个水平,因素间可能有交互作用。具体如下:

处理药物 A: $A_1 =$ 上海产 $A_2 =$ 青岛产

加药量 B: $B_1 = 6kg$ $B_2 = 10kg$

搅拌速度 C: $C_1 = 238r/min$ $C_2 = 320r/min$

这是一个二水平三因素的实验,可用正交表 $L_8(2^7)$ 来安排这项实验。将 $L_8(2^7)$ 表中的水平用"−1"和"1"来表示,见表 2-16,易见表中 7 个 8 维向量相互正交,将第 1 列和第 2 列的对应元素相乘(数学上称为点乘),其结果正好是第 3 列;如将某列的两水平"−1"和"1"互换,互换后的表与原表本质上一致,故在理论上不加区分,上述事实可以简述为第 1 列和第 2 列点乘得第 3 列。类似地,将第 6 列和第 7 列点乘得第 1 列。在文献中,常使用表的形式,表 2-17 给出列与列点乘之间的关系,从实验设计的角度,若将因素 A、B 分别放在第 1 列和第 2 列,则它们的交互作用 A×B 反映在第 3 列,即第 1 列和第 2 列点乘的结果列,该列不能再排其他因素,否则主效应与交互效应将混在一起,两者都无法估计对例 2-5 的实验,一个实验设计安排见表 2-18。

表 2-16 $L_8(2^7)$

列号	1	2	3	4	5	6	7
1	1	1	1	1	1	1	1
2	1	1	1	−1	−1	−1	−1
3	1	−1	−1	1	1	−1	−1
4	1	−1	−1	−1	−1	1	1
5	−1	1	−1	1	−1	1	−1
6	−1	1	−1	−1	1	−1	1
7	−1	−1	1	1	−1	−1	1
8	−1	−1	1	−1	1	1	−1

表2-17 $L_8(2^7)$ 两列的交互作用

1	2	3	4	5	6	7	列号
	3	2	5	4	7	6	1
		1	6	7	4	5	2
			7	6	5	4	3
				1	2	3	4
					3	2	5
						1	6

表2-18 实验安排

列号	1	2	3	4	5	6	7
因素	A	B	A×B	C	A×C	B×C	

该方案,每个主效应和交互效应各占一列,但在实验安排时,只需要 A、B、C 所在的第 1、2、4 列,将该 3 列的 2 个水平换算成实际的水平,得表2-19 的实验方案。

表2-19 处理污水实验方案

实验号	A(1)	B(2)	C(4)	实验号	A(1)	B(2)	C(4)
1	上海产	6	238	5	青岛产	6	238
2	上海产	6	320	6	青岛产	6	320
3	上海产	10	238	7	青岛产	10	238
4	上海产	10	320	8	青岛产	10	320

该实验是希望提高处理质量,"浑浊度"为其响应,越小表示质量越好。8 次实验结果列于表2-20,计算 m_1、m_2 和 R,其结果列于表2-20。需要说明的是 m_1 和 m_2 值只对 A、B、C 所在的三列反映了 3 个因素在两个水平下的均值,而 A×B、、A×C、B×C 所在三列的 m_1 和 m_2 是没有统计意义的,但由它们计算的极差 R 是有统计意义的,仍可用 R 的值来衡量 3 个因素和它们交互作用的主次关系,见图2-6。

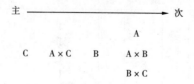

图2-6 主次关系

直观上看,主效应 A、交互作用 A×B 和 B×C 对降低浑浊度不起显著作用,该实验的方差分析表列于表2-21,显示了上述的猜测是对的,只有 C、B 和 A×C 对降低浑浊度起显著作用。

表 2-20　污水处理实验结果和计算

实验号	A(1)	B(2)	A×B(3)	C(4)	A×C(5)	B×C(6)	浑浊度
1	1	1	1	1	1	1	0.30
2	1	1	1	2	2	2	0.35
3	1	2	2	1	1	2	0.20
4	1	2	2	2	2	1	0.30
5	2	1	2	1	2	1	0.15
6	2	1	2	2	1	2	0.50
7	2	2	1	1	2	2	0.15
8	2	2	1	2	1	1	0.40
m_1	0.287 5	0.325 0	0.300 0	0.200 0	0.350 0	0.287 5	
m_2	0.300 0	0.262 5	0.287 5	0.387 5	0.237 5	0.300 0	
R	0.012 5	0.062 5	0.012 5	0.187 5	0.112 5	0.012 5	

表 2-21　污水处理实验方差分析

方差来源	平方和	均　方	F 值	p 值
B	0.007 812 5	0.007 812 5	8.33	0.044 7
C	0.020 312 5	0.020 312 5	75.00	0.001 0
A×C	0.025 312 5	0.025 312 5	27.00	0.006 5
误差	0.003 750 0	0.000 937 5		
A	0.000 312 5			
A×B	0.000 312 5			
B×C	0.000 312 5			
A×B×C	0.002 812 5			
总和	0.107 187 5			

现在介绍如何判断最佳水平组合,因为 A×C 对浑浊度影响较大,就要看 A 和 C 如何搭配比较好。A 和 C 共有 4 种搭配:$A_1 \times C_1$,$A_1 \times C_2$,$A_2 \times C_1$,$A_2 \times C_2$,从表 2-20 看到,每种搭配有两次实验,相应都有两个数据,如对应 $A_1 C_1$ 的实验是第 1 号和第 2 号实验,相应的响应数据是 0.30 和 0.20,将它们加在一起就代表了 $A_1 C_1$ 的搭配效果,用这样的方法得到表 2-22,由表看出以 $A_2 C_1$ 为最好,浑浊度最低。

表 2-22　A×C 表

	A_1	A_2
C_1	0.50	0.30
C_2	0.65	0.90

由于因素 C 和 B 显著,由它们两个水平的平均响应值(m_1 和 m_2)可知,搅拌速度以 $C_1 = 238\text{r/min}$ 为好,加药以 $B_2 = 10\text{kg}$ 为好。综上所述,得到的最好水平组合是 $A_2B_2C_1$,这正好是第 7 号实验,从表 2-20 看出它的确是好的。但第 5 号实验和第 7 号实验一样好,因此最好将这两个实验再重复一次来比较它们的效果。

我们可进一步考虑建立响应和 3 个因素之间的回归模型,由上述方差分析,我们考虑模型:

$$y = \beta_0 + \beta_1 B + \beta_2 C + \beta_3 AC + \varepsilon \tag{2-15}$$

由于因素 A 是定性因素,可定义上方程中的 A 为

$$A = \begin{cases} 1 & (\text{若 A 是上海产}) \\ 2 & (\text{若 A 是青岛产}) \end{cases} \tag{2-16}$$

易得回归方程如下:

$$\hat{y} = 0.275\,0 - 0.062\,5B + 0.187\,5C - 0.112\,5AC$$

其相应的值 $R^2 = 96.50\%$,$C(p) = 1.33$,方差分析表和 3 个回归项的检验列于表 2-23(用 SAS 计算)。由 p 值一列可知 C 和 AC 在 $\alpha = 1\%$ 水平下显著,B 在 $\alpha = 5\%$ 水平下显著。可以看出,回归分析结果与方差分析结果基本一致。

表 2-23　污水处理实验的回归分析

项目	自由度	$C(p) = 1.333\,333\,3$	均方	F	$p > F$
回归	3	0.103 437 50	0.034 479 17	36.78	0.002 3
误差	4	0.003 750 00	0.000 937 50		
总变差	7	0.107 187 50			
变量	参数估计	标准差	平方和	F	$p > F$
INT	0.275 000 00	0.057 282 20	0.021 607 14	23.05	0.008 6
B	0.062 500 00	0.021 650 64	0.007 812 50	8.33	0.044 7
C	0.185 700 00	0.021 650 64	0.070 312 50	75.00	0.001 0
AC	-0.112 500 00	0.021 650 64	0.025 312 50	27.00	0.006 5

（表头上方跨列：$R^2 = 0.965\,014\,58$）

第三章　环境监测实验理论与技术

第一节　环境样品监测分析一般程序

一、环境监测的一般程序

(一)定义

环境监测是通过对影响环境质量因素代表值的测定,确定环境质量及其变化趋势。在这里,环境质量代表值指的是能够反映环境质量的各种参数,如 SO_2、NO_2、IP、TSP、BOD、COD 等。

(二)环境监测工作程序

环境监测工作程序一般为:接到监测任务后对监测对象进行现场调查(调查一切与监测对象有关,能直接或者间接影响监测对象的物理、化学及生物特性的因素及各因素对监测对象的影响程度等信息)—制定环境监测方案(即确定监测项目;确定采样点的布设、采样方法、采样时间和频率、采样容器;确定样品的分析与处理方法;选择合适的分析方法;选择样品的保存技术;监测过程注意事项等)—按照监测方案进行样品的采集—运送保存—样品的预处理—样品的分析测试—数据处理—综合评价。

二、环境样品的采集和制备

在分析测定时,通常所需的试样量最多不过数克,而这样少的试样的分析结果却常常要代表几吨甚至千百万吨物质组分的平均状态及组分含量。这就要求在进行测定时所使用的分析试样能代表全部物料的平均组分,即试样应具有高度的代表性。因此,在进行分析测定之前,必须根据具体情况做好试样的采集和制备工作。所谓试样的采集和制备,是指从大批物料中采集最初试样(原始试样),然后再制备成具有代表性的、能供分析用的最终试样(分析试样)。

在环境监测过程中,监测对象从形态上可分为液态(水和废水)、气态(空气和废气)和固态(固体废物、土壤和生物样品)三种形态。对于不同形态,采样方法也各不相同。

(一)水样的采集

(1)采样容器:①常用采样器;②急流采样器;③双瓶采样器;④泵式采样装置;⑤固定式自动采水装置;⑥比例组合式自动采水装置。

(2)样品采集:对于浅水水样可直接采取,一般将其沉至水面下 $0.3\sim0.5m$ 处采集;采集深层水样时,可用专用的采样器沉入水下采集;对于有自动采样的工业废水,可以用自动采样器或者连续自动定时采样器采集。

(3)采样注意事项:①避开漂浮物从表层采样(测残渣时除外)。②自动采样器的入口处安装滤网和小破碎机。③测定悬浮物、pH 值、溶解氧、BOD、油类、硫化物、微生物等项目需要单独采样;DO、BOD 和有机污染物的水样必须充满容器;pH 值、电导率、DO、水温、浊度必须现场测定(现场 5 参数);采样时同步测定水文和气象参数。④采样时必须认真填写采样登记表,每个水样瓶都应贴上标签(编号、日期、时间、测定项目),塞紧瓶塞,必要时密封。

(4)样品保存方法:常用的保存方法有冷藏或冷冻法、加入生物抑制剂、调节 pH 值、加入氧化剂或还原剂等。应当注意,加入的保存剂不能干扰以后的测定,并且保存剂的纯度最好是优级纯的,还应作相应的空白实验,对测定结果进行校正。

(二)气体样品的采集

采集空气样品的方法可归纳为直接采样法和富集(浓缩)采样法两类。

1．直接采样法

当空气中的被测组分浓度较高或者监测方法灵敏度高时,直接采集少量气样即可满足监测分析要求。常用的直接采样方法有注射器采样、塑料袋采样、采气管采样和真空瓶采样。

2．富集采样法

直接采样法往往不能满足分析方法检测限的要求,故需要用富集采样法对空气中的污染物进行浓缩。这类采样方法有溶液吸收法、固体阻留法、低温冷凝法、扩散(或渗透)法及自然积集法等。

(1)溶液吸收法:该方法是采集空气中气态、蒸汽态及某些气溶胶态污染物质的常用方法。采样时,用抽气装置将欲测空气以一定流量抽入装有吸收液的吸收管(瓶)。采样结束后,倒出吸收液进行测定,根据测得结果及采样体积计算空气中污染物的浓度。常用的吸收装置有气泡吸收管、冲击式吸收管和多孔筛板吸收管(瓶)。

(2)填充柱阻留法:填充柱是用一根长 6～10cm、内径 3～5mm 的玻璃管或塑料管,内装颗粒状或纤维状填充剂制成。采样时,让气样以一定流速通过填充柱,则欲测组分因吸附、溶解或化学反应等作用被阻留在填充剂上,达到浓缩采样的目的。采样后,通过解吸或溶剂洗脱,使被测组分从填充剂上释放出来进行测定。根据填充剂阻留作用的原理,可分为吸附型、分配型和反应型三种类型。

(3)滤料阻留法:该方法是将过滤材料(滤纸、滤膜等)放在采样夹上,用抽气装置抽气,则空气中的颗粒物被阻留在过滤材料上。称量过滤材料上富集的颗粒物质量,根据采样体积,即可计算出空气中颗粒物的浓度。如中流量颗粒物采样器。

(4)低温冷凝法:空气中某些沸点比较低的气态污染物质,如烯烃类、醛类等,在常温下用固体填充剂等方法富集效果不好,而低温冷凝法可提高采集效率。

低温冷凝采样法是将 U 形或蛇形采样管插入冷阱中,当空气流经采样管时,被测组分因冷凝而凝结在采样管底部。如用气相色谱法测定,可将采样管仪器进气口连接,移去冷阱,在常温或加热情况下汽化,进入仪器测定。

(5)自然积集法:这种方法是利用物质的自然重力、空气动力和浓差扩散作用采集空气中的被测物质,如自然降尘量、硫酸盐化速率、氟化物等空气样品的采集。采样不需动力设备,简单易行,且采样时间长,测定结果能较好地反映空气污染情况。

(三)固体试样的采集和制备

1.采样工具

尖头钢锹;钢尖镐(腰斧);采样铲(采样器);具盖采样桶或内衬塑料的采样袋。

2.试样采集程序

(1)根据固体废物批量大小确定应采的份样(由一批废物中的一个点或一个部位,按规定量取出的样品)个数。

(2)根据固体废物的最大粒度(95%以上能通过的最小筛孔尺寸)确定份样量。

(3)根据采样方法,随机采集份样,组成总样(见图3-1),并认真填写采样记录表。

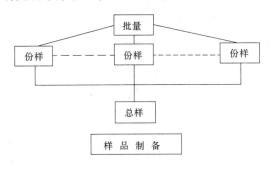

图 3-1　采样示意

3.采样方法

(1)现场采样:在生产现场采样,首先应确定样品的批量,然后按下式计算出采样间隔,进行流动间隔采样。

$$采样间隔 \leqslant \frac{批量(t)}{规定的份样数} \tag{3-1}$$

注意事项:采第一个份样时,不准在第一间隔的起点开始,可在第一间隔内任意确定。

(2)运输车及容器采样:在运输一批固体废物时,当车数不多于该批废物规定的份样数时,每车应采份样数按下式计算。

$$\frac{每车应采份样数}{(小数应进为整数)} = \frac{规定份样数}{车数} \tag{3-2}$$

当车数多于规定的份样数时,按表3-1选出所需最少的采样车数,然后从所选车中各随机采集一个份样。在车中,采样点应均匀分布在车厢的对角线上(如图3-2所示),端点距车角应大于0.5m,表层去掉30cm。

表 3-1　所需最少的采样车数

车数(容器)	所需最少采样车数
<10	5
10~25	10
25~50	20
50~100	30
>100	50

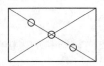 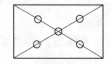 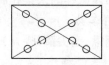

图 3-2　车厢中的采样布点示意

(3)废渣堆采样法：在渣堆两侧距堆底 0.5m 处画第一条横线,然后每隔 0.5m 画一条横线;再每隔 2m 画一条横线的垂线,其交点作为采样点。按表 3-2 确定的份样数,确定采样点数,在每点上从 0.5~1.0m 深处各随机采样一份。

表 3-2　批量大小与最少份样个数

批量大小 (液体 1kL;固体 1t)	最少份样个数
<5	5
5~50	10
50~100	15
100~500	20
500~1 000	25
1 000~5 000	30
>5 000	35

(4)土壤样品的采集:根据具体监测目的,选择采样单元和布点方法。采集时,根据具体监测目的可将采样断面设置在不同深度处。对于污染状况的调查,通常采样深度在 0~20cm 范围内。

4．样品制备

(1)制样工具:包括粉碎机(破碎机)、药碾、钢锤、标准套筛、十字分样板、机械缩分器。

(2)制样要求:在制样全过程中,应防止样品产生任何化学变化和污染;湿样品应在室温下自然干燥,使其达到适于破碎、筛分、缩分的程度;制备的样品应过筛后(筛孔为 5mm)装瓶备用。

(3)制样程序:包括粉碎和缩分。

粉碎:用机械或人工方法把全部样品逐级破碎,通过 5mm 筛孔。粉碎过程中,不可随意丢弃难以破碎的粗粒。

缩分:将样品于清洁、平整、不吸水的板面上堆成圆锥型,每铲物料自圆锥顶端落下,使均匀地沿锥尖散落,不可使圆锥中心错位。反复转堆,至少 3 周,使其充分混合。然后将圆锥顶端轻轻压平,摊开物料后,用十字板自上压下,分成 4 等份,取两个对角的等份。重复操作数次,直至不少于 1kg 试样为止。

三、样品的预处理

(一)水样的预处理方法

环境水样所含组分复杂,并且多数污染组分含量低,存在形态各异,所以在分析测定之前,往往需要进行预处理,以得到欲测组分适合测定方法要求的形态、浓度和消除共存组分干扰的试样体系。

1.水样的消解

当测定含有机物水样中的无机元素时,需进行消解处理。消解处理的目的是破坏有机物,溶解悬浮性固体,将各种价态的欲测元素氧化成单一高价态或转变成易于分离的无机化合物。消解后的水样应清澈、透明、无沉淀。常用的消解方法有湿式消解法和干法。

1)湿式消解法

湿式消解法一般都是硝酸、硫酸、磷酸、高氯酸、混合酸或与其他氧化类物质的混合物,在较高的温度下对水样中的有机物进行破坏,使其中待测元素以合适的存在状态和价态进入溶液。

(1)硝酸消解法。对于较清洁的水样,可用硝酸消解。其方法要点是:取混匀的水样 $50\sim200\text{mL}$ 于烧杯中,加入 $5\sim10\text{mL}$ 浓硝酸,在电热板上加热煮沸,蒸发至小体积,试液应清澈透明,呈浅色或无色,否则,应补加硝酸继续消解。蒸至近干,取下烧杯,稍冷后加 $2\%\text{HNO}_3$(或 HCl)20mL,温热溶解可溶盐。若有沉淀,应过滤,滤液冷至室温后于 50mL 容量瓶中定容,备用。

(2)硝酸-高氯酸消解法。两种酸都是强氧化性酸,联合使用可消解含难氧化有机物的水样。其方法要点是:取适量水样于烧杯或锥形瓶中,加 $5\sim10\text{mL}$ 硝酸,在电热板上加热。消解至大部分有机物被分解。取下烧杯,稍冷,加 $2\sim5\text{mL}$ 高氯酸,继续加热至开始冒白烟,如试液呈深色,再补加硝酸,继续加热至冒浓厚白烟将尽(不可蒸干)。取下烧杯冷却,用 $2\%\text{HNO}_3$ 溶解,如有沉淀,应过滤,滤液冷至室温定容备用。因为高氯酸能与羟基化合物反应生成不稳定的高氯酸酯,有发生爆炸的危险,故先加入硝酸,氧化水样中的羟基化合物,稍冷后再加高氯酸处理。

(3)硝酸-硫酸消解法。两种酸都有较强的氧化能力,其中硝酸沸点低,而硫酸沸点高,二者结合使用,可提高消解温度和消解效果。常用的硝酸与硫酸的比例为 $5+2$。消解时,先将硝酸加入水样中,加热蒸发至小体积;稍冷,再加入硫酸、硝酸,继续加热蒸发至冒大量白烟;冷却,加适量水,温热溶解可溶盐,若有沉淀,应过滤。为提高消解效果,常加入少量过氧化氢。

(4)硫酸-磷酸消解法。两种酸的沸点都比较高,其中硫酸氧化性较强,磷酸能与一些金属离子如 Fe^{3+} 等络合,故二者结合消解水样,有利于测定时消除 Fe^{3+} 等离子的干扰。

(5)硫酸-高锰酸钾消解法。该方法常用于消解测定汞的水样。高锰酸钾是强氧化剂,在中性、碱性、酸性条件下都可以氧化有机物,其氧化产物多为草酸根,但在酸性介质中还可继续氧化。消解要点是:取适量水样,加适量硫酸和 5% 高锰酸钾,混匀后加热煮沸,冷却,滴加盐酸羟胺溶液破坏过量的高锰酸钾。

(6)多元消解法。为提高消解效果,在某些情况下需要采用三元以上酸或氧化剂消解体系。例如,处理测总铬的水样时,用硫酸、磷酸和高锰酸钾消解。

(7)碱分解法。当用酸体系消解水样造成易挥发组分损失时,可改用碱分解法,即在水样中加入氢氧化钠和过氧化氢溶液,或者氨水和过氧化氢溶液,加热煮沸至近干,用水或稀碱溶液温热溶解。

2)干法

干法即干灰化法,又称高温分解法。其处理过程的要点是:取适量水样于白瓷或石英蒸发皿中,用红外灯蒸干,移入马福炉内,于 $450\sim550℃$ 灼烧到残渣呈灰白色,使有机物完全分解除去。取出蒸发皿,冷却,用适量 2% HNO_3(或 HCl)溶解样品灰分,过滤,滤液定容后供测定。

2. 富集与分离

当水样中的欲测组分含量低于测定方法的测定下限时,就必须进行富集或浓集;当有共存干扰组分时,就必须采取分离或掩蔽措施。富集和分离过程往往是同时进行的,常用的方法有过滤、气提、顶空、蒸馏、溶剂萃取、离子交换、吸附、共沉淀、层析等,要根据具体情况选择使用。

(1)气提、顶空和蒸馏法。此法适用于测定易挥发组分的水样预处理。采用向水样中通入惰性气体或加热方法,将被测组分吹出或蒸出,达到分离和富集的目的。

(2)萃取法。用于水样预处理的萃取方法有溶剂萃取法、固体萃取法和超临界流体萃取法。溶剂萃取法是基于物质在互不相溶的两种溶剂中分配系数不同,进行组分的分离和富集。固相萃取法的萃取剂是固体,其工作原理基于:水样中欲测组分与共存干扰组分在固相萃取剂上作用力强弱不同,使它们彼此分离。固相萃取剂是含 C18 或 C8、腈基、氨基等基因的特殊填料。

(3)吸附法。吸附法是利用多孔性的固体吸附剂将水样中一种或数种组分吸附于表面,再用适宜溶剂加热或吹气等方法将欲测组分解吸,达到分离和富集的目的。

(4)离子交换法。此方法是利用离子交换剂与溶液中的离子发生交换反应进行分离的方法。离子交换剂分为无机离子交换剂和有机离子交换剂两大类,广泛应用的是有机离子交换剂,即离子交换树脂。

(5)共沉淀法。共沉淀法是指溶液中一种难溶化合物在形成沉淀(载体)过程中,将共存的某些痕量组分一起载带沉淀出来的现象。共沉淀现象在常量分离和分析中是力图避免的,但它是一种分离富集痕量组分的手段。

(二)固体样品的分解

1. 测定固体样品中重金属离子时样品的预处理

固体样品的分解有湿法和干法。

湿法有两种:一种为碱溶法,常用的有碳酸钠碱溶法和偏硼酸锂($LiBO_2$)溶融法。碱熔法的特点是分解样品完全。缺点是:①添加了大量可溶性盐,易引进污染物质;②有些重金属如 Cd、Cr 等在高温熔融易损失(如大于 450℃时 Cd 易挥发损失);③在原子吸收和等离子发射光谱仪的喷燃器上,有时会有盐结晶析出并导致火焰的分子吸收,使结果偏高。

另一种是酸溶法。测定固体中重金属时常选用各种酸及混合酸进行样品的消化。消化的作用是:①破坏、除去固体中的有机物;②溶解固体物质;③将各种形态的金属变为同一种可测态。为了加速样品中被测物质的溶解,除使用混合酸外,还可在酸性溶液中加入其他氧化剂或还原剂。

氧化剂和还原剂包括以下几种。

(1)王水(HCl - HNO_3):1 体积 HNO_3 和 3 体积 HCl 的混合物。可用于消化测定 Pb、

Cu、Zn 等组分的土壤样品。

(2)HNO_3 - H_2SO_4：由于 HNO_3 氧化性强，H_2SO_4 具氧化性且沸点高，故用该混合酸消化效果较好。用此混合酸处理土样时，应先将样品润湿，再加 HNO_3 消化，最后加 H_2SO_4。若先加 H_2SO_4，因其吸水性强易引起碳化，样品一旦碳化后则不易溶解。另须注意，在加热加速溶解时，开始低温，然后逐渐升温，以免因崩溅引起损失。消化过程中如发现溶液呈棕色时，可再加些 HNO_3 增加氧化作用，至溶液清亮止。

(3)HNO_3 - $HClO_4$：使用 $HClO_4$ 时，因其遇大量有机物反应剧烈，易发生爆炸和崩溅，尤以加热更甚。通常先用 HNO_3 处理至一定程度后，冷却，再加 $HClO_4$，缓慢加热，以保证操作安全。样品消化时必须在通风橱内进行，且应定期清洗通风橱，避免因长期使用 $HClO_4$ 引起爆炸。切忌将 $HClO_4$ 蒸干，因无水 $HClO_4$ 会发生爆炸。

(4)H_2SO_4 - H_3PO_4：这两种酸的沸点都较高。H_2SO_4 具有氧化性，H_3PO_4 具有络合性，能消除 Fe 离子等的干扰。

干法操作同湿法。

2．测定固体样品中有机物时样品的预处理

如果测定固体中的水溶性有机物，直接用水浸泡溶解；如果测定不溶于水或者在水中溶解度小的酸性有机物，可用以二胺、丁胺等碱性有机溶剂溶解；如果测定不溶于水或者在水中溶解度小的碱性有机物，可用甲酸、冰醋酸等酸性有机溶剂溶解。对于固体样品中的非极性有机物的测定，可根据相似相溶的原理，极性有机化合物易溶于甲醇、乙醇等极性有机溶剂；非极性有机化合物易溶于苯、甲苯等非极性有机溶剂，所以可选择非极性溶剂进行萃取。

(三)微波消解技术在样品预处理中的应用

微波消解技术应用于样品处理，所用试剂少、空白值低，且避免了元素的挥发损失和样品的玷污，已被列为标准的预处理方法。

1．微波消解原理

微波是一种频率范围在 300～300 000MHz 的电磁波，即波长在 100～0.1nm 范围内的电磁波。它位于电磁波谱的红外辐射(光波)和无线电波之间。在工业和科学研究中常用的微波频率是(915 ± 125)MHz、(2 450 ± 13)MHz、(5 800 ± 75)MHz、(22 125 ± 125)MHz，其中最常用的频率是 2 450MHz。

一般微波系统的输出功率是 600～800W，在 5min 内约释放出 180kJ 的能量。微波能穿透绝缘体介质，直接把能量辐射到有电介特性的物质上，科学研究发现自然界的物质与微波的相互作用可大致分为以下三类形式。

(1)导体反射微波：金属反射微波能，并不被加热。可用于制造微波仪器的腔体和外壳的材料。

(2)绝缘体透射微波：许多材料透射微波并且不被加热，可制成良好的绝缘体，如微波腔内的传感器材料，密闭反应容器材料等。

(3)电介质吸收微波：这些材料吸收微波能并被加热，一般不在微波腔使用。

微波产生的电场正负讯号每秒钟可以变换 24.5 亿次。含水或酸的物质分子都是有极性的,这些极性分子在微波电场的作用下,以每秒24.5亿次的速率不断改变其正负方向,使分子产生高速的碰撞和摩擦而产生高热。同时,一些无机酸类物质溶于水后,分子电离成离子,在微波电场的作用下,离子定向流动,形成离子电流,离子在流动过程中与周围的分子和离子发生高速摩擦和碰撞,使微波能转化为热能。在微波作用下,特别是在加压条件下,样品和酸的混合物吸收微波能量后,酸的氧化反应速率增加,使样品表面层搅动、破裂,不断产生新的样品表面与酸溶剂接触直至样品消解完毕。

2. 微波消解器

微波消解设备主要由微波炉和消解罐组成。家用微波炉和专用微波炉都可用于样品消解,前者无特殊的排气装置,消解样时可能泄出的酸雾会腐蚀电子元件,微波炉易损坏。为了防止酸雾扩散,必须设计特殊的微波消解装置。Barret、Nadkarni 和王大宁等都用家用微波炉并配上特殊的排气装置消解样品,得到了较为满意的结果。实验室专用微波炉已有 17 年历史,现有数百种微波消解系统。例如,CEM 公司的 MDS-2000 型微波炉,最大功率(630±50)W,频率 2 455MHz,炉内可装 12 个消解器,并采用计算机控制,操作方便,消解速率快、效率高。MILESTONE 公司生产的 ETHOS 900 型微波炉,有自动温度和压力监控系统,可监控温度到 300℃,压力可读到 200bar(1bar=100kPa),微波炉腔有自由的顶,可以用一台炉子完成溶剂萃取、干燥、浓缩、蒸发、蛋白质水解、密闭消解、间歇式反应和连续流动式有机反应等工作,也可完成敞口消解任务。

消解罐的材料应当是微波辐射的"绝缘体"。绝缘体是指可透过微波而对微波吸收很少的材料,它必须具有化学性质稳定和热稳定性。例如,聚四氟乙烯(PTFE)、全氟代烷氧乙烯(Teflon PFA:一种带有完全氟化的烷氧基支链的四氟乙烯)、聚乙烯、聚苯乙烯、聚丙烯、石英、硼硅酸玻璃等均可作消解罐材料。但目前用得较多的是全氟代烷氧乙烯(Teflon PFA),它的熔点约为 306℃。如用磷酸和硫酸消解样品时不易使用 Teflon PFA 消解罐,应选用石英消解罐。

3. 微波消解方式

微波消解样品的方式有两种。一种是敞口容器消解(常压消解)。此法消解存在不少缺陷,如样品易被玷污、挥发元素易损失,有时消解不完全会使分析结果不准确。另一种是密闭容器消解(高压消解),这是 20 世纪 80 年代以来常用的微波消解样品的方法,它具有以下优点:①由于封闭容器的压力、酸的沸点升高,使封闭消解达到高温、高压,样品消解完全,耗时大大减少;②封闭容器消解时几乎没有蒸汽损失,消除了易挥发成分损失的可能性,特别适合于砷、汞等易挥发元素的消解;③由于密闭消解样品只需少量酸,也不需要继续加入酸以保持体积,避免样品被玷污,同时减少了样品的空白值;④样品消解时产生的酸雾保持在容器中,故没有必要提供处理烟雾的装置;⑤消除或大大减少了空气中灰尘污染样品的可能性。使用密闭容器消解,由于内部温度、压力急剧上升,即使微波炉有温度和压力控制装置,为了安全,也要选择适宜的消解条件。另外,微波炉不能长时间空载或近似空载操作,以免损失磁控管。

4. 微波消解法的技术特点

微波消解技术是利用高压罐消解器消化和微波炉的优点,将两者联合使用产生的一种方法。微波消解与其他常规消解方法相比具有如下优点:①微波具有很强的穿透能力,能直接作用于样品内部,使罐内外均匀受热,短时间即可达到所要求的温度。微波加热在微波罐启动 10~15s 便可奏效,而且热量损失极小,极大地缩短了消解时间,提高了分析速度;可溶解一些难溶试样。②密闭容器微波消解所用试剂量小,空白值显著降低,且避免了微量元素的挥发损失及样品污染,易实现自动化,提高了分析的准确性。由于微波消解法有这些独特的优点,使它得以被广泛用于分析化学的样品制备中,所涉及的样品包括地质、生物、植物、食品、环境、废弃物、煤灰、金属、合成材料等。

四、分析测定方法的选择

(一)确定分析方法的原则

1. 对分析任务的具体要求

当接到分析任务时,首先要明确分析目的和对结果准确度的要求,确定测定组分含量的大致范围。如标样分析首先要保证分析结果的准确度,一般可考虑选用准确度较高的重量法;高纯物质中杂质的分析及微量组分的分析,首先要考虑分析方法的灵敏度,这时可选用仪器分析方法;而生产过程中的控制分析,分析速度就成了主要问题,所以一般可考虑滴定分析和分光光度分析。

2. 待测组分的性质

待测组分的性质是决定分析方法的主要因素,分析方法往往都是基于待测组分的某种性质而建立起来的。例如,大多数金属离子易于形成稳定的配合物,因此可用滴定法对其进行测定;大气中的二氧化硫、氮氧化合物被吸收液吸收后与一些有机配合剂发生配位反应,生成有色配合物,根据这一性质,可用吸光光度法对这两种物质进行测定。

3. 待测组分的含量范围及分析方法的检测限

常量组分的测定多采用滴定分析和重量分析。滴定分析法简单、迅速。当重量分析法和滴定分析法都可采用时,一般选用滴定分析法;但当对准确度的要求较高时,应选用重量分析法。测定微量元素时,多采用灵敏度比较高的仪器分析法。

(二)主要的分析测定方法

1. 化学、物理技术

对环境样品中污染物的成分分析及其状态与结构的分析,目前多采用化学分析方法和仪器分析方法。

化学分析法主要有重量法和容量分析法。

仪器分析法是以物理和物理化学方法为基础的分析方法。它包括光谱分析法(可见分光光度法、紫外分光光度法、红外光谱法、原子吸收光谱法、原子发射光谱法、X-荧光射线分析法、荧光分析法、化学发光分析法等);色谱分析法(气相色谱法、高效液相色谱法、薄层色谱法、离子色谱法、色谱-质谱联用技术);电化学分析法(极谱法、溶出伏安法、电导分析法、电位分析法、离子选择电极法、库仑分析法);放射分析法(同位素稀释法、中子活化分析法)和流动注射分析法等。仪器分析方法被广泛用于环境中对污染物进行定性和定量的测定。如分光光度法常用于大部分金属、无机非金属的测定;气相色谱法常用于有机物的测定;对于污染物状态和结构的分析常采用紫外光谱、红外光谱、质谱及核磁共振等技术。

2．生物技术

生物技术是利用植物和动物在污染环境中所产生的各种反映信息来判断环境质量的方法，是一种最直接也是一种综合的方法。

生物监测是指利用生物体内污染物含量的测定，观察生物在环境中受伤害症状以及生物的生理生化反应；生物群落结构和种类变化等手段来判断环境质量。例如，利用某些对特定污染物敏感的植物或动物(指示生物)在环境中受伤害的症状，可以对空气或水的污染作出定性和定量的判断。

3．监测技术的发展

监测技术的发展较快，许多新技术在监测过程中已得到应用。在无机污染物的监测方面，等离子体发射光谱用于对 20 多种元素的分析；原子荧光光谱用于一切对荧光具有吸收能力的物质分析；离子色谱技术的应用范围也扩大了。在有毒有害有机污染物的分析方面，GC－MS 用于 VOCS 和 S－VOCS 及氯酚类、有机氯农药、有机磷农药、PAHS、二噁英类、PCBS 类的分析；HPLC 用于 PAHS、苯胺类、酞酸酯类、酚类等的分析；IC 法用于AOX、TOX 的分析；化学发光分析用于对超痕量物质的分析也已应用到环境监测中。利用遥测技术对一个地区、整条河流的污染分布情况进行监测，是以往监测方法很难完成的。

对于区域甚至全球范围的监测和管理，其监测网络及点位的布置、监测分析方法的标准化、连续自动监测系统、数据传送和处理的计算机化的研究与应用也是发展很快的。自动、连续监测系统的质量控制与质量保证工作也逐步完善。在发展大型、自动、连续监测系统的同时，研究小型便携式、简易快速的监测技术也十分重要。例如，在污染突发事故的现场瞬时会造成很大的伤害，但由于空气扩散和水体流动，污染物浓度的变化十分迅速，这时大型固定仪器无法使用，而便携式和快速测定技术就显得十分重要，在野外也同样如此。

五、环境监测质量保证

环境监测质量保证是环境监测中十分重要的技术工作和管理工作。质量保证和质量控制，是一种保证监测数据准确可靠的方法，也是科学管理实验室和监测系统的有效措施，它可以保证数据质量，使环境监测建立在可靠的基础之上。

环境监测质量保证是整个监测过程的全面质量管理，包括制定计划；根据需要和可能确定监测指标及数据的质量要求；规定相应的分析监测系统。其内容包括采样、样品预处理、储存、运输、实验室供应，仪器设备、器皿的选择和校准，试剂、溶剂和基准物质的选用，统一测量方法，质量控制程序，数据的记录和整理，各类人员的要求和技术培训，实验室的清洁度和安全，以及编写有关的文件、指南和手册等。

环境监测质量控制是环境监测质量保证的一个部分，它包括实验室内部质量控制和外部质量控制两个部分。实验室内部质量控制是实验室自我控制质量的常规程序，它能反映分析质量稳定性如何，以便及时发现分析中异常情况，随时采取相应的校正措施。其内容包括空白实验、校准曲线核查、仪器设备的定期标定、平行样分析、加标样分析、密码样品分析和编制质量控制图等。外部质量控制通常是由常规监测以外的中心监测站或其他有经验人员来执行，以便对数据质量进行独立评价，各实验室可以从中发现所存在的系统误差等问题,以便及时校正、提高监测质量。常用的方法有分析标准样品以进行实验室之间的评价和分析测量系统的现场评价等。

第二节　仪器分析在环境监测中的应用

一、紫外－可见分光光度法

(一)分光光度法原理

"Lambert－Beer 定律"是光吸收的基本定律,是分光光度法定量分析的依据。其文字表述为:当一束平行的单色光通过溶液时,溶液的吸光度(A)与溶液的浓度(C)和厚度(b)的乘积成正比。即

$$A = K \cdot b \cdot C \tag{3-3}$$

其中的光波可以是可见光,也可以是紫外光。

(二)紫外－可见分光光度计的工作原理

光吸收基本定律是紫外－可见分光光度法定量的基础,紫外－可见分光光度计是在紫外－可见光区可任意选择不同波长的光测定吸光度的仪器。

(三)紫外－可见分光光度计的基本结构

紫外－可见分光光度计由光源、单色器、吸收池、检测器以及显示器等构成。

1.光源

光源是提供入射光的装置;光源的作用是提供激发能,使待测分子产生吸收。对光源的要求是能够提供足够强的连续光谱、有良好的稳定性、较长的使用寿命,且辐射能量随波长无明显变化。常用的光源有热辐射光源和气体放电光源。

(1)钨灯或碘钨灯:发射光范围宽,但紫外区很弱,通常取此波长＞350nm 光,为可见区光源。

(2)氢灯或氘灯:气体放电发光光源,发射波长为 150～400nm 的连续光谱,用做紫外区,同时配有稳压电源、光强补偿装置、聚光镜等。

2.单色器

将来自光源的光按波长的长短顺序分散为单色光,并能随意调节所需波长光的一种装置。通常由入射狭缝、准直镜、色散元件、物镜和出射狭缝构成。

(1)色散元件。即把混合光分散为单色光的元件,是单色器的关键部分,常用的元件有棱镜、光栅等。

棱镜:由玻璃或石英制成,它对不同波长的光有不同的折射率,可将复合光分开。但缺点是光谱疏密不均,长波长区密,短波长区疏。

光栅:由抛光表面密刻许多平行条痕(槽)而制成,利用光的衍射作用和干扰作用使不同波长的光有不同的方向,起到色散作用(光栅色散后的光谱是均匀分布的)。

(2)狭缝。入口狭缝可限制杂散光进入;出口狭缝可使色散后所需波长的光通过。

(3)准直镜。以狭缝为焦点的聚光镜,其作用为将来自于入口狭缝的发散光变成单色光;把来自于色散元件的平行光聚集于出口狭缝。

3.吸收池

吸收池即装被测溶液用的无色、透明、耐腐蚀的池皿。石英池用于紫外－可见光区的测量,玻璃池只用于可见光区。定量分析时吸收池应配套。

4.检测器

将接收到的光信号转变成电信号的元件。常用的有光电管、光电倍增管等。

(1)光电管。一真空管内装有一个用镍制成的丝状阳极和一个半圆筒状金属制成、凹面涂光敏物质的阴极。国产光电管有紫敏、红敏光电管。

紫敏光电管:用锑、铯做阴极,适用波长范围 200～625nm

红敏光电管:用银、氧化铯做阴极,适用波长范围 625～1 000nm。

(2)光电倍增管。原理与光电管相似,结构上有差异。

5.显示器

显示器类型:电表指针、数字显示、荧光屏显示等。

显示方式:A、T(％)、c 等。

(四)分光光度计的类型

1.单波长、单光束分光光度计(721、722、752 型等)

即从一个单色器获取一种波长的单色光。

2.单波长双光束分光光度计

即从一个单色器获取一个波长的单色光,用切光器分成两束强度相等的单色光。实际测量到的吸光度 A 应为 $\Delta A(A_s - A_R)$:

$$\Delta A = A_s - A_R = \lg \frac{I_0}{I_S} - \lg \frac{I_0}{I_R} = \lg \frac{I_R}{I_S} \qquad (3\text{-}4)$$

式(3-4)中消去了 I_0,即消除了由光源不稳定性引起的 A 值测量误差。

3.双波长分光光度计

即从两个单色器得到两个波长不同的单色光。

两束波长不同的单色光(1、2)交替地通过同一试样溶液(同一吸收池)后照射到同一光电倍增管上,最后得到的是溶液对 1 和 2 两束光的吸光度差值 ΔA,即 $A_1 - A_2$。图 3-3 所示为双波长双光束分光光度计以双波长单光束方式工作时的光学系统示意。

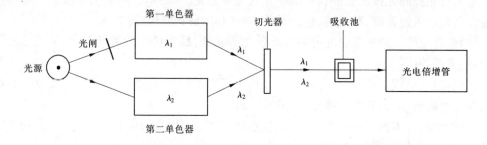

图 3-3 双波长双光束分光光度计以双波长单光束方式工作时的光学系统示意

若用于测定浑浊样品或背景吸收较大的样品时,可提高测定的选择性,用 A_s 表示非待测组分的吸光度(背景吸收),则

$$A_{\lambda_1} = \lg \frac{I_0(\lambda_1)}{I_1(\lambda_1)} + A_{s(1)} = \varepsilon_{\lambda_1} \cdot b \cdot C + A_{s(1)}$$
$$A_{\lambda_2} = \lg \frac{I_0(\lambda_2)}{I_1(\lambda_2)} + A_{s(2)} = \varepsilon_{\lambda_2} \cdot b \cdot C + A_{s(2)}$$

(3-5)

一般情况下,由于 1 与 2 相差很小,可视为相等(A_s 一般不受影响或影响甚微),所以

$$A_{s(1)} = A_{s(2)} \tag{3-6}$$

因此,通过吸收池后的光强度差为

$$\Delta A = \lg \frac{I_{0(\lambda_1)}}{I_{0(\lambda_2)}} = A_{\lambda_1} - A_{\lambda_2} = (\varepsilon_{\lambda_1} - \varepsilon_{\lambda_2}) b \cdot C \tag{3-7}$$

式(3-7)表明,试样溶液中被测组分的浓度与两个波长处的吸光度差 ΔA 成比例,这是双波长法的定量依据。双波长分光光度计不仅可测定多组分混合试样、浑浊试样,而且还可测得导数光谱。

二、原子吸收分光光度法

(一)原理

原子吸收分光光度法也称原子吸收光谱法,简称原子吸收法。该方法可测定 70 多种元素,具有测定快速、准确、干扰少、可用同一试样分别测定多种元素等优点。它是将样品中的待测元素高温原子化后,使处于基态的原子吸收光源辐射出。待测元素的特征光谱线,使原子外层电子产生跃迁,从而产生光谱吸收。在一定实验条件下,特征波长光强的变化与火焰中待测元素基态原子的浓度有定量关系,从而与试样中待测元素的浓度(C)有定量关系,即

$$A = k'C \tag{3-8}$$

式中:A 为待测元素的吸光度;k' 为与实验条件有关的系数,当实验条件一定时为常数。

可见,只要测得吸光度,就可以求出试样中待测元素的浓度。

(二)仪器的主要部件

用做原子吸收分析的仪器称为原子吸收分光光度计或原子吸收光谱仪。它主要由光源、原子化系统、分光系统及检测系统 4 个主要部分组成。

1. 光源

光源提供待测元素的特征谱线——共振线。空心阴极灯是原子吸收分光光度计最常用的光源,由一个空心圆筒形阴极和一个阳极组成,阴极由被测元素纯金属或其合金制成。当两极间加上一定电压时,则因阴极表面溅射出来的待测金属原子被激发,便发射出特征光。这种特征光谱线宽度窄,干扰小,故称空心阴极灯为锐线光源。另外,用做光源的还有无极放电灯,但制备困难、价格高。

2. 原子化器

原子化器是将待测试样转变成基态原子(原子蒸气)的装置,可分为火焰原子化系统和无火焰原子化系统。

1)火焰原子化法

原子化装置包括雾化器和燃烧器。

雾化器:使试液雾化,其性能对测定精密度、灵敏度和化学干扰等都有影响。因此,要求雾化器喷雾稳定、雾滴微细均匀和雾化效率高。

燃烧器:试液雾化后进入预混合室(雾化室),与燃气(如乙炔、丙烷等)在室内充分(均匀)混合。较小的雾滴进入火焰中,较大的雾滴凝结燃烧器喷口下,经下方废液管排出。燃烧器喷口一般做成狭缝式,这种形状既可获得原子蒸气较长的吸收光程,又可防止回火。

常用的火焰是空气-乙炔火焰。对用空气-乙炔火焰难以解离的元素,如 Al、Be、V、Ti 等,可用氧化亚氮-乙炔火焰(最高温度可达 3 300K)。

火焰原子化法比较简单,易操作,重现性好。但原子化效率较低,一般为 10% ~ 30%,试样雾滴在火焰中的停留时间短,一般为 4~10s,且原子蒸气在火焰中又被大量气流所稀释,限制了测定灵敏度的提高。

2)无火焰原子化法——电热高温石墨炉原子化法

原子化效率高,可得到比火焰大数百倍的原子化蒸气浓度。绝对灵敏度可达 10^{-9} ~ 10^{-13}g,一般比火焰原子化法提高几个数量级。特点是液体和固体都可直接进样,且试样用量一般很小;但精密度差,相对偏差一般为 4% ~ 12%(加样量小)。

石墨炉原子化过程一般需要经 4 步程序升温完成。①干燥:在低温(溶剂沸点)下蒸发掉样品中溶剂。②灰化:在较高温度下除去低沸点无机物及有机物,减少基体干扰。③高温原子化:使以各种形式存在的分析物挥发并离解为中性原子。④净化:升至更高的温度,除去石墨管中的残留分析物,以减少和避免记忆效应。

3)低温原子化法(化学原子化法)

(1)冷原子吸收测汞法:将试液中的 Hg 离子用 $SnCl_2$ 还原为 Hg,在室温下,用水将汞蒸气引入气体吸收管中测定其吸光度。

(2)氢化物原子化法:对砷和汞等元素,将其还原成相应的氢化物,然后引入加热的石英吸收管内,使氢化物分解成气态原子,并测定其吸光度。

3.分光系统

分光系统将待测元素的特征谱线与邻近谱线分开。基本组成与紫外-可见分光光度计单色器相同。

4.检测系统

检测系统将光信号转变成电信号——"光电倍增管"。

5.显示系统

显示系统包括记录器、数字直读装置、电子计算机程序控制等。

(三)原子吸收分光光度计的类型

(1)单光束原子吸收分光光度计:结构简单、价廉;但易受光源强度变化影响,灯预热时间长,分析速度慢。

(2)双光束原子分光光度计:一束光通过火焰;另一束光不通过火焰,直接经单色器,此类仪器可消除光源强度变化及检测器灵敏度变动带来的影响。

(3)双波道或多波道原子分光光度计:使用两种或多种空心阴极灯,使光辐射同时通过原子蒸气而被吸收,然后再分别引到不同分光和检测系统,测定各元素的吸光度值。

此类仪器准确度高,可采用内标法,并可同时测定两种以上元素;但装置复杂,仪器价格昂贵。

三、气相色谱法

(一)色谱法的产生和发展

色谱法又称色层法或层析法,是一种物理化学分析方法,它利用不同溶质(样品)与固定相和流动相之间的作用力(分配、吸附、离子交换等)的差别,当两相做相对移动时,各溶质在两相间进行多次平衡,使各溶质达到相互分离。

1906年,俄国植物学家Tswett为了分离植物色素,将植物绿叶的石油醚提取液倒入装有碳酸钙粉末的玻璃管中,并用石油醚自上而下淋洗,由于不同的色素在碳酸钙颗粒表面的吸附力不同,随着淋洗的进行,不同色素向下移动的速度不同,形成一圈圈不同颜色的色带,使各色素成分得到了分离。他将这种分离方法命名为色谱法(chromatography)。在分析化学领域,色谱法是一个相对年轻的分支学科。早期的色谱技术只是一种分离技术而已,与萃取、蒸馏等分离技术不同的是其分离效率高得多。当这种高效的分离技术与各种灵敏的检测技术结合在一起后,才使得色谱技术成为最重要的一种分析方法,几乎可以分析所有已知物质,在所有学科领域都得到了广泛的应用。

(二)色谱法的优缺点

1. 色谱法的优点

(1)分离效率高。几十种甚至上百种性质类似的化合物可在同一根色谱柱上得到分离,能解决许多其他分析方法无能为力的复杂样品分析。

(2)分析速度快。一般而言,色谱法可在几分钟至几十分钟的时间内完成一个复杂样品的分析。

(3)检测灵敏度高。随着信号处理和检测器制作技术的进步,不经过预浓缩可以直接检测10^{-9}g级的微量物质。如采用预浓缩技术,检测下限可以达到10^{-12}g数量级。

(4)样品用量小。一次分析通常只需数纳升至数微升的溶液样品。

(5)选择性好。通过选择合适的分离模式和检测方法,可以只分离或检测感兴趣的部分物质。

(6)多组分同时分析。在很短的时间内(20min左右),可以实现几十种成分的同时分离与定量。

(7)易于自动化操作。现在的色谱仪器已经可以实现从进样到数据处理的全自动化操作。

2. 色谱法的缺点

定性能力较差。为克服这一缺点,色谱法与其他多种具有定性能力的分析技术的联用已经发展起来。

(三)色谱法的分类

色谱法的分类方法很多,最粗的分类是根据流动相的状态将色谱法分成四大类(见表3-3)。

表 3-3　色谱法按流动相种类的分类

色谱类型	流动相	主要分析对象
气相色谱法	气体	挥发性有机物
液相色谱法	液体	可以溶于水或有机溶剂的各种物质
超临界流体色谱法	超临界流体	各种有机化合物
电色谱法	缓冲溶液、电场	离子和各种有机化合物

(四)气相色谱法的特点

气相色谱法分析具有分离效能高、灵敏度高、选择性好、分析速度快、用样量小等特点,还可制备高纯物质。

在仪器允许的汽化条件下,凡是能够汽化且稳定、不具腐蚀性的液体或气体,都可用气相色谱法分析。有的化合物沸点过高难以汽化或热不稳定而分解,则可通过化学衍生化的方法,使其转变成易汽化或热稳定的物质后再进行分析。

(1)高效能、高选择性。性质相似的多组分混合物,同系物、同分异构体等,分离制备高纯物质,纯度可达 99.99%。

(2)灵敏度高。可检出 $10^{-13} \sim 10^{-11}$ g 的物质。

(3)分析速度快。分析时间仅几分钟到几十分钟。

(4)应用范围广。可用于分析低沸点、易挥发的有机物和无机物(主要是气体)。

气相色谱法分析的局限性:不适于高沸点、难挥发、热稳定性差的高分子化合物和生物大分子化合物分析。

(五)气相色谱分离原理

物质在固定相和流动相(气相)之间发生的吸附、脱附或溶解、挥发的过程叫分配过程。在一定温度下组分在两相间分配达到平衡时,组分在固定相与在气相中浓度之比,称为分配系数。不同物质在两相间的分配系数不同,分配系数小的组分,每次分配后在气相中的浓度较大。当分配次数足够多时,只要各组分的分配系数不同,混合的组分就可分离,依次离开色谱柱。

(六)气相色谱仪主要组成部件及分析流程

气相色谱仪是气体为流动相采用洗脱法的柱色谱分析仪器,它由气路系统、进样系统、色谱柱及检测系统、记录系统等部分组成(见图 3-4)。

(1)气路系统:包括气源、气体净化、气体流量控制和测量装置。作用是提供足够纯度、压力和流量稳定的气体,作为一相(载气),经过进样器汽化室进入色谱柱,推动组分在色谱柱内进行分离,分离后的组分随载气依次离开色谱柱,进入检测器,然后气体放空。

(2)进样系统:包括进样器、汽化室和控温装置。

(3)分离系统:包括色谱柱、柱箱和控温装置。色谱柱是色谱分析的核心部件,分为填

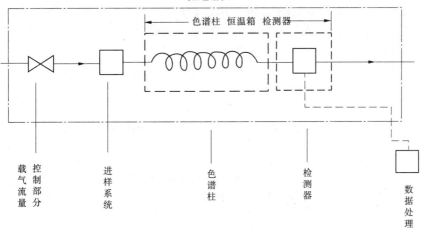

气相色谱仪

色谱柱 恒温箱 检测器

载气流量 控制部分 | 进样系统 | 色谱柱 | 检测器 | 数据处理

图 3-4 气相色谱仪基本构成

充柱和毛细管柱两类,固定相填充在柱管内。固定相是真正起分离作用的物质。

(4)检测系统:包括检测器和控温装置。作用是将经色谱柱分离后的各组分浓度(或质量)的变化,转变成相应的电信号,经放大器放大后,由记录仪记录各组分相应的色谱图,供色谱定性定量分析用。常用的检测器有热导检测器、氢火焰检测器、电子捕获检测器和火焰光度检测器。

(5)记录系统:包括记录仪或数据处理装置。

载气(常用 N_2 和 H_2、Ar)由高压钢瓶供给,经减压、净化、调节和控制流量后进入色谱柱。待基线稳定后,即可进样。样品经汽化室汽化后被载气带入色谱柱,在柱内被分离。分离后的组分依次从色谱柱中流出,进入检测器,检测器将各组分的浓度或质量的变化转变成电信号(电压或电流)。经放大器放大后,由记录仪或微处理机记录电信号 – 时间曲线,即浓度(或质量)时间曲线,也称为色谱图。根据色谱图,可对样品中待测组分进行定性和定量分析。

(七)气相色谱法在环境监测中的应用

气相色谱分析得到的色谱图是各组分相对应的一个个色谱峰。

确定各色谱峰代表什么物质,就是色谱定性分析。定性分析的依据是在一定的色谱条件下(固定相、操作条件相同)各物质的保留值(保留时间、保留体积等)一定。

确定色谱峰面积或峰高所代表物质的含量,就是色谱定量分析。定量分析的依据是检测器的响应信号(在色谱图上的峰面积或峰高)与组分的质量(或浓度)成正比,即

$$W_i = f_i A_i \tag{3-9}$$

式中:比例常数 f_i 又称校正因子;A_i 是 i 组分对应的色谱峰面积。

因此,色谱定量分析时,必须准确地测量峰面积和校正因子,并正确选用适当的定量方法,严格控制分析误差,测定结果才能准确、可靠。

气相色谱具有灵敏度高(通常可测到 $10^{-6} \sim 10^{-9}$ g)、分析速度快(分析一个样品一般

在几分钟到几十分钟)、样品用量小等优点,在石油化工、医药卫生、高分子合成、食品分析、环境监测中应用广泛。

车间空气中苯、甲苯、二甲苯、苯乙烯、丙酮、丁醇、乙醚、乙酸乙酯、环氧乙烷、氯甲烷、氯乙烯、丙烯腈、三硝基甲苯、黄磷、二甲基甲酰胺、敌敌畏、乐果、对硫磷、碘甲烷、溴甲烷等几十种的气相色谱测定方法,已被批准为国家标准测定方法。

由于气相色谱分析中使用氢气、氮气等高压气瓶,电子捕获检测器使用放射源,分析人员必须遵守有关规定,保证安全实验。

四、高效液相色谱(High Performanc Liquid Chromatography,HPLC)

(一)概述

高效液相色谱(HPLC)是20世纪60年代在经典液相色谱法基础上发展起来的一种新型分离、分析技术。经典液相色谱法由于使用粗颗粒的固定相、填充不均匀、依靠重力使流动相流动,因此分析速度慢、分离效率低。新型高效的固定相、高压输液泵、梯度洗脱技术以及各种高灵敏度的检测器相继发明,使得高效液相色谱法迅速发展起来。高效液相色谱流程与气相色谱法相同,但HPLC以液体溶剂为流动相(载液),并选用高压泵送液方式,溶质分子在色谱柱中经固定相分离后被检测,最终达到定性和定量分析。其构成如图3-5所示。

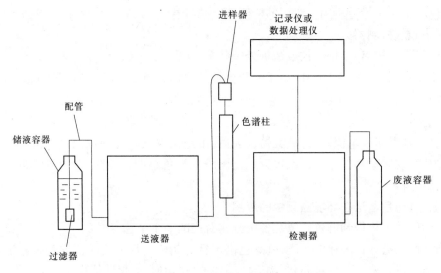

图 3-5 HPLC 仪器构成

(二)特点

高效液相色谱法与经典液相色谱法比较,具有下列主要特点:

(1)高效。由于使用了细颗粒、高效率的固定相和均匀填充技术,高效液相色谱法分离效率极高,柱效一般可达每米 10^4 理论塔板。近几年来出现的微型填充柱(内径 1mm)和毛细管液相色谱柱(内径 $0.05\mu m$),理论塔板数超过每米 10^5,能实现高效的分离。

(2)高速。由于使用高压泵输送流动相,采用梯度洗脱装置,用检测器在柱后直接检测洗脱组分等,HPLC 完成一次分离分析一般只需几分钟到几十分钟,比经典液相色谱快得多。

(3)高灵敏度。紫外、荧光、电化学、质谱等高灵敏度检测器的使用,使 HPLC 的最小检测量可达 $10^{-9} \sim 10^{-11}$g。

(4)高度自动化。计算机的应用,使 HPLC 不仅能自动处理数据、绘图和打印分析结果,而且还可以自动控制色谱条件,使色谱系统自始至终都在最佳状态下工作,成为全自动化的仪器。

(5)应用范围广(与气相色谱法相比)。HPLC 可用于高沸点、相对分子质量大、热稳定性差的有机化合物及各种离子的分离分析。如氨基酸、蛋白质、生物碱、核酸、维生素、抗生素等。

(6)流动相可选择范围广。它可用多种溶剂作流动相,通过改变流动相组成来改善分离效果,因此对于性质和结构类似的物质分离的可能性比气相色谱法更大。

(7)馏分容易收集更有利于制备。

高效液相色谱仪主要有分析型、制备型和专用型三类。

(三)构成

高效液相色谱一般由五个部分组成:①高压输液系统;②进样系统;③分离系统;④检测系统;⑤数据处理系统。

1.高压输液系统

高压输液系统包括储液装置、高压输液泵、过滤器、脱气装置等。

(1)储液器:用于存放溶剂。溶剂必须很纯,储液器材料要耐腐蚀,对溶剂呈惰性。储液器应配有溶剂过滤器,以防止流动相中的颗粒进入泵内。溶剂过滤器一般用耐腐蚀的镍合金制成,空隙大小一般为 $2\mu m$。

(2)脱气装置:脱气的目的是为了防止流动相从高压柱内流出时,释放出气泡进入检测器而使噪声剧增,甚至不能正常检测。

(3)高压输液泵:是高效液相色谱仪的重要部件,是驱动溶剂和样品通过色谱柱和检测系统的高压源,其性能好坏直接影响分析结果的可靠性。

对高压泵的基本要求:①流量稳定;②输出压力高,最高输出压力为 50MPa;③流量范围宽,可在 $0.01 \sim 10$mL/min 范围任选;④耐酸、碱、缓冲液腐蚀;⑤压力波动小。

(4)梯度洗脱装置:梯度洗脱是利用两种或两种以上的溶剂,按照一定时间程序连续或阶段地改变配比浓度,以达到改变流动相极性、离子强度或 pH 值,从而提高洗脱能力,改善分离的一种有效方法。当一个样品混合物的容量因子是范围很宽、用梯度洗脱时间太长且后出的峰形扁平不便检测时,用梯度洗脱可以改善峰形并缩短分离时间。HPLC 的梯度洗脱与 GC 的程序升温相似,可以缩短分析时间,提高分离效果,使所有的峰都处于最佳分离状态,而且峰形尖而窄。

2.进样系统

进样器一般要求密封性好,死体积小,重复性好,保证中心进样,进样时对色谱系统的压力和流量波动小,并便于实现自动化。

高压进样阀是目前广泛采用的一种方式。阀的种类很多,有六通阀、四通阀、双路阀等,以六通进样阀最为常用。

3．分离系统

色谱分离系统包括色谱柱、固定相和流动相。色谱柱是其核心部分，柱应具备耐高压、耐腐蚀、抗氧化、密封不漏液和柱内死体积小、柱效高、柱容量大、分析速度快、柱寿命长的要求。通常采用优质不锈钢管制成。

色谱柱按内径不同可分为常规柱、快速柱和微量柱三类。

常规分析柱柱长一般为 $10\sim25cm$，内径 $4\sim5mm$，固定相颗粒直径为 $5\sim10\mu m$。为了保护分析柱不受污染，一般在分析柱前加一短柱，约数厘米长，称为保护柱（微量分析柱内径小于 $1mm$，凝胶色谱柱内径 $3\sim12mm$，制备柱内径较大，可达 $25mm$ 以上）。

4．检测系统

检测器的作用是将柱流出物中样品组成和含量的变化转化为可供检测的信号，常用检测器有紫外吸收、荧光、示差折光、化学发光等。

1）紫外 - 可见吸收检测器(Ultraviolet - Visible Detector, UVD)

紫外 - 可见吸收检测器(UVD)是 HPLC 中应用最广泛的检测器之一，几乎所有的液相色谱仪都配有这种检测器。其特点是灵敏度较高、线性范围宽、噪声低，适用于梯度洗脱，对强吸收物质检测限可达 1ng，检测后不破坏样品，可用于制备，并能与任何检测器串联使用。紫外 - 可见吸收检测器的工作原理与结构同一般分光光度计相似，实际上就是装有流动相的紫外 - 可见光度计。

(1)紫外吸收检测器：紫外吸收检测器常用氘灯作光源，氘灯则发射出紫外 - 可见区范围的连续波长，并安装一个光栅型单色器，其波长选择范围宽（$190\sim800nm$）。它有两个流通池，一个作参比用，另一个作测量用。光源发出的紫外光照射到流通池上，若两流通池都通过纯的均匀溶剂，则它们在紫外波长下几乎无吸收，光电管上接收到的辐射强度相等，无信号输出。当组分进入测量池时，吸收一定的紫外光，使两光电管接收到的辐射强度不等，这时有信号输出，输出信号大小与组分浓度有关。

紫外吸收检测器的局限是：流动相的选择受到一定限制，即具有一定紫外吸收的溶剂不能做流动相，每种溶剂都有截止波长，当小于该截止波长的紫外光通过溶剂时，溶剂的透光率降至 10% 以下。因此，紫外吸收检测器的工作波长不能小于溶剂的截止波长。

(2)光电二极管阵列检测器(Photo Diode Array Detector, PDAD)：也称快速扫描紫外 - 可见分光检测器，是一种新型的光吸收式检测器。它采用光电二极管阵列作为检测元件，构成多通道并行工作，同时检测由光栅分光，再入射到阵列式接收器上的全部波长的光信号，然后对二极管阵列快速扫描采集数据，得到吸收值(A)是保留时间(t_R)和波长(λ)函数的三维色谱光谱图。由此可及时观察与每一组分的色谱图相应的光谱数据，从而迅速决定具有最佳选择性和灵敏度的波长。

图 3-6 是单光束二极管阵列检测器的光路示意。光源发出的光先通过检测池，透射光由全息光栅色散成多色光，射到阵列元件上，使所有波长的光在接收器上同时被检测。阵列式接收器上的光信号用电子学的方法快速扫描提取出来，每幅图像仅需 10ms，远超过色谱流出峰的速度，因此可随峰扫描。

2）荧光检测器(Fluorescence Detector, FD)

荧光检测器是一种高灵敏度、有选择性的检测器，可检测能产生荧光的化合物。某些

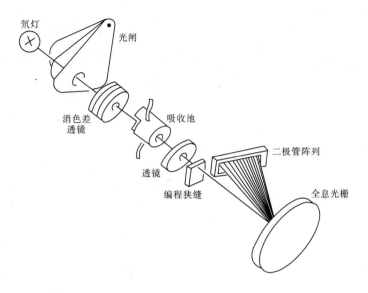

图 3-6 单光束二极管阵列检测器光路示意

不发荧光的物质可通过化学衍生化生成荧光衍生物,再进行荧光检测。其最小检测浓度可达 0.1ng/mL,适用于痕量分析;一般情况下荧光检测器的灵敏度比紫外检测器约高两个数量级,但其线性范围不如紫外检测器宽。

近年来,采用激光作为荧光检测器的光源而产生的激光诱导荧光检测器极大地增强了荧光检测的信噪比,因而具有很高的灵敏度,在痕量和超痕量分析中得到广泛应用。

3)示差折光检测器(Differential Refractive Index Detector,DRID)

示差折光检测器是一种浓度型通用检测器,对所有溶质都有响应,某些不能用选择性检测器检测的组分,如高分子化合物、糖类、脂肪烷烃等,可用示差折光检测器检测。示差折光检测器是基于连续测定样品流路和参比流路之间折射率的变化来测定样品含量的。光从一种介质进入另一种介质时,由于两种物质的折射率不同就会产生折射。只要样品组分与流动相的折光指数不同,就可被检测,二者相差愈大,灵敏度愈高。在一定浓度范围内检测器的输出与溶质浓度成正比。

4)电化学检测器(Elec-chemical Detector, ED)

电化学检测器主要有安培、极谱、库仑、电位、电导等检测器,属选择性检测器,可检测具有电活性的化合物。目前,它已在各种无机和有机阴阳离子、生物组织和体液的代谢物、食品添加剂、环境污染物、生化制品、农药及医药等的测定中获得了广泛的应用。其中,电导检测器在离子色谱中应用最多。电化学检测器的优点有以下几个方面。

(1)灵敏度高:最小检测量一般为 ng 级,有的可达 pg 级。

(2)选择性好:可测定大量非电活性物质中极痕量的电活性物质。

(3)线性范围宽:一般为 4～5 个数量级。

(4)设备简单,成本较低。

(5)易于自动操作。

5)化学发光检测器(Ciluminescence Detector,CD)

化学发光检测器是近年来发展起来的一种快速、灵敏的新型检测器,具有设备简单、价廉、线性范围宽等优点。其原理是基于某些物质在常温下进行化学反应,生成处于激发态势反应中间体或反应产物,当这些反应中间体或反应产物从激发态返回基态时,就发射出光子。由于物质激发态的能量是来自化学反应,故叫做化学发光。当分离组分从色谱柱中洗脱出来后,立即与适当的化学发光试剂混合,引起化学反应,导致发光物质产生辐射,其光强度与该物质的浓度成正比。

这种检测器不需要光源,也不需要复杂的光学系统,只要有恒流泵,将化学发光试剂以一定的流速泵入混合器中,使之与柱流出物迅速而又均匀地混合产生化学发光,通过光电倍增管将光信号变成电信号,就可进行检测。这种检测器的最小检出量可达 10^{-12} g。

5.数据处理系统

早期的 HPLC 只配有记录仪记录色谱峰,用人工计算 A 或 H。随着计算机技术的发展,出现了简单的积分仪,可自动打印出 H、A 和 t_R,作一些简单计算,但不能存储数据。

现在的色谱工作站功能增多,一般包括:色谱参数的选择和设定;自动化操作仪器;色谱数据的采集和存储,并作"实时"处理;对采集和存储的数据进行后处理;自动打印,给出一套完整的色谱分析数据和图谱。同时也可把一些常用色谱参数、操作程序,及各种定量计算方法存入存储器中,需用时调出直接使用。高效液相色谱法的应用远广于气相色谱法,它广泛用于合成化学、石油化学、生命科学、临床化学、药物研究、环境监测、食品检验及法学检验等领域。

(四)离子色谱仪

离子色谱 IC 属于高效液相色谱,它是以缓冲盐溶液作流动相,分离分析溶液中的各平衡离子。

1.方法原理

离子色谱(IC)法是利用离子交换原理,连续对共存多种阴离子或阳离子进行分离后,导入检测装置进行定性分析和定量测定的方法。其仪器由洗提液储罐、输液泵、进样阀、分离柱、抑制柱、电导测量装置和数据处理器、记录仪等组成。分离柱内填充低容量离子交换树脂,由于液体流过时阻力大,故需使用高压输液泵;抑制柱内填充另一类型高容量离子交换树脂,其作用是削减洗提液造成的本底电导和提高被测组分的电导。除电导型检测器外,还有紫外-可见光度型、荧光型和安培型等检测器,用非电导型检测器一般不需使用抑制柱。图 3-7 所示为离子色谱仪工作原理。

分析阴离子时,分离柱填充低容量阴离子交换树脂,抑制柱填充强酸性阳离子交换树脂,洗提液用氢氧化钠稀溶液或碳酸钠-碳酸氢钠溶液。当将水样注入洗提液并流经分离柱时,基于不同阴离子对低容量阴离子交换树脂的亲和力不同而彼此分开,在不同时间随洗提液进入抑制柱,转换成高电导型酸,而洗提液被中和转为低电导的水或碳酸,使水样中的阴离子得以依次进入电导测量装置测定。根据电导峰的峰高(或峰面积),与混合标准溶液相应阴离子的峰高(或峰面积)比较,即可得知水样中各阴离子的浓度。

2.F^-、Cl^-、NO_2^-、PO_4^{3-}、Br^-、NO_3^-、SO_4^{2-} 的测定

在此,分离柱选用 $R—N^+HCO_3^-$ 型阴离子交换树脂,抑制柱选用 $R—SO_3^{2-}H^+$ 型阳

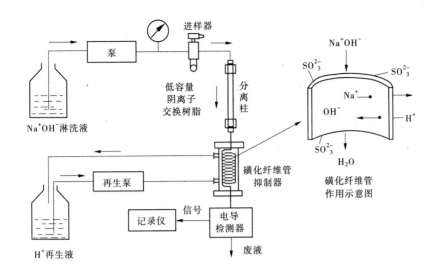

图 3-7　离子色谱仪工作原理

离子交换树脂,以 0.002 4mol/L 碳酸钠与 0.003 1mol/L 碳酸氢钠混合溶液为洗提液。

水样采集后应经 0.45μm 微孔滤膜过滤再测定;对于污染严重的水样,可在分离柱前安装预处理柱,去除所含油溶性有机物和重金属离子;水样中含有不被交换柱保留或弱保留的阴离子时,干扰 F^- 或 Cl^- 的测定,如乙酸与 F^- 产生共洗提,可改用弱洗提液(如稀 $Na_2B_4O_7$ 溶液)。

该方法适用于地表水、地下水、降水中无机阴离子的测定,其测定下限一般为0.1mg/L。

(五)高效液相色谱法的应用

1．在食品分析中的应用

(1)食品营养成分分析:包括蛋白质、氨基酸、糖类、色素、维生素、香料、有机酸(邻苯二甲酸、柠檬酸、苹果酸等)、有机胺、矿物质等。

(2)食品添加剂分析:包括甜味剂、防腐剂、着色剂(合成色素如柠檬黄、苋菜红、靛蓝、胭脂红、日落黄、亮蓝等)、抗氧化剂等。

(3)食品污染物分析:包括霉菌毒素(黄曲霉毒素、黄杆菌毒素、大肠杆菌毒素等)、微量元素、多环芳烃等。

2．在环境分析中的应用

在环境分析中常被用于多环芳烃(特别是稠环芳烃)、农药(如氨基甲酸脂类,反相色谱)残留等。

3．在生命科学中的应用

HPLC技术目前已成为生物化学家和医学家在分子水平上研究生命科学、遗传工程、临床化学、分子生物学等必不可少的工具。其在生物化学领域的应用主要集中于两个方面:

(1)低分子量物质,如氨基酸、有机酸、有机胺、类固醇、卟啉、糖类、维生素等的分离和测定。

(2)高分子量物质,如多肽、核糖核酸、蛋白质和酶(各种胰岛素、激素、细胞色素、干扰素等)的纯化、分离和测定。

过去对这些生物大分子的分离主要依赖于等速电泳、经典离子交换色谱等技术,但都有一定的局限性,远不能满足生物化学研究的需要。在生物化学领域中经常要求从复杂的混合物基质,如培养基、发酵液、体液、组织中对感性趣的物质进行有效而又特异的分离,通常要求检测限达 ng 级或 pg 级,或 pmol、fmol,并要求重复性好、快速、自动检测;制备分离、回收率高且不失活性。在这些方面,HPLC 具有明显的优势。

4. 在医学检验中的应用

在医学检验中常用于体液中代谢物测定、药物动力学研究、临床药物监测,具体如下:

(1)合成药物,如抗生素、抗忧郁药物(冬眠灵、氯丙咪嗪、安定、利眠宁、苯巴比妥等)、磺胺类药等。

(2)天然药物、生物碱(吲哚碱、颠茄碱、鸦片碱、强心甙)等。

5. 在无机分析中的应用

在无机分析中常用于阳、阴离子的分析等。

五、电感耦合等离子体原子发射光谱法(ICP-AES)

该方法是以电感耦合等离子火矩为激发光源的光谱分析方法,具有准确度和精密度高、检出限低、测定快速、线性范围宽、可同时测定多种元素等优点。该法在国外已被广泛用于环境样品及岩石、矿物、金属等样品中数十种元素的测定。

(一)方法原理

电感耦合等离子体火矩温度可达 6 000~8 000K,当将试样由进样器引入雾化器,并被氩载气带入火矩时,则试样中组分被原子化、电离、激发,以光的形式发射出能量。不同元素的原子在激发或电离时,发射不同波长的特征光谱,故根据特征光的波长可进行定性分析;元素的含量不同时,发射特征光的强弱也不同,据此可进行定量分析,其定量关系可用下式表示:

$$I = aC^b \tag{3-10}$$

式中:I 为发射特征谱线的强度;C 为被测元素的浓度;a 为与试样组成、形态及测定条件等有关的系数;b 为自吸系数,$b \leqslant 1$。

(二)仪器装置

仪器由等离子体火矩、进样器、分光器、控制和检测系统等组成。等离子体火矩由高频电发生器和感应圈、矩管、试样引进和供气系统组成。高频电发生器和感应圈提供电磁能量。矩管由 3 个同心石英管组成,分别通入载气、冷却气、辅助气(均为氩气);当用高频点火装置发生火花后,形成等离子体火矩,接收由载气带来的气溶胶试样进行原子化、电离、激发。进样器为利用气流提升和分散试样的雾化器,雾化后的试样送入等离子火矩的载气流。分光器由透镜、光栅等组成,用于将各元素发射的特征光按波长依次分开。控制和检测系统由光电转换及测量部件、微型计算机和指示记录器件组成。

(三)测定要点

(1)水样预处理:测定溶解态元素,采样后立即用 $0.45\mu m$ 滤膜过滤,取所需体积滤液,加入硝酸消解。测定元素总量,取所需体积均匀水样,用硝酸消解。消解好后,均需定容至原取样体积,并使溶液保持5%的硝酸酸度。

(2)配制标准溶液和试剂空白溶液。

(3)测量:调节好仪器工作参数,选两个标准溶液进行两点校正后,依次将试剂空白溶液、水样喷入 ICP 焰测定,扣除空白值后的元素测定值即为水样中该元素的浓度。一些元素的测定波长及检出限见表 3-4。

表 3-4　一些元素的测定波长及检出限

测定元素	波长(nm)	检出限(mg/L)	测定元素	波长(nm)	检出限(mg/L)
Al	308.21	0.1	Fe	238.20	0.03
	396.15	0.09		259.94	0.03
As	193.69	0.1	K	766.49	0.5
Ba	233.53	0.004	Mg	279.55	0.002
	455.40	0.003		285.21	0.02
Be	313.04	0.000 3	Mn	257.61	0.001
	234.86	0.005		293.31	0.02
Ca	317.93	0.01	Na	589.59	0.2
	393.37	0.002	Ni	231.60	0.01
Cd	214.44	0.003	Pb	220.35	0.05
	226.50	0.003	Sr	407.77	0.001
Co	238.89	0.005	Ti	334.94	0.005
	228.62	0.005		336.12	0.01
Cr	205.55	0.01	V	311.07	0.01
	267.72	0.01	Zn	213.86	0.006
Cu	324.75	0.01			
	327.39	0.01			

第三节　水质监测实验技术

一、水色度的测定

(一)实验目的和要求

掌握铂钴比色法和稀释倍数法测定水和废水颜色方法,以及不同方法所适用范围。

(二)原理

用氯铂酸钾与氯化钴配成标准色列,与水样进行目视比色。每升水中含有 1mg 铂和 0.5mg 钴时所具有的颜色,称为 1 度,作为标准色度单位。

如水样浑浊,则放置澄清,亦可用离心法或用孔径为 $0.45\mu m$ 滤膜过滤以去除悬浮物,但不能用滤纸过滤,因滤纸可吸附部分溶解于水的颜色。

(三)仪器和试剂

(1)50mL 具塞比色管,其刻线高度应一致。

(2)铂钴标准溶液:称取 1.246g 氯铂酸钾(K_2PtCl_6)(相当于 500mg 铂)及 1.000g 氯化钴($CoCl_2 \cdot 6H_2O$)(相当于 250mg 钴),溶于 100mL 水中,加 100mL 盐酸,用水定容至 1 000mL。此溶液色度为 500 度,保存在密塞玻璃瓶中,存放暗处。

(四)测定步骤

1. 标准色列的配制

向 50mL 比色管中加入 0、0.50、1.00、1.50、2.00、2.50、3.00、3.50、4.00、4.50、5.00、6.00mL 及 7.00mL 铂钴标准溶液,用水稀释至标线,混匀。各管的色度依次为 0、5、10、15、20、25、30、35、40、45、50、60 度和 70 度。密塞保存。

2. 水样的测定

(1)分取 50.0mL 澄清透明水样于比色管中,如水样色度较大,可酌情少取水样,用水稀释至 50.0mL。

(2)将水样与标准色列进行目视比较。观察时,可将比色管置于白瓷板或白纸上,使光线从管底部向上透过液柱,目光自管口垂直向下观察,记下与水样色度相同的铂钴标准色列的色度。

(五)计算

色度的计算公式如下:

$$色度(度) = \frac{A \times 50}{B} \qquad (3\text{-}11)$$

式中:A 为稀释后水样相当于铂钴标准色列的色度;B 为水样的体积,mL。

(六)注意事项

(1)可用重铬酸钾代替氯铂酸钾配制标准色列。方法是:称取 0.043 7g 重铬酸钾和 1.000g 硫酸钴($CoSO_4 \cdot 7H_2O$),溶于少量水中,加入 0.50mL 硫酸,用水稀释至 500mL。此溶液的色度为 500 度,不宜久存。

(2)如果样品中有泥土或其他分散很细的悬浮物,虽经预处理而得不到透明水样时,则只测其表色。

二、水中氨氮的测定

氨氮的测定方法通常有纳氏试剂比色法、苯酚－次氯酸盐(或水杨酸－次氯酸盐)比色法和电极法等。纳氏试剂比色法具有操作简便、灵敏等特点,但钙、镁、铁等金属离子,硫化物、醛、酮类,以及水中色度和混浊等干扰测定,需要相应的预处理。苯酚－次氯酸盐比色法具灵敏、稳定等优点,干扰情况和消除方法同纳氏试剂比色法。电极法通常不需要对水样进行预处理且具测量范围宽等优点。氨氮含量较高时,可采用蒸馏－酸滴定法。

(一)实验目的和要求

掌握氨氮测定最常用的方法——纳氏试剂比色法。

(二)原理

碘化汞和碘化钾的碱性溶液与氨反应生成淡红棕色胶态化合物,其色度与氨氮含量成正比,通常可在波长 410～425nm 范围内测其吸光度,计算其含量。

本法最低检出浓度为 0.025mg/L(光度法),测定上限为 2mg/L。采用目视比色法,最低检出浓度为 0.02mg/L。水样作适当的预处理后,本法可适用于地面水、地下水、工业废水和生活污水。

(三)仪器

(1)带氮球的定氮蒸馏装置:500mL 凯氏烧瓶、氮球、直形冷凝管。

(2)分光光度计。

(3)pH 值计。

(四)试剂

配制试剂用水均应为无氨水。

(1)无氨水。可选用下列方法之一进行制备。

蒸馏法:每升蒸馏水中加 0.1mL 硫酸,在全玻璃蒸馏器中重蒸馏,弃去 50mL 蒸馏液,接取其余馏出液于具塞磨口的玻璃瓶中,密塞保存。

离子交换法:使蒸馏水通过强酸性阳离子交换树脂柱。

(2)1mol/L 盐酸溶液。

(3)1mol/L 氢氧化钠溶液。

(4)轻质氧化镁(MgO):将氧化镁在 500℃下加热,以除去碳酸盐。

(5)0.05% 溴百里酚蓝指示液(pH 值为 6.0～7.6)。

(6)防沫剂:如石蜡碎片。

(7)吸收液:①硼酸溶液,称取 20g 硼酸溶于水,稀释至 1L;②0.01mol/L 硫酸溶液。

(8)纳氏试剂。可选择下列方法之一制备。

方法一:称取 20g 碘化钾溶于约 25mL 水中,边搅拌边分次少量加入二氯化汞($HgCl_2$)结晶粉末(约 10g),至出现朱红色沉淀不易溶解时,改为滴加饱和二氯化汞溶液,并充分搅拌,当出现微量朱红色沉淀不再溶解时,停止滴加氯化汞溶液。

另称取 60g 氢氧化钾溶于水,并稀释至 250mL,冷却至室温后,将上述溶液徐徐注入氢氧化钾溶液中,用水稀释至 400mL,混匀。静置过夜,将上清液移入聚乙烯瓶中,密塞保存。

方法二:称取 16g 氢氧化钠,溶于 50mL 水中,充分冷却至室温。

另称取 7g 碘化钾和碘化汞(HgI_2)溶于水,然后将此溶液在搅拌下徐徐注入氢氧化钠溶液中。用水稀释至 100mL,储于聚乙烯瓶中,密塞保存。

(9)酒石酸钾钠溶液:称取 50g 酒石酸钾钠($KNaC_4H_4O_6 \cdot 4H_2O$)溶于 100mL 水中,加热煮沸以除去氨,放冷,定容至 100mL。

(10)铵标准储备溶液:称取 3.819g 经 100℃干燥过的氯化铵(NH_4Cl)溶于水中,移入 1 000mL 容量瓶中,稀释至标线。此溶液每毫升含 1.00mg 氨氮。

(11)铵标准使用溶液:移取 5.00mL 铵标准储备液于 500mL 容量瓶中,用水稀释至标线。此溶液每毫升含 0.010mg 氨氮。

(五)测定步骤

1. 水样预处理

取250mL水样(如氨氮含量较高,可取适量并加水至250mL,使氨氮含量不超过2.5mg),移入凯氏烧瓶中,加数滴溴百里酚蓝指示液,用氢氧化钠溶液或盐酸溶液调节pH值至7左右。加入0.25g轻质氧化镁和数粒玻璃珠,立即连接氮球和冷凝管,导管下端插入吸收液液面下。加热蒸馏,至馏出液达200mL时,停止蒸馏。定容至250mL。

采用酸滴定法或纳氏比色法时,以50mL硼酸溶液为吸收液;采用水扬酸–次氯酸盐比色法时,改用50mL 0.01mol/L硫酸溶液为吸收液。

2. 标准曲线的绘制

吸取0、0.50、1.00、3.00、5.00、7.00mL和10.0mL铵标准使用液于50mL比色管中,加水至标线,加1.0mL酒石酸钾钠溶液,混匀;加1.5mL纳氏试剂,混匀;放置10min后,在波长420nm处,用光程20mm比色皿,以水为参比,测定吸光度。

由测得的吸光度,减去零浓度空白管的吸光度后,得到校正吸光度,绘制以氨氮含量(mg)对校正吸光度的标准曲线。

3. 水样的测定

(1)分取适量经絮凝沉淀预处理后的水样(使氨氮含量不超过0.1mg),加入50mL比色管中,稀释至标线,加0.1mL酒石酸钾钠溶液。

(2)分取适量经蒸馏预处理后的馏出液,加入50mL比色管中,加一定量1mol/L氢氧化钠溶液以中和硼酸,稀释至标线;加1.5mL纳氏试剂,混匀;放置10min后,同标准曲线步骤测量吸光度。

4. 空白实验

以无氨水代替水样,作全程序空白测定。表3-5为氨氮测定数据记录表。

表3-5　氨氮测定数据记录

编号								
体积								
吸光度								

(六)计算

由水样测得的吸光度减去空白实验的吸光度后,从标准曲线上查得氨氮含量(mg)。计算公式如下:

$$氨氮(N \cdot mg/L) = \frac{m}{V} \times 1\,000 \tag{3-12}$$

式中:m为由校准曲线查得的氨氮量,mg;V为水样体积,mL。

(七)注意事项

(1)纳氏试剂中碘化汞与碘化钾的比例,对显色反应的灵敏度有较大影响。静置后生成的沉淀应除去。

(2)滤纸中常含痕量铵盐,使用时注意用无氨水洗涤。所用玻璃器皿应避免实验室空气中氨的沾污。

三、六价铬的测定

(一)实验目的和要求
掌握六价铬的测定方法;熟练应用分光光度计。

(二)原理
六价铬离子与二苯碳酰二肼反应,生成紫红色化合物,其最大吸收波长为540nm,吸光度与浓度的关系符合比尔定律。

(三)仪器
(1)分光光度计,比色皿(1cm、3cm)。

(2)50mL 具塞比色管,移液管,容量瓶等。

(四)试剂
(1)丙酮。

(2)(1+1)硫酸。

(3)(1+1)磷酸。

(4)0.2%(m/V)氢氧化钠溶液。

(5)氢氧化锌共沉淀剂:称取硫酸锌($ZnSO_4 \cdot 7H_2O$)8g,溶于 100mL 水中;称取氢氧化钠2.4g,溶于120mL水中。将以上两溶液混合。

(6)4%(m/V)高锰酸钾溶液。

(7)铬标准储备液:称取于120℃干燥2h的重铬酸钾(优级纯)0.282 9g,用水溶解,移入 1 000mL 容量瓶中,用水稀释至标线,摇匀。每毫升储备液含 0.100μg 六价铬。

(8)铬标准使用液:吸取 5.00mL 铬标准储备液于 500mL 容量瓶中,用水稀释至标线,摇匀。每毫升标准使用液含 1.00μg 六价铬。使用当天配制。

(9)20%(m/V)尿素溶液。

(10)2%(m/V)亚硝酸钠溶液。

(11)二苯碳酰二肼溶液:称取二苯碳酰二肼($C_{13}H_{14}N_4O$,简称DPC)0.2g,溶于50mL丙酮中,加水稀释至100mL,摇匀,储于棕色瓶内,置于冰箱中保存。颜色变深后不能再用。

(五)测定步骤
1.水样预处理

(1)对不含悬浮物、低色度的清洁地面水,可直接进行测定。

(2)如果水样有色但不深,可进行色度校正。即另取一份试样,加入除显色剂以外的各种试剂,以 2mL 丙酮代替显色剂,用此溶液为测定试样溶液吸光度的参比溶液。

(3)对浑浊、色度较深的水样,应加入氢氧化锌共沉淀剂并进行过滤处理。

(4)水样中存在次氯酸盐等氧化性物质时,干扰测定,可加入尿素和亚硝酸钠消除。

(5)水样中存在低价铁、亚硫酸盐、硫化物等还原性物质时,可将 Cr^{6+} 还原为 Cr^{3+},此时调节水样 pH 值至8,加入显色剂溶液,放置 5min 后再酸化显色,并以同法作标准曲线。

2.标准曲线的绘制

取 9 支 50mL 比色管,依次加入 0、0.20、0.50、1.00、2.00、4.00、6.00、8.00mL 和

10.00mL铬标准使用液,用水稀释至标线,加入(1+1)硫酸0.5mL和(1+1)磷酸0.5mL,摇匀。加入2mL显色剂溶液,摇匀。5～10min后,于540nm波长处,用1cm或3cm比色皿,以水为参比,测定吸光度并作空白校正。以吸光度为纵坐标,相应六价铬含量为横坐标绘出标准曲线。

3. 水样的测定

取适量(含Cr^{6+}少于$50\mu g$)无色透明或经预处理的水样于50mL比色管中,用水稀释至标线,测定方法同标准溶液。进行空白校正后根据所测吸光度从标准曲线上查得Cr^{6+}含量。表3-6为Cr^{6+}测定数据记录表。

表3-6 Cr^{6+}测定数据记录

编号									
Cr^{6+}含量									
吸光度									

(六)计算

计算公式如下:

$$Cr^{6+}(mg/L) = \frac{m}{V} \qquad (3-13)$$

式中:m为从标准曲线上查得的Cr^{6+}量,μg;V为水样的体积,mL。

四、化学需氧量的测定——重铬酸钾法(COD_{Cr})

(一)实验目的和要求

掌握容量法测定化学需氧量的原理、技术和操作方法。

(二)原理

在强酸性溶液中,准确加入过量的重铬酸钾标准溶液,加热回流,将水样中还原性物质(主要是有机物)氧化,过量的重铬酸钾以试亚铁灵作指示剂,用硫酸亚铁铵标准溶液回滴,根据所消耗的重铬酸钾标准溶液量计算水样化学需氧量。

(三)仪器

(1)500mL全玻璃回流装置。

(2)加热装置(电炉)。

(3)25mL或50mL酸式滴定管、锥形瓶、移液管、容量瓶等。

(四)试剂

(1)重铬酸标准溶液($C_{1/6K_2Cr_2O_7}$=0.250 0mol/L):称取预先在120℃烘干2h的基准或优质纯重铬酸钾12.258g溶于水中,移入1 000mL容量瓶,稀释至标线,摇匀。

(2)试亚铁灵指示液:称取1.485g邻菲啰啉($C_{12}H_8N_2 \cdot H_2O$)、0.695g硫酸亚铁($FeSO_4 \cdot 7H_2O$)溶于水中,稀释至100mL,储于棕色瓶内。

(3)硫酸亚铁铵标准溶液($C_{(NH_4)_2Fe(SO_4)_2 \cdot 6H_2O} \approx 0.1mol/L$):称取39.5g硫酸亚铁铵溶于水中,边搅拌边缓慢加入20mL浓硫酸,冷却后移入1 000mL容量瓶中,加水稀释至标线,摇匀。临用前,用重铬酸钾标准溶液标定。

标定方法:准确吸取 10.00mL 重铬酸钾标准溶液于 500mL 锥形瓶中,加水稀释至 110mL 左右,缓慢加入 30mL 浓硫酸,混匀。冷却后,加入 3 滴试亚铁灵指示液(约 0.15mL),用硫酸亚铁铵溶液滴定,溶液的颜色由黄色经蓝绿色至红褐色即为终点。

$$C = \frac{0.250\,0 \times 10.00}{V} \tag{3-14}$$

式中:C 为硫酸亚铁铵标准溶液的浓度,mol/L;V 为硫酸亚铁铵标准溶液的用量,mL。

(4)硫酸－硫酸银溶液:于 500mL 浓硫酸中加入 5g 硫酸银。放置 1～2d,不时摇动使其溶解。

(5)硫酸汞:结晶或粉末。

(五)测定步骤

(1)取 20.00mL 混合均匀的水样(或适量水样稀释至 20.00mL)置于 250mL 磨口的回流锥形瓶中,准确加入 10.00mL 重铬酸钾标准溶液及数粒小玻璃珠或沸石,连接磨口回流冷凝管,从冷凝管上口慢慢地加入 30mL 硫酸－硫酸银溶液,轻轻摇动锥形瓶使溶液混匀,加热回流 2h(自开始沸腾时计时)。

对于化学需氧量高的废水样,可先取上述操作所需体积 1/10 的废水样和试剂于 15×150mm 硬质玻璃试管中,摇匀,加热后观察是否呈绿色。如溶液显绿色,再适当减少废水取样量,直至溶液不变绿色为止,从而确定废水样分析时应取用的体积。稀释时,所取废水样量不得少于 5mL,如果化学需氧量很高,则废水样应多次稀释。废水中氯离子含量超过 30mg/L 时,应先把 0.4g 硫酸汞加入回流锥形瓶中,再加 20.00mL 废水(或适量废水稀释至 20.00mL),摇匀。

(2)冷却后,用 90mL 水冲洗冷凝管壁,取下锥形瓶。溶液总体积不得小于 140mL,否则因酸度太大,滴定终点不明显。

(3)溶液再度冷却后,加 3 滴试亚铁灵指示液,用硫酸亚铁铵标准溶液滴定,溶液的颜色由黄色经蓝绿色至红褐色即为终点,记录硫酸亚铁铵标准溶液的用量。

(4)测定水样的同时,取 20.00mL 重蒸馏水,按同样操作步骤做空白实验。记录滴定空白时硫酸亚铁铵标准溶液的用量。

(六)计算

计算公式如下:

$$COD_{Cr}(O_2,\,mg/L) = \frac{(V_0 - V_1)C \times 8 \times 1\,000}{V} \tag{3-15}$$

式中:C 为硫酸亚铁铵标准溶液的浓度,mol/L;V_0 为滴定空白时硫酸亚铁铵标准溶液用量,mL;V_1 为滴定水样时硫酸亚铁铵标准溶液用量,mL;V 为水样的体积,mL;8 为氧($\frac{1}{2}O$)摩尔质量,g/mol。

(七)注意事项

(1)使用 0.4g 硫酸汞络合氯离子的最高量可达 40mg,如取用 20.00mL 水样,即最高可络合 2\,000mg/L 氯离子浓度的水样。若氯离子的浓度较低,也可少加硫酸汞,使保持硫酸汞:氯离子＝10:1(m/m)。若出现少量氯化汞沉淀,并不影响测定。

(2)水样取用体积可在 10.00～50.00mL 范围内,但试剂用量及浓度需按表 3-7 要求进行相应调整,也可得到满意的结果。

表 3-7　水样取用量和试剂用量

水样体积 (mL)	0.250 0mol/L $K_2Cr_2O_7$ 溶液(mL)	$HgSO_4 - Ag_2SO_4$ 溶液(mL)	$HgSO_4$(g)	$(NH_4)_2Fe(SO_4)_2$ (mol/L)	滴定前总体积 (mL)
10.0	5.0	15	0.2	0.050	70
20.0	10.0	30	0.4	0.100	140
30.0	15.0	45	0.6	0.150	210
40.0	20.0	60	0.8	0.200	280
50.0	25.0	75	1.0	0.250	350

(3)对于化学需氧量小于 50mg/L 的水样,应改用 0.025 0mol/L 重铬酸钾标准溶液。回滴时用 0.01mol/L 硫酸亚铁铵标准溶液。

(4)水样加热回流后,溶液中重铬酸钾剩余量应以加入量的 1/5～4/5 为宜。

(5)用邻苯二甲酸氢钾标准溶液检查试剂的质量和操作技术时,由于每克邻苯二甲酸氢钾的理论 COD_{Cr} 为 1.176g,所以溶解 0.425 1g 邻苯二甲酸氢钾($HOOCC_6H_4COOK$)于重蒸馏水中,转入 1 000mL 容量瓶,用重蒸馏水稀释至标线,使之成为 500mg/L 的 COD_{Cr} 标准溶液。用时新配。

(6)COD_{Cr} 的测定结果应保留三位有效数字。

(7)每次实验时,应对硫酸亚铁铵标准滴定溶液进行标定,室温较高时尤其注意其浓度的变化。

(八)实例

废水中 COD 快速测定的新技术应用

1．实验目的

学习用微波消解技术快速测定废水样品;掌握废水样品中 COD 的快速测定技术。

2．实验步骤

(1)移取 20.00mL 水样(或适量水样稀释至 20.00mL)于 COD 专用消解罐(罐内容积 100mL,额定最高压力 1MPa)中,准确加入 10.00mL 重铬酸钾标准溶液,缓缓加入 20mLH$_2$SO$_4$/Ag$_2$SO$_4$ 溶液,放上内盖安全片,拧紧外盖,使消解罐完全密封,摇匀,对称放入微波炉内。

对于高 COD_{Cr} 的样品,稀释后测定。稀释时,所取废水样不得少于 5mL。

废水中 Cl^- 含量大于 100mg/L 时,需按比例先加入 $HgSO_4$ 排除后再进行测定,其比例为 $HgSO_4:Cl^- = 10:1$(m/m)。

(2)所用消解时间与微波功率以及放置消解罐的个数有关,选择市售家用微波炉800W 挡时,其消解时间参照见表3-8。

表3-8 消解罐数目与消解时间对照

消解罐数目(个)	2	3	4	5	6
消解时间(min)	6	7	8	9	10

注:微波功率挡为800W。

消解结束后,此高压消解罐需经自然冷却或用水冷却。

(3)旋开外盖,揭开内盖,将试液转移至500mL 锥形瓶中,用少量蒸馏水冲洗内盖的内侧,合并冲洗液至锥形瓶中,试液应不少于110mL,否则,会应酸度太大使滴定终点不明显。

(4)其他操作同回流法滴定分析,同时以20.00mL 蒸馏水做空白实验。

3. 注意事项

(1)勿将微波炉安置在潮湿、高温、易溅水的地方。要经常保持炉腔干净,如有残留物或水分,会降低消解效率和缩短装置使用寿命。使用时最好在通风橱中进行,以利于某些情况下超压泄漏出的腐蚀性气体排出。

(2)微波炉内有热点效应,炉盘中央不应放样品,样品应在炉盘中围绕中心均匀放置。中央放置一个盛有200mL 水的烧杯,以吸收多余的微波能。

(3)微波炉不应该长时间空载或近似空载操作,否则可能损坏磁控管。

(4)水样取样量与各试剂使用量可按表3-9调整。

(5)本方法适用于化工、印染、皮革、试剂、冶金、日化、化肥及食品加工等行业工业废水中的 COD_{Cr} 的测定。对未涉及的废水样品需与回流法作对比实验,再行使用。对不应做高压密闭消解,尤其是具有爆炸性或可生成这类物质的未知样品,不宜使用微波消解。

表3-9 取样量与试剂用量的关系

水样体积 (mL)	0.250 0mol/L $K_2Cr_2O_7$(mL)	H_2SO_4/Ag_2SO_4 (mL)	$HgSO_4$ (g)	消解时间 (min)	$(NH_4)_2Fe(SO_4)_2$ (mol/L)
10.00	5.0	10	0.2	9	0.050
20.00	10.0	20	0.4	10	0.100
30.00	15.0	30	0.6	11	0.100

注:微波功率800W。

(6)实验表明,由于微波密闭消解的机理不同于回流加热法。因此,可选择 $NiSO_4$ 代替昂贵的 Ag_2SO_4 做催化剂,其结果与回流法之差小于3%。另外,为消除 Cl^- 对测定的干扰,每年我国以 COD_{Cr} 废液形式向水体排放的汞量当以 t 计,造成了严重的试剂污染。使用微波密闭消解法,抗 Cl^- 的干扰明显强于标准回流法。水样 Cl^- <100mg/L,或者 COD_{Cr}>1 200mg/L 情况下,可以不加 $HgSO_4$,其 Cl^- 的影响误差小于5%。

(7)将微波密闭消解与标准回流法测 COD_{Cr} 的条件比较见表3-10。

表 3-10 微波密闭消解与标准回流法测 COD_{Cr} 的条件比较

消解条件	微波密闭消解法	标准回流法
H_2SO_4 浓度(%)	40	50
$K_2Cr_2O_7$ 浓度(mol/L)	0.05	0.042
催化剂用量(g)	0.2	0.3
Cl^- 干扰(mg/L)	>100	>30
反应温度(℃)	160	146
反应压力(MPa)	0.8~1	常压敞口体系
消解时间(min)	6~10	120
消解样品个数	6	3

五、生化需氧量的测定

生化需氧量(BOD)是指在规定的条件下,微生物分解水中某些可氧化物质(主要是有机物)的生物化学过程中消耗溶解氧的量,它用以间接表示水中可被微生物降解的有机类物质的含量,是反映有机物污染的重要类别指标之一。测定 BOD 的方法有稀释接种法、微生物传感器法、活性污泥曝气降解法、库仑滴定法、测压法等。本实验采用稀释接种法测定污水的 BOD。该方法也称 5 天培养法(BOD_5),即取一定量水样或稀释水样,在 20℃±1℃培养 5 天,分别测定水样培养前、后的溶解氧,二者之差为 BOD_5 值。

(一)实验目的和要求

掌握用稀释接种法测定 BOD_5 的基本原理和操作技能。

(二)仪器

(1)恒温培养箱。

(2)5~20L 细口玻璃瓶。

(3)1 000~2 000mL 量筒。

(4)玻璃搅拌棒:棒长应比所用量筒高度长 200mm,棒的底端固定一个直径比量筒直径略小,并有几个小孔的硬橡胶板。

(5)溶解氧瓶:200~300mL,带有磨口玻璃塞,并具有供水封用的钟形口。

(6)虹吸管:供分取水样和添加稀释水用。

(三)试剂

(1)磷酸盐缓冲溶液:将 8.58g 磷酸二氢钾(KH_2PO_4),2.75g 磷酸氢二钾(K_2HPO_4),33.4g 磷酸氢二钠($Na_2HPO_4 \cdot 7H_2O$)和 1.7g 氯化铵(NH_4Cl)溶于水中,稀释至 1 000mL。此溶液的 pH 值应为 7.2。

(2)硫酸镁溶液:将 22.5g 硫酸镁($MgSO_4 \cdot 7H_2O$)溶于水中,稀释至 1 000mL。

(3)氯化钙溶液:将 27.5g 无水氯化钙溶于水,稀释至 1 000mL。

(4)氯化铁溶液:将 0.25g 氯化铁($FeCl_3 \cdot 6H_2O$)溶于水,稀释至 1 000mL。

(5)盐酸溶液(0.5mol/L):将 40mL($\rho = 1.18$g/mL)盐酸溶于水,稀释至 100mL。

(6)氢氧化钠溶液(0.5mol/L):将 20g 氢氧化钠溶于水,稀释至 1 000mL。

(7)亚硫酸钠溶液($1/2Na_2SO_3 = 0.025$mol/L):将 1.575g 亚硫酸钠溶于水,稀释至 1 000mL。此溶液不稳定,需每天配制。

(8)葡萄糖-谷氨酸标准溶液:将葡萄糖($C_6H_{12}O_6$)和谷氨酸($HOOC-CH_2-CH_2-CHNH_2-COOH$)在 103℃ 干燥 1h 后,各称取 150mg 溶于水中,移入 1 000mL 容量瓶内并稀释至标线,混合均匀。此标准溶液临用前配制。

(9)稀释水:在 5~20L 玻璃瓶内装入一定量的水,控制水温在 20℃ 左右。然后用无油空气压缩机或薄膜泵,将此水曝气 2~8h,使水中的溶解氧接近于饱和,也可以鼓入适量纯氧。瓶口盖以两层经洗涤晾干的纱布,置于 20℃ 培养箱中放置数小时,使水中溶解氧含量达 8mg/L 左右。临用前于每升水中加入氯化钙溶液、氯化铁溶液、硫酸镁溶液、磷酸盐缓冲溶液各 1mL,并混合均匀。稀释水的 pH 值应为 7.2,其 BOD_5 应小于 0.2mg/L。

(10)接种液:可选用以下任一方法获得适用的接种液。

城市污水:一般采用生活污水,在室温下放置一昼夜,取上层清液供用。

表层土壤浸出液:取 100g 花园土壤或植物生长土壤,加入 1L 水,混合并静置 10min,取上清溶液供用。

用含城市污水的河水或湖水。

污水处理厂的出水。

当分析含有难以降解物质的废水时,在排污口下游 3~8km 处取水样作为废水的驯化接种液。如无此种水源,可取中和或经适当稀释后的废水进行连续曝气,每天加入少量该种废水,同时加入适量表层土壤或生活污水,使能适应该种废水的微生物大量繁殖。当水中出现大量絮状物,或检查其化学需氧量的降低值出现突变时,表明适用的微生物已进行繁殖,可用做接种液。一般驯化过程需要 3~8 天。

(11)接种稀释水:取适量接种液,加于稀释水中,混匀。每升稀释水中接种液加入量:生活污水为 1~10mL;表层土壤浸出液为 20~30mL;河水、湖水为 10~100mL。接种稀释水的 pH 值应为 7.2,BOD_5 值以在 0.3~1.0mg/L 之间为宜。接种稀释水配制后应立即使用。

(四)测定步骤

1.水样的预处理

(1)水样的 pH 值若超出 6.5~7.5 范围时,可用盐酸或氢氧化钠稀溶液调节 pH 值至近于 7,但用量不要超过水样体积的 0.5%。若水样的酸度或碱度很高,可改用高浓度的碱或酸液进行中和。

(2)水样中含有铜、铅、锌、镉、铬、砷、氰等有毒物质时,可使用经驯化的微生物接种液的稀释水进行稀释,或提高稀释倍数,降低毒物的浓度。

(3)含有少量游离氯的水样,一般放置1~2h,游离氯即可消失。对于游离氯在短时间不能消散的水样,可加入亚硫酸钠溶液除去。其加入量的计算方法是:取中和好的水样100mL,加入(1+1)乙酸10mL,10%(m/V)碘化钾溶液1mL,混匀。以淀粉溶液为指示剂,用亚硫酸钠标准溶液滴定游离碘。根据亚硫酸钠标准溶液消耗的体积及其浓度,计算水样中所需加亚硫酸钠溶液的量。

(4)从水温较低的水域或富营养化的湖泊采集的水样,可遇到含有过饱和溶解氧的情况,此时应将水样迅速升温至20℃左右,充分振摇,以赶出过饱和的溶解氧。从水温较高的水域废水排放口取得的水样,则应迅速使其冷却至20℃左右,并充分振摇,使与空气中氧分压接近平衡。

2.水样的测定

1)不经稀释水样的测定

溶解氧含量较高、有机物含量较少的地面水,可不经稀释,而直接以虹吸法将约20℃的混匀水样转移至两个溶解氧瓶内,转移过程中应注意不使其产生气泡。以同样的操作使两个溶解氧瓶充满水样后溢出少许,加塞水封;瓶不应有气泡;立即测定其中一瓶溶解氧;将另一瓶放入培养箱中,在(20±1)℃培养5天后,测其溶解氧。

2)需经稀释水样的测定

根据实践经验,稀释倍数用下述方法计算:

地表水由测得的高锰酸盐指数乘以适当的系数求得(见表3-11)。

表 3-11　稀释倍数的估算

高锰酸盐指数(mg/L)	系　数
<5	—
5~10	0.2、0.3
10~20	0.4、0.6
>20	0.5、0.7、1.0

工业废水可由重铬酸钾法测得的COD值确定,通常需作三个稀释比,即使用稀释水时,由COD值分别乘以系数0.075、0.15、0.225,获得三个稀释倍数;使用接种稀释水时,则分别乘以0.075、0.15和0.25,获得三个稀释倍数。

COD_{Cr}值可在测定水样COD过程中,加热回流至60min时,用由校核实验的邻苯二甲酸氢钾溶液按COD测定相同步骤制备的标准色列进行估测。

稀释倍数确定后按下法测定水样。

(1)一般稀释法:按照选定的稀释比例,用虹吸法沿筒壁先引入部分稀释水(或接种稀释水)于1 000mL量筒中,加入需要量的均匀水样,再引入稀释水(或接种稀释水)至800mL,用带胶板的玻璃棒小心地上下搅匀。搅拌时勿使搅棒的胶板露出水面,防止产生气泡。

按不经稀释水样的测定步骤,进行装瓶,测定当天溶解氧和培养5天后溶解氧含量。

另取两个溶解氧瓶,用虹吸法装满稀释水(或接种稀释水)作为空白,分别测定5天前、后的溶解氧含量。

(2)直接稀释法:直接稀释法是在溶解氧瓶内直接稀释。在已知两个容积相同(其差小于1mL)的溶解氧瓶内,用虹吸法加入部分稀释水(或接种稀释水),再加入根据瓶容积和稀释比例计算出的水样量,然后引入稀释水(或接种稀释水)至刚好充满,加塞,勿留气泡于瓶内。其余操作与上述一般稀释法相同。

在 BOD_5 测定中,一般采用叠氮化钠修正法测定溶解氧。如遇干扰物质,应根据具体情况采用其他测定法。

3. BOD_5 计算

不经稀释直接培养的水样:

$$BOD_5(mg/L) = C_1 - C_2 \tag{3-16}$$

式中: C_1 为水样在培养前的溶解氧浓度,mg/L; C_2 为水样经5天培养后,剩余溶解氧浓度,mg/L。

经稀释后培养的水样:

$$BOD_5(mg/L) = \frac{(C_1 - C_2) - (B_1 - B_2)f_1}{f_2} \tag{3-17}$$

式中: B_1 为稀释水(或接种稀释水)在培养前的溶解氧浓度,mg/L; B_2 为稀释水(或接种稀释水)在培养后的溶解氧浓度,mg/L; f_1 为稀释水(或接种稀释水)在培养液中所占比例; f_2 为水样在培养液中所占比例。

(五)注意事项

(1)水中有机物的生物氧化过程分为碳化阶段和硝化阶段,测定一般水样的 BOD_5 时,硝化阶段不明显或根本不发生,但对于生物处理池的出水,因其中含有大量硝化细菌,因此在测定 BOD_5 时也包括了部分含氮化合物的需氧量。对于这种水样,如只需测定有机物的需氧量,应加入硝化抑制剂,如丙烯基硫脲(ATU, $C_4H_8N_2S$)等。

(2)在两个或三个稀释比的样品中,凡消耗溶解氧大于2mg/L 和剩余溶解氧大于1mg/L 都有效,计算结果时,应取平均值。

(3)为检查稀释水和接种液的质量,以及化验人员的操作技术,可将20mL葡萄糖-谷氨酸标准溶液用接种稀释水稀释至1 000mL,测其 BOD_5,其结果应在180~230mg/L之间。否则,应检查接种液、稀释水或操作技术是否存在问题。

(六)结果处理

(1)以表格形式列出稀释水样和稀释水(或接种稀释水样)在培养前、后实测溶解氧数据,计算水样 BOD_5 值。

(2)根据实际控制实验条件和操作情况,分析影响测定准确度的因素。

六、水中挥发酚的测定

挥发酚类通常指沸点在230℃以下的酚类,属一元酚,是高毒物质。生活饮用水和Ⅰ、Ⅱ类地表水水质限值均为0.002mg/L,污染中最高容许排放浓度为0.5mg/L(一、二级标准)。测定挥发酚类的方法有4-氨基安替比林分光光度法、溴化滴定法、气相色谱法等。本实验采用4-氨基安替比林分光光度法测定废水中挥发酚。

（一）实验目的和要求

掌握用蒸馏法预处理水样的方法和用分光光度测定挥发酚的实验技术。

（二）仪器

(1)500mL全玻璃蒸馏器。

(2)50mL具塞比色管。

(3)分光光度计。

（三）试剂

(1)无酚水：于1L中加入0.2g经200℃活化0.5h的活性炭粉末,充分振摇后,放置过夜。用双层中速滤纸过滤,滤出液储于硬质玻璃瓶中备用;或加氢氧化钠使水呈强碱性,并滴加高锰酸钾溶液至紫红色,移入蒸馏瓶中加热蒸馏,收集馏出液备用。

(2)硫酸铜溶液：称取50g硫酸铜($CuSO_4 \cdot 5H_2O$),溶于水,稀释至500mL。

(3)磷酸溶液：量取10mL85%的磷酸,用水稀释至100mL。

(4)甲基橙指示剂溶液：称取0.05g甲基橙,溶于100mL水中。

(5)苯酚标准储备液：称取1.00g无色苯酚,溶于水,移入1 000mL容量瓶中,稀释至标线,置于冰箱内备用。该溶液按下述方法标定。

标定方法：吸取10.00mL苯酚标准储备液于250mL碘量瓶中,加100mL水和10.00mL0.100 0mol/L溴酸钾-溴化钾溶液,立即加入5mL浓盐酸,盖好瓶塞,轻轻摇匀,于暗处放置10min。加入1g碘化钾,密塞,轻轻摇匀,于暗处放置5min后,用0.125mol/L硫代硫酸钠标准溶液滴定至淡黄色,再加1mL淀粉溶液,继续滴定至蓝色刚好褪去,记录用量。以水代替苯酚储备液做空白实验,记录硫代硫酸钠标准溶液用量。苯酚储备液浓度按下式计算：

$$苯酚(mg/L) = \frac{(V_1 - V_2)C \times 15.68}{V} \qquad (3-18)$$

式中：V_1为空白实验消耗硫代硫酸钠标准溶液量,mL;V_2为滴定苯酚标准储备液时消耗硫代硫酸钠标准溶液量,mL;V为取苯酚标准储备液体积,mL;C为硫代硫酸钠标准溶液浓度,mol/L;15.68为苯酚摩尔($1/6C_6H_5OH$)质量,g/mol。

(6)苯酚标准中间液：取适量苯酚储备液,用水稀释至每毫升含0.010mg苯酚。使用时当天配制。

(7)溴酸钾-溴化钾标准参考溶液[$C(1/6KBrO_3) = 0.1mol/L$]：称取2.784g溴酸钾($KBrO_3$)溶于水,加入10g溴化钾(KBr),使其溶解,移入1 000mL容量瓶中,稀释至标线。

(8)碘酸钾标准溶液[$C(1/6KIO_3) = 0.250mol/L$]：称取预先经180℃烘干的碘酸钾0.891 7g溶于水,移入1 000mL容量瓶中,稀释至标线。

(9)硫代硫酸钠标准溶液：称取6.2g硫代硫酸钠($Na_2S_2O_3 \cdot 5H_2O$)溶于煮沸放冷的水中,加入0.2g碳酸钠,稀释至1 000mL,临用前,用下述方法标定。

标定方法：吸取20.00mL碘酸钾溶液于250mL碘量瓶中,加水稀释至100mL,加1g碘化钾,再加5mL(1+5)硫酸,加塞,轻轻摇匀。置暗处放置5min,用硫代硫酸钠溶液滴定至淡黄色,再加1mL淀粉溶液,继续滴定至蓝色刚褪去为止,记录硫代硫酸钠溶液用量。按下式计算硫代硫酸钠溶液浓度(mol/L)：

$$C_{Na_2SO_3 \cdot 5H_2O} = \frac{0.025\,0 \times V_4}{V_3} \tag{3-19}$$

式中:V_3为硫代硫酸钠标准溶液消耗量,mL;V_4为移取碘酸钾标准溶液量,mL;0.025 0为碘酸钾标准溶液浓度,mol/L。

(10)淀粉溶液:称取1g可溶性淀粉,用少量水调成糊状,加沸水至100mL,冷后,置冰箱内保存。

(11)缓冲溶液(pH值约为10):称取2g氯化铵(NH_4Cl),溶于100mL氨水中,加塞,置于冰箱中保存。

(12)2%(m/V)4-氨基安替比林溶液:称取4-氨基安替比林($C_{11}H_{13}N_3O$)2g,溶于水,稀释至100mL,置于冰箱内保存。可使用一周。

由于固体试剂易潮解、氧化,宜保存在干燥器中。

(13)8%(m/V)铁氰化钾溶液:称取8g铁氰化钾$\{K_3[Fe(CN)_6]\}$,溶于水,稀释至100mL,置于冰箱内保存。可使用一周。

(四)测定步骤

1.水样预处理

(1)量取250mL水样置于蒸馏瓶中,加数粒小玻璃珠以防暴沸,再加二滴甲基橙指示液,用磷酸溶液调节至pH=4(溶液呈橙红色),加5.0mL硫酸铜溶液(如采样时已加过硫酸铜,则补加适量)。

如加入硫酸铜溶液后产生较多量的黑色硫化铜沉淀,则应摇匀后放置片刻,待沉淀后,再滴加硫酸铜溶液,至不再产生沉淀为止。

(2)连接冷凝器,加热蒸馏,至蒸馏出约225mL时,停止加热,放冷。向蒸馏瓶中加入25mL水,继续蒸馏至馏出液为250mL为止。

蒸馏过程中,如发现甲基橙的红色褪去,应在蒸馏结束后,再加1滴甲基橙指示液。如发现蒸馏后残液不呈酸性,则应重新取样,增加磷酸加入量,进行蒸馏。

2.标准曲线的绘制

于一组8支50mL比色管中,分别加入0、0.50、1.00、3.00、5.00、7.00、10.00、12.50mL苯酚标准中间液,加水至50mL标线。加0.5mL缓冲溶液,混匀,此时pH值为10.0±0.2,加4-氨基安替比林溶液1.0mL,混匀,再加1.0mL铁氰化钾溶液,充分混匀。放置10min后立即于510nm波长处,用20mm比色皿,以水为参比,测量吸光度。经空白校正后,绘制吸光度对苯酚含量(mg)的标准曲线。

3.水样的测定

分取适量馏出液于50mL比色管中,稀释至50mL标线。用与绘制标准曲线相同步骤测定吸光度,计算减去空白实验后的吸光度。空白实验是以水代替水样,经蒸馏后,按与水样相同的步骤测定。水样中挥发酚类的含量按下式计算:

$$挥发酚类(以苯酚计,mg/L) = \frac{m}{V} \times 1\,000 \tag{3-20}$$

式中:m为水样吸光度经空白校正后从标准曲线上查得的苯酚含量,mg;V为移取馏出液体积,mL。

(五)注意事项

(1)如水样含挥发酚较高,移取适量水样并加至 250mL 进行蒸馏,则在计算时应乘以稀释倍数。如水样中挥发酚类浓度低于 0.5mg/L 时,采用 4 - 氨基安替比林萃取分光光度法。

(2)当水样中含游离氯等氧化剂,硫化物、油类、芳香胺类及甲醛、亚硫酸钠等还原剂时,应在蒸馏前先做适当的预处理。处理方法参阅《水和废水监测分析方法》(第 4 版)第四篇第二章。

(六)结果处理

(1)绘制吸光度 - 苯酚含量(mg)标准曲线。

(2)计算所取水样中挥发酚类含量(以苯酚计,mg/L)。

(3)根据实验情况,分析影响测定结果准确度的因素。

第四节   大气监测实验技术

一、大气中总悬浮颗粒物的测定

(一)实验目的和要求

掌握重量法测定大气中总悬浮颗粒物的原理,了解中流量总悬浮颗粒物采样器的使用方法。

(二)原理

以恒速抽取定量体积的空气,使之通过采样器中已恒重的滤膜,则 TSP 被截留在滤膜上,根据采样前后滤膜重量之差及采气体积计算 TSP 的浓度。该方法分为大流量采样器法和中流量采样器法。本实验采用中流量采样器法。

(三)仪器和材料

(1)中流量采样器。

(2)中流量孔口流量计:量程 70～160L/min。

(3)U 型管压差计:最小刻度 0.1kPa。

(4)X 光看片机:用于检查滤膜有无缺损。

(5)分析天平:称量范围≥10g,感量 0.1mg。

(6)恒温恒湿箱:箱内空气温度 15～30℃可调,控温精度 ±1℃;箱内空气相对湿度控制在(50±5)%。

(7)玻璃纤维滤膜。

(8)镊子、滤膜袋(或盒)。

(四)测定步骤

(1)用孔口流量计校正采样器的流量。

(2)滤膜准备:首先用 X 光看片机检查滤膜是否有针孔或其他缺陷,然后放在恒温恒湿箱中于 15～30℃任一点平衡 24h,并在此平衡条件下称重(精确到 0.1mg),记下平衡温度和滤膜重量,将其平放在滤膜袋或盒内。

(3)采样:取出称过的滤膜平放在采样器采样头内的滤膜支持网上(绒面向上),用滤膜夹夹紧。以100L/min流量采样1h,记录采样流量和现场的温度及大气压。用镊子轻轻取出滤膜,绒面向里对折,放入滤膜袋内。

表3-12为总悬浮颗粒采样记录。

表 3-12 总悬浮颗粒物采样记录

_____市(县)　　　监测点_____

___月 ___日	时间	采样温度 (K)	采样气压 (kPa)	采样器编号	滤膜编号	压差值 (cmH₂O)			流量 (m³/min)		备注
						开始	结束	平均	Q_2	Q_1	

(4)样品测定:将采样滤膜在与空白滤膜相同的平衡条件下平衡24h后,用分析天平称量(精确到0.1mg),记下重量(增量不应小于10mg),填入表3-13。

表 3-13 总悬浮颗粒物浓度测定记录

___月 ___日	时间	滤膜编号	流量 (m³/min)	采样体积 (m³)	滤膜质量(g)			总悬浮颗粒物浓度 (mg/m³)
					采样前	采样后	样品质量	

分析者_____　审核者_____

(五)计算

TSP含量计算公式如下:

$$\text{TSP 含量}(\mu g/m^3) = \frac{(W_1 - W_0) \times 10^9}{Q \cdot t} \tag{3-21}$$

式中:W_1 为采样后的滤膜重量,g;W_0 为空白滤膜的重量,g;t 为采样时间,min;Q 为采样器平均采样流量,L/min。

标准状态下的采样流量 Q_n(m³/min),按下式计算:

$$Q_n = Q_2 [(T_3/T_2) \cdot (P_2/P_3)]^{1/2} (273 \times P_3) \div (101.3 \times T_3)$$
$$= Q_2 [(P_2/T_2) \cdot (P_3/T_3)]^{1/2} (273/101.3)$$
$$= 2.69 \times Q_2 [(P_2/T_2) \cdot (P_3/T_3)]^{1/2}$$

式中:Q_2 为现场采样流量,m³/min;P_2 为采样器现场校准时大气压力,kPa;P_3 为采样时大气压力,kPa;T_2 为采样器现场校准时空气温度,K;T_3 为采样时的空气温度,K。

若 T_3、P_3 与采样器校准时的 T_2、P_2 相近,可用 T_2、P_2 代替。

(六)注意事项

(1)滤膜称重时的质量控制:取清洁滤膜若干张,在平衡室内平衡24h,称重。每张滤膜称 10 次以上,则每张滤膜的平均值为该张滤膜的原始质量,此为"标准滤膜"。每次称清洁或样品滤膜的同时,称量两张"标准滤膜",若称出的重量在原始重量 ±5mg 范围内,则认为该批样品滤膜称量合格,否则应检查称量环境是否符合要求,并重新称量该批样品滤膜。

(2)要经常检查采样头是否漏气。当滤膜上颗粒物与四周白边之间的界线逐渐模糊,则表明应更换面板密封垫。

(3)称量不带衬纸的聚氯乙烯滤膜,在取放滤膜时,用金属镊子触一下天平盘,以消除静电的影响。

二、大气中二氧化硫的测定

测定空气中 SO_2 的常用方法有四氯汞盐吸收－副玫瑰苯胺分光光度法、甲醛吸收－副玫瑰苯胺分光光度法和紫外荧光法等。本实验采用四氯汞盐吸收－副玫瑰苯胺分光光度法。

(一)原理

空气中的二氧化硫被四氯汞钾溶液吸收后,生成稳定的二氯亚硫酸盐络合物,此络合物再与甲醛及盐酸副玫瑰苯胺发生反应,生成紫红色的络合物,据其颜色深浅,用分光光度法测定。按照所用的盐酸副玫瑰苯胺使用液含磷酸多少,分为两种操作方法。

方法一:含磷酸量少,最后溶液的 pH 值为 1.6±0.1,呈红紫色,最大吸收峰在 548nm处,该方法灵敏度高,但试剂空白值高。

方法二:含磷酸量多,最后溶液的 pH 值为 1.2±0.1,呈蓝紫色,最大吸收峰在 575nm处,该方法灵敏度较前者低,但试剂空白值低,是我国广泛采用的方法。

(二)仪器

(1)多孔玻板吸收管(用于短时间采样);多孔玻板吸收瓶(用于 24h 采样)。

(2)大气采样仪:流量 0～1L/min。

(3)分光光度计。

(三)试剂

(1)四氯汞钾吸收液(0.04mol/L):称取 10.9g 氯化汞($HgCl_2$)、6.0g 氯化钾和 0.07g乙二胺四乙酸二钠盐($EDTA-Na_2$),溶解于水,稀释至 1 000mL。此溶液在密闭容器中储存,可稳定 6 个月。如发现有沉淀,不能再用。

(2)甲醛溶液(2.0g/L):量取 36%～38% 甲醛溶液 1.1mL,用水稀释至 200mL,临用现配。

(3)氨基磺酸铵溶液(6.0g/L):称取 0.60g 氨基磺酸铵($H_2NSO_3NH_4$),溶解于100mL 水中。临用现配。

(4)盐酸副玫瑰苯胺(PRA,即对品红)储备液(0.2%):称取 0.20g 经提纯的盐酸副玫瑰苯胺,溶解于 100mL 1.0mol/L 的盐酸溶液中。

(5)盐酸副玫瑰苯胺使用液(0.016%):吸取 0.2% 盐酸副玫瑰苯胺储备液 20.00mL于 250mL 容量瓶中,加 3mol/L 磷酸溶液 200mL,用水稀释至标线。至少放置 24h 方可使用。存于暗处,可稳定 9 个月。

(6)磷酸溶液($C_{H_3PO_4}=3mol/L$):量取41mL85%的浓磷酸,用水稀释至200mL。

(7)亚硫酸钠标准溶液:称取0.20g亚硫酸钠(Na_2SO_3)及0.010g乙二胺四乙酸二钠,将其溶解于200mL新煮沸并已冷却的水中,轻轻摇匀(避免振荡,以防充氧)。放置2～3h后标定。此溶液每毫升相当于含320～400μg二氧化硫,用碘量法标定出其准确浓度。准确量取适量亚硫酸盐标准溶液,用四氯汞钾溶液稀释成每毫升含2.0μg SO_2的标准使用溶液。

(四)测定步骤

1.标准曲线的绘制

取8支10mL具塞比色管,按表3-14所示参数和方法配制标准色列。

表3-14　SO_2测定标准色列

加 入 溶 液	色 列 管 编 号							
	0	1	2	3	4	5	6	7
2.0μg/mL亚硫酸钠标准使用溶液(mL)	0	0.60	1.00	1.40	1.60	1.80	2.20	2.70
四氯汞钾吸收液(mL)	5.00	4.40	4.00	3.60	3.40	3.20	2.80	2.30
二氧化硫含量(μg)	0	1.20	2.00	2.80	3.20	3.60	4.40	5.40

在以上各比色管中加入6.0g/L氨基磺酸铵溶液0.50mL,摇匀,再加2.0g/L甲醛溶液0.50mL及0.016%盐酸副玫瑰苯胺使用液1.50mL,摇匀。当室温为15～20℃时,显色30min;室温为20～25℃时,显色20min;室温为25～30℃时,显色15min。用1cm比色皿,于575nm波长处,以水为参比,测定吸光度,试剂空白值不应大于0.050吸光度。以吸光度(扣除试剂空白值)对二氧化硫含量(μg)绘制标准曲线,并计算各点的SO_2含量与其吸光度的比值,取各点计算结果的平均值作为计算因子(B_s)。

2.采样

量取5mL四氯汞钾吸收液于多孔玻璃吸收管内(棕色),通过塑料管连接在采样器上,在各采样点以0.5L/min流量采气10～20L。采样完毕,封闭进出口,带回实验室供测定。

3.样品测定

将采样后的吸收液放置20min后,转入10mL比色管中。用少许水洗涤吸收管并转入比色管中,使其总体积为5mL。再加入0.50mL 6g/L的氨基磺酸铵溶液,摇匀,放置10min,以消除NO_x的干扰。以下步骤同标准曲线的绘制。按下式计算空气中SO_2浓度(C):

$$C(mg/m^3)=\frac{(A-A_0)\cdot B_s}{V_n} \tag{3-22}$$

式中:A为样品溶液的吸光度;A_0为试剂空白溶液的吸光度;B_s为计算因子,μg/吸光度;

V_n 为换算成标准状况下的采样体积,L。

在测定每批样品时,至少要加入一个已知 SO_2 浓度的控制样品同时测定,以保证计算因子的可靠性。将所得吸光度填入表 3-15 中。

表 3-15 SO_2 测定实验记录

编号	0	1	2	3	4	5	6	7	样 1	样 2
含量										
吸光度										

(五)注意事项

(1)温度对显色影响较大,温度越高,空白值越大。温度高时显色快,褪色也快,最好用恒温水浴控制显色温度。

(2)对品红试剂必须提纯后方可使用;否则,其中所含杂质会引起试剂空白值增高,使方法灵敏度降低。目前,已有经提纯合格的 0.2% 对品红溶液出售。

(3)六价铬能使紫红色络合物褪色,产生负干扰,故应避免用硫酸-铬酸洗液洗涤所用玻璃器皿。若已用此洗液洗过,则需用(1+1)盐酸溶液浸洗,再用水充分洗涤。

(4)用过的具塞比色管及比色皿应及时用酸洗涤,否则红色难以洗净。具塞比色管用(1+4)盐酸溶液洗涤,比色皿用(1+4)盐酸加 1/3 体积乙醇混合液洗涤。

(5)四氯汞钾溶液为剧毒试剂,使用时应小心,如溅到皮肤上,应立即用水冲洗。使用过的废液要集中回收处理,以免污染环境。

三、大气中含氮化合物的测定(盐酸萘乙二胺分光光度法)

(一)原理

空气中的氮氧化物主要以 NO 和 NO_2 形态存在。测定时将 NO 氧化成 NO_2,用吸收液吸收后,首先生成亚硝酸和硝酸。其中,亚硝酸与对氨基苯磺酸发生重氮化反应,再与 N-(1-萘基)乙二胺盐酸盐作用,生成紫红色偶氮染料,根据颜色深浅比色定量。因为 NO_2(气)不是全部转化为 NO_2^-(液),故在计算结果时应除以转换系数(称为 Saltzman 实验系数,用标准气体通过实验测定)。

按照氧化 NO 所用氧化剂不同,分为酸性高锰酸钾溶液氧化法和三氧化铬-石英砂氧化法。本实验采用后一种方法。

(二)仪器

(1)三氧化铬-石英砂氧化管。

(2)多孔玻板吸收管(装 10mL 吸收液型)。

(3)便携式空气采样器:流量范围 0~1L/min。

(4)分光光度计。

(三)试剂

所用试剂除亚硝酸钠为优级纯(一级)外,其他均为分析纯。所用水为不含亚硝酸根的二次蒸馏水,用其配制的吸收液以水为参比的吸光度不超过 0.005(540nm,1cm 比色皿)。

(1)N-(1-萘基)乙二胺盐酸盐储备液:称取 0.50g N-(1-萘基)乙二胺盐酸盐 $[C_{10}H_7NH(CH_2)_2NH_2·2HCl]$ 于 500mL 容量瓶中,用水稀释至刻度。此溶液储于密闭棕色瓶中冷藏,可稳定 3 个月。

(2)显色液:称取 5.0g 对氨基苯磺酸($NH_2C_6H_4SO_3H$),溶解于 200mL 热水中,冷至室温后转移至 1 000mL 容量瓶中,加入 50.0mL N-(1-萘基)乙二胺盐酸盐储备液和 50mL 冰乙酸,用水稀释至标线。此溶液储于密闭的棕色瓶中,25℃ 以下暗处存放可稳定 3 个月。若呈现淡红色,应弃之重配。

(3)吸收液:使用时将显色液和水按 4+1(V/V)比例混合而成。

(4)亚硝酸钠标准储备液:称取 0.375 0g 优级纯亚硝酸钠($NaNO_2$,预先在干燥器放置 24h),溶于水,移入 1 000mL 容量瓶中,用水稀释至标线。此标液每毫升含 $250\mu gNO_2^-$,储于棕色瓶中在暗处存放,可稳定 3 个月。

(5)亚硝酸钠标准使用溶液:吸取亚硝酸钠标准储备液 1.00mL 于 100mL 容量瓶中,用水稀释至标线。此溶液每毫升含 $2.5\mu gNO_2^-$,在临用前配制。

(四)测定步骤

1.标准曲线的绘制

取 6 支 10mL 具塞比色管,按表 3-16 所示参数和方法配制 NO_2^- 标准溶液色列。

将各管溶液混匀,于暗处放置 20min(室温低于 20℃ 时放置 40min 以上),用 1cm 比色皿于波长 540nm 处以水为参比测量吸光度,扣除试剂空白溶液吸光度后,用最小二乘法计算标准曲线的回归方程。

表 3-16 NO_2^- 标准溶液色列

管 号	0	1	2	3	4	5	样 1	样 2
标准使用溶液(mL)	0	0.40	0.80	1.20	1.60	2.00		
水(mL)	2.00	1.60	1.20	0.80	0.40	0		
显色液(mL)	8.00	8.00	8.00	8.00	8.00	8.00		
NO_2^- 浓度($\mu g/mL$)	0	0.10	0.20	0.30	0.40	0.50		
吸光度								

2.采样

吸取 10.0mL 吸收液于多孔玻板吸收管中,用尽量短的硅橡胶管将其串联在三氧化铬-石英砂氧化管和空气采样器之间,以 0.4mL/min 流量采气 4~24L。在采样的同时,应记录现场温度和大气压力。

3.样品测定

采样后于暗处放置 20min(室温 20℃ 以下放置 40min 以上)后,用水将吸收管中吸收液的体积补充至标线,混匀,按照绘制标准曲线的方法和条件测量试剂空白溶液和样品溶液的吸光度,按下式计算空气中 NO_x 的浓度:

$$C_{NO_x} = \frac{(A - A_0 - a) \cdot V}{b \cdot f \cdot V_0} \quad (3\text{-}23)$$

式中:C_{NO_x} 为空气中 NO_x 的浓度(以 NO_2 计,mg/m^3);A、A_0 分别为样品溶液和试剂空白溶液的吸光度;b、a 分别为标准曲线的斜率(吸光度·$mL/\mu g$)和截距;V 采样用吸收液体积,mL;V_0 为换算为标准状况下的采样体积,L;f 为 Saltzman 实验系数,0.88(空气中 NO_x 浓度超过 $0.720mg/m^3$ 时取 0.77)。

(五)注意事项

(1)吸收液应避光,且不能长时间暴露在空气中,以防止光照时吸收液显色或吸收空气中的氮氧化物而使试管空白值增高。

(2)氧化管适于在相对湿度为 30%～70% 时使用。当空气相对湿度大于 70% 时,应勤换氧化管;当空气相对温度小于 30% 时,则在使用前,用经过水面的潮湿空气通过氧化管,平衡一小时。在使用过程中,应经常注意氧化管是否吸湿引起板结,或者变为绿色。若板结,会使采样系统阻力增大,影响流量;若变成绿色,表示氧化管已失效。

(3)亚硝酸钠(固体)应密封保存,防止空气及湿气侵入。部分氧化成硝酸钠或呈粉末状的试剂都不能用直接法配制标准溶液。若无颗粒状亚硝酸钠试剂,可用高锰酸钾容量法标定出亚硝酸钠储备液的准确浓度后,再稀释为含 $5.0\mu g/mL$ 亚硝酸根的标准溶液。

(4)溶液若呈黄棕色,表明吸收液已受三氧化铬污染,该样品应报废。

(5)绘制标准曲线。向各管中加亚硝酸钠标准使用溶液时,都应以均匀、缓慢的速度加入。

四、室内空气中甲醛浓度的测定

(一)实验目的

通过对实际建筑物内的室内空气甲醛浓度的测定,了解测定甲醛浓度的原理与方法,并做出相应评价及分析。

(二)采样

1.采样环境

由于室内空气污染物的特殊性,采样环境对污染物的浓度有很大的影响。主要影响因素如下:

(1)温度、湿度、大气压、风速。当温度较高、湿度低的时候各种污染物更容易挥发,造成室内污染物浓度升高。大气压力会影响气体的体积,从而影响其浓度。

(2)室外空气的质量。当室外环境存在污染源时,室内污染物的浓度也会增加。

(3)门窗的开关。若室内长期处于封闭状态下,没有与外界进行空气流通,一些室内空气污染物的浓度会较高。

2.采样点的布置

采样点布置同样会影响室内污染物监测的准确性。如果采样点布置不科学,所得的监测数据就不能科学地反映室内空气质量。

1)布点原则

(1)代表性:应根据监测目的与对象来确定,以不同的目的来选择各自典型的代表。如可以按居住类型、燃料结构分类。

(2)可比性:为了便于对检测结果进行比较,各个采样点的各种条件应尽可能选择相类似的。

(3)可行性:应尽量选有一定空间可供利用的地方,切忌影响居住者的日常生活。

2)布点方法

应根据监测目的与对象进行布点。

(1)采样点的数量:根据监测对象的面积大小来决定。

(2)采样点的分布:除用于特殊目的外,一般采样点分布应均匀,并离开门窗一定的距离,以避免局部微小气候造成的影响。

(3)采样点的高度:与人呼吸带高度一致,一般距地面1.5m或0.75~1.5m之间。

(4)室外对照采样点的设置:在进行室内污染监测的同时,为了掌握室内外污染的关系,会以室外的污染浓度为对照,应在同一区域的室外设置1~2个对照点。

3.采样记录

现场采样和分析记录如表3-17所示。

表3-17　现场采样和分析记录表格

现场采样记录表

采样地点

污染物名称

采样日期	样品号	采样时间	温度	湿度	大气压	风速	采样人

(三)实验原理

本实验利用分光光度法测定室内空气中甲醛浓度。空气中的甲醛与4-氨基-3-联氨-5-巯基-1,2,4-三氮杂茂在碱性条件下缩合,然后经高碘酸钾氧化成6-巯基-5-三氮杂茂[4,3-b]-S-四氮杂苯紫红色化合物,其色泽深浅与甲醛含量成正比。

(四)实验仪器和设备

(1)气泡吸收管:有5mL和10mL刻度线。

(2)大气采样仪:流量范围0~2L/min。

(3)10mL具塞比色管。

(4)分光光度计:具有550nm波长,并配有1cm光程的比色皿。

（五）实验步骤

1. 采样

用一个内装 5mL 吸收液的气泡吸收管，以 1.0L/min 流量，采气 20L。现场采样和分析记录如表 3-17 所示。

2. 标准曲线的绘制

用标准溶液绘制标准曲线：取 7 支 10mL 具塞比色管，按表 3-18 制备标准色列管。

表 3-18　甲醛标准色列管

管号	0	1	2	3	4	5	6
标准溶液(mL)	0.0	0.1	0.2	0.4	0.8	1.2	1.6
吸收溶液(mL)	2.0	1.9	1.8	1.6	1.2	0.8	0.4
甲醛含量(μg)	0.0	0.2	0.4	0.8	1.6	2.4	3.2

各管分别加入 1.0mL 5mol/L 氢氧化钾溶液、1.0mL 0.5% AHMT 溶液，盖上管塞，轻轻颠倒，混匀 3 次，放置 20min。再加入 0.3mL 1.5% 高碘酸钾溶液，充分振摇，放置 5min，用 1cm 比色皿，在波长 550nm 下，以水作参比，测定各管吸光度。以甲醛含量为横坐标、吸光度为纵坐标，绘制标准曲线，并计算回归线的斜率，以斜率的倒数作为样品测定计算因子 B_0(μg/吸光度)。

3. 样品测定

采样后，补充吸收液到采样前的体积，准确吸取 2mL 样品溶液于 10mL 比色管中，按制作标准曲线的操作步骤测定吸光度。在每批样品测定的同时，用 2mL 未采样的吸收液，按相同步骤作试剂空白值测定。

（六）数据处理

（1）将采样体积按公式换算成标准状况下的采样体积：

$$V_0 = V_t \times \frac{T_0}{273 + t} \times \frac{P}{P_0} \qquad (3-24)$$

式中：V_0 为标准状况下的采样体积，L；V_t 为采样体积，L；t 为采样时的空气温度，℃；T_0 为标准状况下的绝对温度，273K；P 为采样时的大气压，kPa；P_0 为标准状况下的大气压力，101.3kPa。

（2）空气中甲醛浓度按公式计算：

$$C = \frac{(A - A_0) \times B_0}{V_0} \times \frac{V_1}{V_2} \qquad (3-25)$$

式中：C 为空气中甲醛浓度，mg/m^3；A 为样品溶液的吸光度；A_0 为试剂空白溶液的吸光度；B_0 为计算因子，μg/吸光度；V_0 为标准状况下的采样体积，L；V_1 为采样时吸收液体积,mL;V_2 为分析时取样品体积,mL。

(七)室内污染监测结果分析

为了了解室内空气中污染物的波动情况,将对室内空气中的甲醛、氡浓度进行 8h 连续测试,并分别在以下 3 种条件下进行:

(1)房间本底状况下,即关窗、关空调状况下。

(2)房间空调运行状况下,即关窗、开空调状况下。

(3)房间空调停止运行,同时开启房间窗户通风状况下,即开窗、关空调状况下。

监测结果见表 3-19。

表 3-19　3 种条件下 8h 检测结果

测试时间	工作状况	温度(℃)	相对湿度(%)	气压(Pa)	风速(m/s)
	开窗,关空调				
	关窗,开空调				
	关窗,关空调				

(八)实验结果分析

(1)测试的室内空气甲醛浓度,与卫生部的室内空气质量卫生规范进行对比。

(2)分析造成室内甲醛浓度超标的主要原因。

(3)分析各个测点的甲醛浓度的关系,并进行对比并说明原因。

(4)进行开窗、开空调,关窗、开空调,关窗、关空调三种情况下的室内甲醛浓度对比,并分析原因。

(5)根据实验结果分析得出结论:降低室内污染物可采用哪些措施。

(九)实例

气相色谱法测定甲醛浓度

1. 原理

空气中甲醛在酸性条件下吸附在涂有 2,4 - 二硝基苯(2,4 - DNPH)6201 担体上,生成稳定的甲醛腙。用二硫化碳洗脱后,经 OV - 色谱柱分离,用氢火焰离子化检测器测定,以保留时间定性,峰高定量。

检出下限为 $0.2\mu g/mL$(进样品洗脱液 $5\mu L$)。

2.试剂和材料

本法所用试剂纯度为分析纯;水为二次蒸馏水。

(1)二硫化碳:需重新蒸馏进行纯化。

(2)2,4-DNPH 溶液:称取 0.5mg 2,4-DNPH 于 250mL 容量瓶中,用二氯甲烷稀释到标线。

(3)2mol/L 盐酸溶液。

(4)吸附剂:10g 6201 担体(60～80 目),用 40mL2,4-DMPH 二氯甲烷饱和溶液分二次涂敷,减压,干燥,备用。

(5)甲醛标准溶液:配制和标定方法见酚试剂分光光度法。

3.仪器及设备

(1)采样管:内径 5mm,长 100mm 玻璃管,内装 150mg 吸附剂,两端用玻璃棉堵塞,用胶帽密封,备用。

(2)空气采样器:流量范围为 0.2～10L/min,流量稳定。采样前和采样后用皂膜计校准采样系统的流量,误差小于 5%。

(3)具塞比色管,5mL。

(4)微量注射器:$10\mu L$,体积刻度应校正。

(5)气相色谱仪:带氢火焰离子化检测器。

(6)色谱柱:长 2m、内径 3mm 的玻璃柱,内装固定相(OV～1),色谱单体 Shimalitew(80～100 目)。

4.采样

取一支采样管,用前取下胶帽,拿掉一端的玻璃棉,加一滴(约 $50\mu L$)2mol/L 盐酸溶液后,再用玻璃棉堵好。将加入盐酸溶液的一端垂直朝下,另一端与采样进气口相连,以 0.5L/min 的速度,抽气 50L。采样后,用胶帽套好,并记录采样点的温度和大气压力。

5.分析步骤

1)气相色谱测试条件

分析时,应根据气相色谱仪的型号和性能,制定能分析甲醛的最佳测试条件。下面所列举的测试条件是一个实例。

色谱柱:柱长 2m、内径 3mm 的玻璃管,内装 OV～1＋Shimalitew 担体。

柱温:230℃。

检测室温度:260℃。

汽化室温度:260℃。

载气(N_2)流量:70mL/min。

氢气流量:40mL/min。

空气流量:450mL/min。

2)绘制标准曲线和测定校正因子

在作样品测定的同时,绘制标准曲线或测定校正因子。

(1)标准曲线的绘制:取 5 支采样管,各管取下一端玻璃棉,直接向吸附剂表面滴加一滴约(50μL)20mol/L 盐酸溶液。然后,用微量注射器分别准确加入甲醛标准溶液(1.00mL 含 1mg 甲醛),制成在采样管中的吸附剂上甲醛含量在 0~20μg 范围内有 5 支浓度点标准管,再填上玻璃棉,反应 10min,再将各标准管内吸附剂分别移入 5 个具塞比色管中,各加入 1.0mL 二硫化碳,稍加振摇,浸泡 30min,即为甲醛洗脱溶液标准系列管。然后,取 5.0μL 各个浓度点的标准洗脱液,进色谱柱,得色谱峰和保留时间。每个浓度点得重复做三次,测量峰高的平均值。以甲醛的浓度(μg/mL)为横坐标,平均峰高(mm)为纵坐标,绘制标准曲线,并计算回归线的斜率。以斜率的数作为样品测定的计算因子 B_s [μg/(mL·mm)]。

(2)测定校正因子:在测定范围内,可用单点校正法求校正因子。在样品测定同时,分别取试剂空白溶液与样品浓度相接近的标准管洗脱溶液,按气相色谱最佳测试条件进行测定,重复做三次,得峰高的平均值和保留时间。按下式计算校正因子:

$$f = C_0/(h - h_0) \tag{1}$$

式中:f 为校正因子,μg/(mL·mm);C_0 为标准溶液浓度,μg/mL;h 为标准溶液平均峰高;mm;h_0 为试剂空白溶液平均峰高,mm。

3)样品测定

采样后,将采样管内吸附剂全部移入 5mL 具塞比色管中,加入 1.0mL 二硫化碳,稍加振摇,浸泡 30min。取 5.0μL 洗脱液,按绘制标准曲线或测定校正因子的操作步骤进样测定。每个样品重复做三次,用保留时间确认甲醛的色谱峰,测量其峰高,得峰高的平均值(mm)。

在每批样品测定的同时,取未采样的采样管,按相同操作步骤作试剂空白的测定。

6. 计算

(1)用标准曲线法按下式计算空气中甲醛的浓度:

$$C = \frac{(h - h_0) \cdot B_s}{(V_0 \cdot E_s) \cdot V_1} \tag{2}$$

式中:C 为空气中甲醛浓度;mg/m³;h 为样品溶液峰高的平均值,mm;h_0 为试剂空白溶液峰高的平均值,mm;B_s 为用标准溶液制备标准曲线得到的计算因子,μg/(mL·mm);V_1 为样品洗脱溶液总体积,mL;E_s 为由实验确定的平均洗脱效率;V_0 为换算成标准状况下的采样体积,L。

(2)用单点校正法按下式计算空气中甲醛的浓度:

$$C = \frac{(h - h_0) \cdot f}{(V_0 \cdot E_s) \cdot V_1} \tag{3}$$

式中:f 为用单点校正法得到的校正因子,μg/(mL·mm);其他符号同上式。

7. 测量范围、精密度和准确度

(1)检出下限浓度和测定范围:若以 0.2L/min 流量,采气 20L 时,检出下限浓度为 0.01mg/m³;其测定范围为 0.02~1mg/m³。

(2)精密度:甲醛浓度为 20μg/mL 和 40μg/mL 的标准溶液,进样 10μL 时,其重复测定的相对标准差分别为 8% 和 9%。

(3)准确度:将甲醛溶液分别为 20μg/mL、30μg/mL 和 40μg/mL 的标准溶液,各加 10μL 于样品管中,测定其回收率分别为 105%、112% 和 98%。

(4)干扰和排除:使用本法所列举的气相色谱条件,空气中的醛酮类化合物可以分离,二氧化硫及氮氧化物无干扰。

五、气相色谱法测定大气中的苯系物

(一)实验目的

(1)通过本实验学会用气相色谱法测定大气中苯系物的方法。

(2)掌握用气相色谱法测定大气中苯系物的过程和气相色谱仪对有机物等的分离原理及有关仪器的使用。

(二)测定原理

苯、甲苯、二甲苯等是有机工业的重要原料和溶剂。在医药、合成染料、有机农药、硝基化合物、油漆、树脂等方面有广泛用途。因此,大气中苯系物的污染比较常见,且因苯系物沸点较低,易燃易爆,毒性大,会危害人体的中枢神经和造血系统,应予以重点分析监测。

大气中的苯系物一般以蒸气的形式分散在空气中。空气中的苯系物或有机蒸气经活性炭采集浓缩(苯等可在较高浓度下直接进样进行色谱分析),以二硫化碳解吸、适当的色谱分离柱分离,用 FID 检测器进行检测。以色谱保留时间定性,色谱峰高或峰面积定量。

(三)设备与药品

(1)活性炭管:用长 70mm、内径 4mm、外径 6mm 的玻璃管,其中装两部分 20～40 目椰子壳活性炭,中间用 2mm 氨基甲酸乙酯泡沫塑料隔开,玻璃管两端用火熔封。活性炭在装入前于 600℃ 通氮气处理 1h。管中前部装 100mg,后部装 50mg 活性炭。后部活性炭外边用 3mm 氨基甲酸乙酯泡沫塑料固定;而前部活性炭的外边则用硅烷化的玻璃棉固定。活性炭管的阻力当流量为 1L/min,须在 3.3kPa 以下。

(2)采样泵;流量计(0～0.5L/min);具塞刻度试管(1mL)。

(3)气相色谱仪附 FID 检测器。

(4)色谱纯的苯、甲苯等有机物标准样品;二硫化碳。

(四)分析方法

1.试样的采集

临采样前打开活性炭管两端,将管连接在采样泵上,注意活性炭少的一端接采样泵,并垂直放置,以 0.2L/min 的速度抽取 1～10L 空气。采样后将管的两端套上塑料帽,尽快分析。否则应冷藏保存。

在采样的同时做一空白管,此管除不抽气外,其他按样品管同样操作。

2.色谱条件

色谱柱:2.5% 邻苯二甲酸二壬酯＋2.5% 有机藻土－34 涂于 Chromosorb W AW DMCS,60～80 目;

柱温:80～90℃。

汽化室和检测器温度:250℃。

载气(氮气):50mL/min;空气:500mL/min;氢气:50mL/min。

3.标准曲线的绘制

于 10mL 容量瓶中先加入少量二硫化碳,然后用微量注射器加入 10~100mg 标样,用二硫化碳稀释至标线。计算 0.5mL 标准溶液中苯、甲苯等物质的含量,此液为储备液。用前再用二硫化碳将储备液分别稀释为不同含量的标准溶液。

用微量注射器取 5μL 标准溶液,每个标准溶液注射 3 次,以浓度 mg/0.5mL 对峰面积或峰高做图,绘制标准曲线。

4.样品分析

将已采样后的活性炭管的玻璃毛取出弃去。把第一部分活性炭移入具塞试管中。把隔开活性炭用的泡沫塑料取出弃去,第二部分的活性炭移入另一个具塞试管中。上述两具塞试管中分别加入 0.5mL 二硫化碳,放置 30min,随时摇动,分析时以二硫化碳定容至 0.5mL。同时作空白管的解吸。

取 5μL 样品和空白试液进行色谱分析,每个样品做 3 次平行实验。

5.解吸效率的测定

由于在一定条件下,每种化合物在活性炭上的解吸效率受多种因素影响,如实验室的不同、活性炭的批号不同等,所以对有机物的吸附和解吸效率也是不同的。因此,在计算样品含量时应考虑被测物质在活性炭上的解吸效率。

测定解吸效率时,将 6 份 100mg 活性炭分别于具塞试管中,此活性炭必须与采样所用的为同一批。将以上的 6 支试管分为 3 组,分别加入 0.5mL 高、中、低含量的标准溶液。中等含量的应为相当于最高容许浓度的标准溶液,放置 30min,随时摇动。按照标准溶液操作用同一支微量注射器进样求出峰面积(B);同时取 100mg 活性炭,加入 0.5mL 二硫化碳作为解吸空白,其他操作相同,求出峰面积(C)。以上操作是根据标准溶液中剩余的被测物质的量大致等于活性炭上所解吸的被测物的量的原理而进行的。

按下式分别计算高、中、低含量被测物时平均解吸效率:

$$解吸效率 = \frac{B-C}{A} \tag{3-26}$$

式中:A 为被测物的峰面积。

以平均解吸效率对含量做图,绘制解吸效率曲线备用。注意,平均解吸效率应在实际测定前测定出。

(五)计算

空气中苯系物蒸气浓度计算公式为

$$X = \frac{C}{DV_0} \times 1\,000 \tag{3-27}$$

式中:X 为空气中苯系物蒸气的浓度,mg/m^3;C 为由标准曲线上查出的被测物的含量,$mg/0.5mL$;D 为解吸效率;V_0 为换算成标准状况下的采样体积,L。

(六)注意事项

(1)本法同样适用于空气中丙酮、苯乙烯、乙酸乙酯、乙酸丁酯、乙酸戊酯的测定。

(2)分析时可根据色谱仪的条件进行设置,色谱柱采用毛细管柱时,需要注意进样量等。

(七)实验结果讨论

(1)试述气相色谱法的分离原理。

(2)试述 FID 检测器的检测原理。

(3)为什么以吸附－解吸法测定空气中的有机物蒸气时,需要事先测定被测物的吸附率或解吸率?

(4)以气相色谱法测定空气中的苯系物,除了可采用本方法所述的分析方式外,还可以采用什么方式测定?

第五节 土壤监测实验技术

一、土壤中重金属镉的测定

(一)实验目的和要求
掌握原子吸收分光光度法原理及测定镉的技术。

(二)原理
土壤样品用 $HNO_3 - HF - HClO_4$ 或 $HCl - HNO_3 - HF - HClO_4$ 混酸体系消化后,将消解液直接喷入空气－乙炔火焰。在火焰中形成的 Cd 基态原子蒸气对光源发射的特征电磁辐射产生吸收。测得试液吸光度扣除全程序空白吸光度,从标准曲线查得 Cd 含量。计算土壤中 Cd 含量。

该方法适用于高背景土壤(必要时应消除基体元素干扰)和受污染土壤中 Cd 的测定。方法检出限范围为 $0.05\sim2mg/kg$。

(三)仪器
(1)原子吸收分光光度计,空气－乙炔火焰原子化器,镉空心阴极灯。

(2)仪器工作条件:

测定波长 228.8nm;

通带宽度 1.3nm;

灯电流 7.5mA;

火焰类型空气－乙炔,氧化型,蓝色火焰。

(四)试剂
(1)盐酸:特级纯。

(2)硝酸:特级纯。

(3)氢氟酸:优级纯。

(4)高氯酸:优级纯。

(5)镉标准储备液:称取 0.500 0g 金属镉粉(光谱纯),溶于 25mL(1 + 5)HNO_3(微热溶解)。冷却,移入 500mL 容量瓶中,用蒸馏去离子水稀释并定容。此溶液每毫升含 1.0mg镉。

(6)镉标准使用液:吸取 10.0mL 镉标准储备液于 100mL 容量瓶中,用水稀至标线,摇匀备用。吸取 5.0mL 稀释后的标液于另一 100mL 容量瓶中,用水稀至标线即得每毫升含 5μg 镉的标准使用液。

(五)测定步骤

1.土样试液的制备

称取 0.5～1.000g 土样于 25mL 聚四氟乙烯坩埚中,用少许水润湿,加入 10mLHCl,在电热板上加热(＜450℃)消解 2h;然后加入 15mLHNO$_3$,继续加热至溶解物剩余约 5mL 时,再加入 5mLHF 并加热分解除去硅化合物;最后加入 5mLHClO$_4$ 加热至消解物呈淡黄色时,打开盖,蒸至近干。取下冷却,加入(1 + 5)HNO$_3$ 1mL 微热溶解残渣,移入 50mL 容量瓶中,定容。同时进行全程序试剂空白实验。

2.标准曲线的绘制

吸取镉标准使用液 0、0.50、1.00、2.00、3.00、4.00mL 分别于 6 个 50mL 容量瓶中,用 0.2％HNO$_3$ 溶液定容、摇匀。此标准系列分别含镉 0、0.05、0.10、0.20、0.30、0.40μg/mL。测其吸光度,绘制标准曲线。

3.样品测定

(1)标准曲线法:按绘制标准曲线条件测定试样溶液的吸光度,扣除全程序空白吸光度,从标准曲线上查得镉含量。计算公式如下:

$$镉(mg/kg) = \frac{m}{W} \tag{3-28}$$

式中:m 为从标准曲线上查得镉含量,μg;W 为称量土样干重量,g。

(2)标准加入法:取试样溶液 5.0mL 分别于 4 个 10mL 容量瓶中,依次分别加入镉标准使用液(5.0μg/mL)0、0.50、1.00、1.50mL,用 0.2％HNO$_3$ 溶液定容,设试样溶液镉浓度为 C_x,加标后试样浓度分别为 $C_x + 0、C_x + C_s、C_x + 2C_s、C_x + 3C_s$,测得之吸光度分别为 $A_x、A_1、A_2、A_3$。绘制 $A - C$ 曲线,所得曲线不通过原点,其截距所反映的吸光度正是试液中待测镉离子浓度的响应。外延曲线与横坐标相交,原点与交点的距离即为待测镉离子的浓度。结果计算方法同上。

(六)注意事项

(1)土样消化过程中,最后除 HClO$_4$ 时必须防止将溶液蒸干。不慎蒸干时 Fe、Al 盐可能形成难溶的氧化物而包藏镉,使结果偏低。注意无水 HClO$_4$ 会爆炸!

(2)镉的测定波长为 228.8nm,该分析线处于紫外光区,易受光散射和分子吸收的干扰,特别是在 220.0～270.0nm 之间,NaCl 有强烈的分子吸收,覆盖了 228.8nm 线。另外,Ca、Mg 的分子吸收和光散射也十分强。这些因素皆可造成镉的表观吸光度增大。为消除基体干扰,可在测量体系中加入适量基体改进剂,如在标准系列溶液和试样中分别加入 0.5gNaNO$_3$·6H$_2$O。此法适用于测定土壤中含镉量较高和受镉污染土壤中的镉含量。

(3)高氯酸的纯度对空白值的影响很大,直接关系到测定结果的准确度,因此必须注意全过程空白值的扣除,并尽量减少加入量以降低空白值。

二、土壤有机质含量的测定

(一)目的

本实验所指的有机质是土壤有机质的总量,包括半分解的动植物残体,微生物生命活动的各种产物及腐殖质,另外还包括少量能通过 0.25mm 筛孔的未分解的动植物残体。如果要测定土壤腐殖质含量,则样品中的植物根系及其他有机残体应尽可能地去除。

(二)方法原理

用一定量的氧化剂(重铬酸钾－硫酸溶液)氧化土壤中的有机碳,剩余的氧化剂用还原剂(硫酸亚铁铵或硫酸亚铁)滴定,这样可从消耗的氧化剂数量计算出有机碳的含量。本方法只能氧化 90% 的有机碳,故测得的有机碳含量要乘以校正系数 1.1。

氧化及滴定时的化学反应如下:

$$2K_2Cr_2O_7 + 3C + 8H_2SO_4 \rightarrow 2K_2SO_4 + 2Cr_2(SO_4)_3 + 3CO_2 + 8H_2O$$

$$2K_2Cr_2O_7 + 6FeSO_4 + 7H_2SO_4 \rightarrow 2K_2SO_4 + Cr_2(SO_4)_3 + 3Fe_2(SO_4)_3 + 7H_2O$$

(三)试剂

(1)0.4N 重铬酸钾－硫酸溶液。称取化学纯重铬酸钾 20.00g,溶于 500mL 蒸馏水中(必要时可加热溶解),冷却后,缓缓加入化学纯浓硫酸 500mL 于重铬酸钾溶液中,并不断搅动,冷却后定容至 1 000mL,储于棕色试剂瓶中备用。

(2)0.2N 硫酸亚铁铵或硫酸亚铁溶液。称取化学纯硫酸亚铁铵((NH$_4$)$_2$SO$_4$·FeSO$_4$·6H$_2$O)80g 或硫酸亚铁(FeSO$_4$·7H$_2$O)56g,溶于 500mL 蒸馏水中,加 6N 硫酸 30mL 或搅拌至溶解,然后再加蒸馏水稀释至 1L,储于棕色瓶中。此溶液的准确浓度以 0.100 0N 重铬酸钾的标准溶液标定。

(3)0.100 0N 重铬酸钾标准溶液。准确称取分析纯重铬酸钾(在 130℃ 下烘 2h)4.903 3g,以少量蒸馏水溶解,然后慢慢加入浓硫酸 70mL,冷却后移入 1 000mL 容量瓶,定容至刻度,摇匀备用(其中含硫酸的浓度约 2.5N)。

(4)菲啰啉(又称邻菲啰啉或二氮杂菲)指示剂。称取此指示剂 1.49g 溶于含有 0.70g FeSO$_4$·7H$_2$O 或 1.0g(NH$_4$)$_2$SO$_4$·FeSO$_4$·6H$_2$O 和 100mL 水溶液中。此指示剂易变质,应密闭保存于棕色瓶中。

(四)操作步骤

准确称取通过 0.25mm 筛孔的土样 0.100 0~0.500 0g,土样数量视有机质含量多少而定。有机质含量大于 5% 的称土样 0.2g 以下,4%~5% 的称 0.3~0.2g,3%~4% 的称 0.4~0.3g,2%~3% 的称 0.5~0.4g,小于 2% 则称 0.5g 以上。由于土样数量少,为了减少称样误差,最好用减量法。将土样放入干燥的硬性试管中,用移液管准确加入 0.4N 的重铬酸钾－硫酸溶液 10mL(先加入 3mL,摇动试管,使溶液与土混匀,然后再加其余的 7mL),在试管上套一小漏斗,以冷凝蒸出的水汽,把试管放入铁丝笼中。

将装有试管的铁丝笼(每笼应有 1~2 个试管做空白实验,用灼烧过的土壤代替土样,其他手续均相同)放入温度为 185~190℃ 的油浴锅中(也可用石蜡油、磷酸代替菜油),要求放入后油浴锅温度下降至 170~180℃,以后必须控制温度在 170~180℃,当试管内液体开始沸腾(溶液表面开始翻动,有较大的气泡发生)时计时,缓缓煮沸 5min,取出铁丝笼,稍冷,用纸擦净试管外部的油液。

等试管冷却后,将试管内溶液倒入 250mL 三角瓶中,用蒸馏水洗净试管内部及小漏斗的内部,洗涤液均冲洗至三角瓶中,最后总的体积一般为 60~70mL。滴加 3~4 滴邻菲啰啉指示剂,此时溶液为橙黄色,用已标定过的硫酸亚铁溶液滴定,溶液由橙黄色经过绿色突变到砖红色即为终点。

(五)结果计算

根据前面所述的反应式,1毫克当量的重铬酸钾相当于3mg碳(1毫克当量的碳),按有机质平均含碳58%作为计算标准,在求得碳的含量乘以系数1.724和校正系数1.1,即得有机质含量。计算公式如下:

$$土壤有机物(\%) = \frac{(V_1 - V_2) \times N \times 0.003 \times 1.724 \times 1.1}{烘干土重} \times 100\% \tag{3-29}$$

式中:V_1为滴定空白时用去的还原剂毫升数;V_2为滴定土壤样品时用去的还原剂毫升数;0.003为1毫克当量碳所相当的克数;N为还原剂的当量浓度;1.1是因为有机碳只能被氧化90%而需乘的校正系数;1.724为从碳含量换算成有机质含量的系数。

(六)注意事项

(1)在消煮后,溶液仍须为黄棕色或黄中稍带绿色,如颜色变绿,则表明样品用量过多,重铬酸钾用量不足,有机碳氧化不完全,需要重做。

(2)对于水稻土及一些长期渍水的土壤,由于土壤中含有亚铁,会使测定结果偏高,因为在这种情况下,重铬酸钾不仅氧化了有机碳,而且也氧化了土壤中的亚铁,须将土磨碎后摊平风干10天,使亚铁充分氧化为高铁后再测定。

(3)在含氯化物的盐渍土中,测定结果也较高,因氯离子被氧化成氯分子。可加入硫酸银0.1g,使氯离子沉淀为氯化银,避免氯离子的干扰作用。

第六节　固体废物监测实验技术

一、固体废物的易燃性鉴别实验

(一)实验目的

鉴别易燃性的方法是测定闪点。闪点较低的液态状废物和燃烧剧烈而持续的非液态状废物,由于摩擦、吸湿、点燃等自发的化学变化会发热、着火,或可能由于它的燃烧引起对人体或环境的危害。本实验的目的是使学生掌握通过测定闪点鉴别固体废物易燃性的方法。

(二)实验方法

闭口杯法。

(三)实验仪器及实验试剂

采用闭口闪点测定仪,常用的配套仪器有温度计和防护屏。

(1)温度计:闭口闪点用1号温度计(-30~170℃)或闭口闪点用2号温度计(100~300℃)。

(2)防护屏:用镀锌铁皮制成,高度550~650mm,宽度以适用为度,屏身内壁应漆成黑色。

(四)实验步骤

1.实验准备

(1)试样的水分超过 0.05% 时,必须脱水。脱水处理是在试样中加入新煅烧并冷却的食盐、硫酸钠或无水氯化钙进行的,试样闪点估计低于 100℃ 时不必加温,闪点估计高于 100℃ 时,可以加热到 50～80℃。脱水后,取试样的上层澄清部分供实验用。

(2)油杯要用无铅汽油洗涤,再用空气吹干。

(3)试样注入油杯时,试样和油杯的温度都不应该高于试样脱水的温度。试样要装满到环状标记处,然后盖上清洁、干燥的杯盖,插入温度计,并将油杯放在空气浴中。实验闪点低于 50℃ 的试样时,应预先将空气浴冷却到室温,即(20±5)℃。

(4)将点火器的灯芯或煤气引火点燃,并将火焰调整到接近球形,使其直径达到 3～4mm 为宜。使用灯芯的点火器之前,应向其中加入轻质润滑油(缝纫机油、变压器油等)作为燃料。

(5)闪点测定器要放在避风后或较暗的地点,以便于观察闪火。为了更有效地避免气流和光线的影响,闪点测定器应围着防护屏。

(6)用检定过的气压计,测出实验时的实际大气压。

2.闪点测定

(1)按标准要求加热试样至一定温度。

(2)停止搅拌,每升高 1℃ 点火一次。

(3)试样上方刚出现蓝色火焰时,立即读出温度计上的温度值,该值即为测定结果。

3.注意事项

(1)用煤气灯或带变压器的电热装置加热时,应注意下列事项:①实验闪点低于 50℃ 的试样加热时,从实验开始到结束要不断地进行搅拌,并使试样温度每分钟升高 1℃。②实验闪点高于 50℃ 的试样加热时,开始加热速度要均匀上升,并定期进行搅拌;到预计闪点前 40℃ 时,调整加热速度,使在预计闪点前 20℃ 时升温速度能控制在每分钟升高 2～3℃,并要不断进行搅拌。

(2)试样温度到达预期闪点 10℃ 时,对于闪点低于 50℃ 的试样每经 1℃ 进行点火实验;对于闪点高于 50℃ 的试样,每经 2℃ 进行点火实验。

(3)试样在实验期间都要转动搅拌器进行搅拌,只有在点火时才停止搅拌。点火时,打开盖孔 1s。如果看不到闪火,就继续搅拌试样,并按本条的要求重复进行点火实验。

(4)在试样上方最初出现蓝色火焰时,立即从温度计读出温度作为闪点的测定结果。得到最初闪火之后,立即按照上一条进行点火实验,应能继续闪火。在最初闪火之后如果再进行点火却看不到闪火,应更换试样重新实验;只有重复实验的结果依然如此,才能认为测定有效。

(5)大气压力对闪点影响的修正。大气压力高于 1.03×10^5 Pa 时,实验所得的闪点按下式修正(计算到 1℃)。

$$t_0 = t + A_t \qquad (3\text{-}30)$$

式中: t_0 为在 1.01×10^5 Pa 时的闪点,℃; t 为在测定压强下的闪点,℃ ; A_t 为修正系数, $A_t = 0.034\,5 \times (1.01 \times 10^5 - P)$, P 为大气压。

4.数据处理及报告

连续测定的两个平行样品的结果,其差值不应超过5℃;否则应进行第三次或第四次测定。以最低数值报告实验结果。

5.补充说明

(1)在常温下呈固态,在稍高温度下呈流态状的物料,仍可使用上述方法测定燃点。

(2)对污泥状样品,可取上层试样和搅动均匀的试样分别测量,以闪点较低者计。

(3)对于在较高温度下仍呈固态的废物,可以参考反应性废物摩擦感度实验的方法进行鉴别。

(五)讨论

(1)本实验中防护屏有何作用?

(2)大气压力高于$1.03\times10^5 Pa$时,如何对闪点进行修正?

(3)易燃性鉴别实验的要点有哪些?

二、固体废物腐蚀性鉴别实验

(一)实验目的和意义

腐蚀性废物会腐蚀损伤接触部位的生物细胞组织,也会腐蚀盛装容器造成泄漏,从而引起危害和污染。本实验的目的在于用pH玻璃电极法(pH值的测定范围为0～14)测定废物的pH值,以鉴别其腐蚀性。本实验方法适用于固态、半固态固体废物的浸出液和高浓度液体的pH值的测定。

(二)实验方法

测定方法有两种:一种是测定pH值;另一种是测在55.7℃以下对钢制品的腐蚀率。这里只介绍pH值的测定。

(三)实验原理

用玻璃电极为指示电极,饱和甘汞电极为参比电极组成电池。在25℃条件下,氢离子活度将变化10倍,使电动势偏移59.16mV。许多pH计上有温度补偿装置,可以校正温度的差异。为了提高测定的准确度,校准仪器选用的标准缓冲溶液的pH值应与试样的pH值接近。消除干扰方法如下:

(1)当废物浸出液的pH值大于10时,钠差效应对测定有干扰,宜用低(消除)钠差电极,或者用与浸出液的pH值接近的标准缓冲溶液对仪器进行校正。

(2)电极表面被油脂或者粒状物质玷污会影响电极的测定,可用洗涤剂清洗,或用(1+1)盐酸溶液除尽残留物,然后用蒸馏水冲洗干净。

(3)由于在不同温度下电极的电势输出不同,温度变化也会影响到样品的pH值。因此,必须进行温度补偿。温度计与电极应同时插入待测溶液中,在报告测定的pH值时同时报告测定时的温度。

(四)实验仪器及材料

(1)混合容器:容积为2L的带密封塞的高压聚乙烯瓶。

(2)振荡器:往复式水平振荡器。

(3)过滤装置:市售成套过滤器,纤维滤膜孔径为$0.45\mu m$。

(4)蒸馏水或去离子水。

(5)pH计:各种型号的pH计或离子活度计,精度±0.02pH单位。

(6)玻璃电极:消除钠差电极。

(7)参比电极:甘汞电极、银/氯化银电极或者其他具有固定电势的参比电极。

(8)磁力搅拌器,以及用聚四氟乙烯或者聚乙烯等塑料包裹的搅拌棒。

(9)温度计或有自动补偿功能的温度敏感元件。

(10)试剂:一级标准缓冲剂的盐,在很高准确度的场合下使用。由这些盐制备的缓冲溶液需用低电导的、不含二氧化碳的水,而且这些溶液至少每月更换一次。二级标准缓冲溶液,可用国家认可的标准pH缓冲溶液,用低电导率(低于$2\mu S/cm$)并除去二氧化碳的水配制。

(五)实验步骤

1.浸出液的准备

(1)称取100g试样(以干重计,固体试样风干、磨碎后应能通过5mm的筛孔),置于浸取用的混合容器中,加水1L(包括试样的含水量)。

(2)将浸取用的混合容器垂直固定在振荡器上,振荡频率调节为(110±10)次/min,振幅为40mm,在室温下振荡8h,静置16h。

(3)通过过滤装置分离固液相,滤后立即测定滤液的pH值。如果固体废物中固体的含量小于0.5%,则不经过浸出步骤,直接测定溶液的pH值。

2.pH值的测定方法

(1)按仪器的使用说明书做好测定的准备。

(2)如果样品和标准缓冲溶液的温差大于2℃,测量的pH值必须校正。可通过仪器带有的自动或手动补偿装置进行,也可预先将样品和标准溶液在室温下平衡达到同一温度。记录测定的结果。

(3)宜选用与样品的pH值相差不超过2个pH单位的两个溶液(两者相差3个pH单位)校准仪器。用第一个标准溶液定位后,取出电极,彻底冲洗干净,并用滤纸吸去水分,再浸入第二个标准溶液进行校核。校核值应在标准的允许范围内,否则就该检查仪器、电极或校准溶液是否有问题。当校核无问题时,方可测定样品。

(4)如果现场测定含水量高、呈流态状的稀泥或浆状物料(如稀泥、薄浆等)等的pH值,则电极可直接插入样品,其深度适当并可移动,保证有足够的样品通过电极的敏感元件。

(5)对黏稠状物料应先离心或过滤后,测其溶液的pH值。

(6)对粉、粒、块状物料,取其浸出液进行测定。将样品或标准溶液倾倒入清洁烧杯中,其液面应高于电极的敏感元件,放入搅拌子,将清洁干净的电极插入烧杯中,以缓和、固定的速率搅拌或摇动使其均匀,待读数稳定后记录其pH值。重复测定2~3次直到其pH值变化小于0.1pH单位。

(六)数据处理与报告

(1)每个样品至少做3个平行实验,其标准差不超过±0.15pH单位,取算术平均值报告实验结果。

(2)当标准差超过规定范围时,必须分析并报告原因。

(3)此外,还应说明环境温度、样品来源、粒度级配、实验过程的异常现象,以及特殊情况下实验条件的改变及原因等。

(七)注意事项

(1)可用复合电极。新的、长期未使用的复合电极或玻璃电极在使用前应在蒸馏水中浸泡 24h 以上。用毕冲洗干净,浸泡在水中。

(2)甘汞电极的饱和氯化钾液面必须高于汞体,并有适量氯化钾晶体存在,以保证氯化钾溶液的饱和。使用前必须先拔掉上孔胶塞。

(3)每次测定样品之前应充分冲洗电极,并用滤纸吸去水分,或用试样冲洗电极。

(八)讨论

(1)pH 计进行溶液 pH 值测量过程中,有哪些因素会影响测量的结果? 可以采取哪些措施来减少或消除实验误差?

(2)如果固体废物中固体的含量小于 0.5% 时,如何鉴别其腐蚀性?

第七节　噪声监测

一、环境噪声测定

(一)实验目的和要求

掌握声级计的使用方法和环境噪声的监测技术。

(二)测量条件

(1)天气条件要求在无雨无雪的时间,声级计应保持传声器膜片清洁,风力在三级以上必须加风罩(以避免风噪声干扰),五级以上大风应停止测量。

(2)使用仪器为普通声级计,事先应仔细阅读使用说明书。

(3)手持仪器测量,传声器要求距离地面 1.2m。

(三)测定步骤

(1)将学校(或某一地区)划分为 25m×25m 的网格,测量点选在每个网格的中心,若中心点的位置不宜测量,可移到旁边能够测量的位置。

(2)每组三人配置一台声级计,顺序到各网点测量,时间从 8:00～17:00,每一网格至少测量 4 次,时间间隔尽可能相同。

(3)读数方式用慢挡,每隔 5s 读一个瞬时 A 声级,连续读取 200 个数据。读数同时要判断和记录附近主要噪声来源(如交通噪声、施工噪声、工厂或车间噪声、锅炉噪声等)和天气条件。

(四)数据处理

环境噪声是随时间而起伏的无规律噪声,因此测量结果一般用统计值或等效声级来表示,本实验用等效声级表示。

将各网点每一次的测量数据(200 个)顺序排列找出 L_{10}、L_{50}、L_{90},求出等效声级 L_{eq},再将该网点一整天的各次 L_{eq} 值求出算术平均值,作为该网点的环境噪声评价量。

以 5dB 为一等级,用不同颜色或阴影线绘制学校(或某一地区)噪声污染图。
噪声污染图中各噪声带颜色和阴影线表示方法见表 3-20。

表 3-20　各噪声带颜色和阴影线表示方法

噪声带(dB)	颜色	阴影线
35 以下	浅绿色	小点,低密度
36~40	绿色	中点,中密度
41~45	深绿色	大点,高密度
46~50	黄色	垂直线,低密度
51~55	褐色	垂直线,中密度
56~60	橙色	垂直线,高密度
61~65	朱红色	交叉线,低密度
66~70	洋红色	交叉线,中密度
71~75	紫红色	交叉线,高密度
76~80	蓝色	宽条垂直线
81~85	深蓝色	全黑

(五)注意事项

(1)声级计的品种很多,事先应仔细阅读使用说明书。

(2)目前大多声级计具有数据自动整理功能,作为练习,希望能记录数据后进行手工计算。

二、交通噪声监测

(一)实验目的和要求

掌握声级计的使用方法和交通噪声的监测技术。

(二)测量条件

(1)测量仪器为积分声级计或噪声自动监测仪,其性能应符合 GB3785《声级计的电、声性能及测试方法》和 GB/T17181《积分平均声级计》对Ⅱ型仪器的要求。

(2)测量仪器和校准仪器应定期检定确保合格,并在有效使用期限内使用;每次测量前、后必须在测量现场进行声学校准,其前、后校准值相差不得大于 0.5dB,否则测量无效。

(3)测量应在无雨、无雪、风力低于 4 级(风速为 5.5m/s)的气象条件下进行,测量时传声器加风罩。

(三)测定步骤

在每两个交通路口之间的交通线上选择一个测点,测点在马路边人行道上,离马路20cm,这样的点可代表两个路口之间的该段道路的交通噪声。

测量时每隔5s记一个瞬时A声级(慢响应),连续记录200个数据。测量的同时记录交通流量(机动车)。测量结果按表3-21格式填写。

表3-21 公路交通噪声监测记录

仪器名称、型号_____ 仪器编号_____

仪器校正值,测量前_____dB、测量后_____dB

天气状况_____风力(速)风向___ 气温___℃

测点编号	测点名称	路标桩号	方位	距路肩距离(m)	距公路红线距离(m)	路面相对高度(m)	测量时间	车流量(辆/h)			合计		测量值(dB)				
								大型	中型	小型	I	II	L_{eq}	L_{max}	L_{10}	L_{50}	L_{90}
备注																	

测量人员　　　　　复核　　　　审核　　　　年　月　日　　　共　　页

第　　页

(四)数据处理

将200个测量数据按顺序排列,找出 L_{10}、L_{50}、L_{90},求出等效声级 L_{eq}。

第四章 水污染控制工程实验理论与技术

第一节 概 述

水污染控制工程是环境工程专业的一门重要学科,是建立在实验基础上的科学,许多处理方法、处理设备的设计参数和操作运行方式的确定,都需要通过实验解决。例如,采用塔式生物滤池处理某种工业废水时,需要通过实验测定负载率、回流比、滤池高度等工艺参数才能较合理地进行工程设计。

水污染控制工程实验是水污染控制工程的重要组成部分,是科研和工程技术人员解决水和污水处理中各种问题的一个重要手段。通过实验研究可以解决下述问题。

(1)掌握污染物在自然界的迁移转化规律,为水环境保护提供依据。

(2)掌握污水处理过程中污染物去除的基本规律,以改进和提高现有的处理技术及设备。

(3)开发新的水处理技术和设备。

(4)实现水处理的优化设计和优化控制。

(5)解决水处理技术开发中的其他有关问题。

一、实验的教学目的

实验教学是使学生理论联系实际,培养学生观察问题、分析问题和解决问题能力的一个重要方面。本课程的教学目的如下:

(1)加深学生对基本概念的理解,巩固新的知识。

(2)使学生了解如何进行实验方案的设计,并初步掌握水污染控制实验研究方法和基本测试技术。

(3)通过实验数据的整理使学生初步掌握数据分析处理技术,包括如何收集实验数据、如何正确地分析和归纳实验数据、如何运用实验成果验证已有的概念和理论等。

为了更好地实现教学目的,使学生学好本门课程,下面简单介绍实验研究工作的一般程序。

(一)提出问题

根据已经掌握的知识,提出打算验证的基本概念或探索研究的问题。

(二)设计实验方案

研究实验目标,要根据人力、设备、药品和技术能力等方面的具体情况进行实验方案的设计。实验方案应包括实验目的、装置、步骤、计划、测试项目和测试方法等内容。

(三)实验研究

(1)根据设计好的实验方案进行实验,按时进行测试。

(2)收集实验数据。

(3)定期整理分析实验数据。

实验数据的可靠性和定期整理分析是实验工作的重要环节,实验者必须经常用已掌握的基本概念分析实验数据。通过数据分析加深对基本概念的理解,并发现实验设备、操作运行、测试方法和实验方向等方面的问题,以便及时解决,使实验工作能较顺利地进行。

(4)实验小结。

通过实验数据的系统分析,对实验结果进行评价。小结的内容包括以下几个方面:①通过实验掌握了哪些新的知识;②是否解决了提出研究的问题;③是否证明了文献中的某些论点;④实验结果是否可用以改进已有的工艺设备和操作运行条件,或设计新的处理设备;⑤当实验数据不合理时,应分析原因,提出新的实验方案。

由于受课程学时等条件限制,学生只能在已有的实验装置和规定的实验条件范围内进行实验,并通过本课程的学习得到初步的培养和训练,为今后从事实验研究和进行科学实验打好基础。

二、实验的教学要求

(一)课前预习

为了完成好每个实验,学生的课前必须认真阅读实验教材,清楚地了解实验项目的目的要求、实验原理和实验内容,写出简明的预习提纲。预习提纲包括:①实验目的和主要内容;②需测试项目的测试方法;③实验中应注意事项;④准备好实验记录表格。

(二)实验设计

实验设计是实验研究的重要环节,是获得满足要求的实验结果的基本保障。在实验教学中,宜将此环节的训练放在部分实验项目完成后进行,以达到使学生掌握实验设计方法的目的。

(三)实验操作

学生实验前应仔细检查实验设备、仪器仪表是否完整齐全。实验时要严格按照操作规程认真操作,仔细观察实验现象,精心测定实验数据,并详细填写实验记录。实验结束后,要将实验设备和仪器仪表恢复原状,将周围环境整理干净。学生应注意培养自己严谨的科学态度,养成良好的工作学习习惯。

(四)实验数据处理

通过实验取得大量数据以后,必须对数据作科学整理分析,去伪存真,去粗取精,以得到正确可靠的结论。

(五)编写实验报告

将实验结果整理编写成一份实验报告,是实验教学必不可少的组成部分。这一环节的训练可为今后写好科学论文或科研报告打下基础。实验报告内容包括:①实验目的;②实验原理;③实验装置和方法;④实验数据和数据整理结果;⑤实验结果讨论。

对于科研论文,最后还要列出参考文献。实验教学的实验报告,参考文献一项可省略。实验报告的重点放在实验数据处理和实验结果的讨论。

第二节　水污染控制工程实验理论与技术

实验一　混凝实验

(一)实验目的

分散在水中的胶体颗粒带有电荷,同时在布朗运动及其表面水化作用下,长期处于稳定分散状态,不能用自然沉淀方法去除。向这种水中加混凝剂后,可以使分散颗粒相互结合聚集增大,从水中分离出来。

由于各种原水有很大差别,混凝效果不尽相同。混凝剂的混凝效果不仅取决于混凝剂投加量,同时还取决于水的 pH 值、水流速度梯度等因素。

通过本实验希望达到下述目的:

(1)学会求得一般天然水体最佳混凝条件(包括投药量、pH 值、水流速度梯度)的基本方法。

(2)加深对混凝机理的理解。

(二)实验原理

胶体颗粒(胶粒)带有一定电荷,它们之间的电斥力是影响胶体稳定性的主要因素。胶粒表面的电荷值采用电动电位 ξ 来表示,又称为 Zeta 电位。Zeta 电位的高低决定了胶体颗粒之间斥力的大小和影响范围。

Zeta 电位的测定,可通过在一定外加电压下带电颗粒的电泳迁移率计算:

$$\xi = \frac{K\lambda\eta\mu}{HD} \tag{4-1}$$

式中:ξ 为 Zeta 电位值,mV;K 为微粒开头系数,对于圆球体 $K = 6$;λ 为系数,取 3.141 6;η 为水的黏度,Pa·s,此取 $\eta = 10^{-1}$Pa·s;μ 为颗粒电泳迁移率[$\mu m/(s \cdot V \cdot cm)$];$H$ 为电场强度梯度,V/cm;D 为水的介电常数,$D_水 = 81$。

Zeta 电位值尚不能直接测定,一般是利用外加电压下追踪胶体颗粒经过一个测定距离的轨迹,以确定电泳迁移率值,再经过计算得出 Zeta 单位,电泳迁移率用下式进行计算:

$$\mu = \frac{GL}{VT} \tag{4-2}$$

式中:G 为分格长度,μm;L 为电泳槽长度,cm;V 为电压,V;T 为时间,s。

一般天然水中胶体颗粒的 Zeta 电位约在 -30mV 以上,投加混凝剂后,只要该电位降到 -15mV 左右即可得到较好的混凝效果。相反,当 Zeta 电位降到零,往往不是最佳混凝状态。

投加混凝剂的多少,直接影响混凝效果。投加量不足不可能有很好的混凝效果。同样,如果投加的混凝剂过多也未必能得到好的混凝效果。水质是千变万化的,最佳的投药量各不相同,必须通过实验方可确定。

在水中投加混凝剂如 $Al_2(SO_4)_3$、$FeCl_3$ 后,生成的 $Al(Ⅲ)$、$Fe(Ⅲ)$ 化合物对胶体的脱

稳效果不仅受投加的剂量、水中胶体颗粒的浓度影响,还受水的 pH 值大小影响。如果 pH 值过低(小于 4),则混凝剂水解受到限制,其化合物中很少有高分子物质存在,絮凝作用较差。如果 pH 值过高(大于 9~10),它们就会出现溶解现象,生成带负电荷的络合离子,也不能很好发挥絮凝作用。

投加了混凝剂的水中,胶体颗粒脱稳后相互聚结,逐渐变成大的絮凝体,这时,水流速度梯度 G 值的大小起着主要作用。在混凝搅拌实验中,水流速度梯度 G 值可按下式计算:

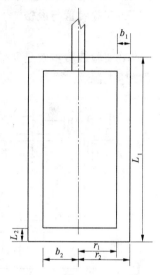

$$G = \sqrt{\frac{P}{\mu V}} \qquad (4-3)$$

式中:P 为搅拌功率,J/s;μ 为水的黏度,Pa·s;V 为被搅动的水流体积,m³。

常用的搅拌实验搅拌桨如图 4-1 所示,搅拌功率 P 值计算方法如下:

(1)竖直桨板搅拌功率 P_1:

$$P_1 = \frac{mC_{D_1}\gamma}{8g}L_1\overline{\omega^3}(r_2^4 - r_1^4) \qquad (4-4)$$

式中:m 为竖直桨板块数,这里 m 为 2;C_{D_1} 为阻力系数,

图 4-1 搅拌桨板尺寸图

决定于桨板长宽比,见表 4-1;γ 为水的重度,kN/m³;ω 为桨板旋转角速度,rad/s,$\omega = 2\lambda n \text{ rad/min} = \frac{\lambda}{30}n \text{ rad/s}$;$n$ 为转速,r/min;L_1 为桨板长度,m;r_1 为竖直桨板内边缘半径,m;r_2 为竖直桨板外边缘半径,m。

于是得 $P_1 = 0.287\ 1C_{D_1}L_1 n^3(r_2^4 - r_1^4)$

表 4-1 阻力系数 C_D

b/L	小于 1	1~2	2.5~4	4.5~10	10.5~18	大于 18
C_D	1.10	1.15	1.19	1.29	1.40	2.00

(2)水平桨板搅拌功率 P_2:

$$P_2 = \frac{mC_{D_2}\gamma}{8g}L_2\omega^3 r_2^4 \qquad (4-5)$$

式中:m 为水平桨板块数,这里 $m = 4$;L_2 为水平桨板宽度,m;其余符号同上。

于是得

$$P_2 = 0.574\ 2C_{D_2}L_2 n^3 r_1^4$$

搅拌桨功率

$$P = P_1 + P_2 = 0.287\ 1C_{D_1}L_1 n^3(r_2^4 - r_1^4) + 0.574\ 2C_{D_2}L_2 n^3 r_1^4$$

只要改变搅拌转数 n 值,就可求出不同的功率 P 的值,由 $\sum P$ 便可求出平均速度梯

度$\overline{G}$:

$$\overline{G} = \sqrt{\frac{\sum P}{\mu V}}$$ (4-6)

式中:$\sum P$ 为不同旋转速度时的搅拌功率之和,J/s;其余符号同前。

(三)实验装置与设备

1.实验装置

混凝实验装置主要是实验搅拌机,如图 4-2 所示。搅拌机上装有电机调速设备,电源采用稳压电源。

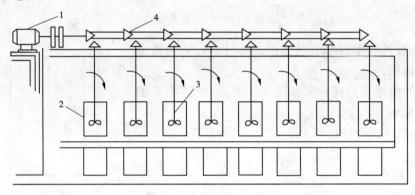

图 4-2 实验搅拌机示意图
1—电机;2—烧杯;3—搅拌桨;4—传动齿轮

2.实验设备及仪器仪表

(1)电子交流稳压器:614-C 型,1 台。

(2)接触变压器:TDGC1-1/0.5 型,1 台。

(3)光电式浊度仪:GDS-3 型,1 台。

(4)酸度计:pHS 型,1 台。

(5)磁力搅拌器:1 台。

(6)烧杯:1 000mL,8 个;200mL,8 个。

(7)量筒:1 000mL,1 个。

(8)移液管:1、2.5、10mL,各 2 支。

(9)注射针筒、温度计、秒表等。

(四)实验步骤

混凝实验分为最佳投药量、最佳 pH 值、最佳水流速度梯度三部分。在进行最佳投药量实验时,先选定一种搅拌速度变化方式和 pH 值,求出最佳投药量;然后按照最佳投药量求出混凝最佳的速度梯度。

在混凝实验中所用的实验药剂可参考下列浓度进行配制。

(1)精制硫酸铝 $Al_2(SO_4)_3 \cdot 18H_2O$:浓度 18g/L。

(2)三氯化铁 $FeCl_3 \cdot 6H_2O$:浓度 10g/L。

(3)聚合氯化铝$[Al_2(OH)_m Cl_{6-m}]_n$:浓度 10g/L。

(4)化学纯盐酸 HCl：浓度 10%。

(5)化学纯氢氧化钠 NaOH：浓度 10%。

1.最佳投药量实验步骤

(1)用 8 个 1 000mL 的烧杯，分别放下 1 000mL 原水，置实验搅拌机平台上。

(2)确定原水特征，即测定原水水样混浊度、pH 值、温度。如果有条件，测定胶体颗粒的 Zeta 电位。

(3)确定形成矾花所用的最小混凝剂量。方法是通过慢速搅拌烧杯中 200mL 原水，并每次增加 1mL 混凝剂投加量，直至出现矾花为止。这时的混凝剂量作为形成矾花的最小投加量。

(4)确定实验时的混凝剂量投加量。根据步骤(3)得出的形成矾花最小混凝剂投加量，取其 1/4 作为 1 号烧杯的混凝剂投加量，取其 2 倍作为 8 号烧杯的混凝剂投加量，用依次增加混凝剂投加量相等的方法求出 2～7 号烧杯混凝剂投加量，把混凝剂分别加入 1～8 号烧杯中。

(5)启动搅拌机，快速搅拌 0.5min，转速约 300r/min；中速搅拌 10min，转速约 100 r/min；慢速搅拌 10min，转速约 50r/min。

如果用污水进行混凝实验，污水胶体颗粒比较脆弱、搅拌速度可适当放慢。

(6)关闭搅拌机，静止沉淀 10min，用 50mL 注射针筒抽出烧杯中的上清液(共抽三次约 100mL)放入 200mL 烧杯中，立即用浊度仪测定浊度(每杯水样测定三次)，记入表 4-2 中。

2.最佳 pH 值实验步骤

(1)取 3 个 1 000mL 烧杯分别放入 1 000mL 原水，置于实验搅拌机平台上。

(2)确定原水特征，测定原水浑浊度、pH 值、温度。本实验所用原水和最佳投药量实验时相同。

(3)调整原水 pH 值，用移液管依次向 1 号、2 号、3 号、4 号装有水样的烧杯中分别加入 2.5、1.5、1.2、0.7mL 10% 浓度的盐酸。依次向 6 号、7 号、8 号装有水样的烧杯中分别加入 0.2、0.7、1.2mL 10% 浓度的氢氧化钠。

该步骤也可采用变化 pH 值的方法，即调整 1 号烧杯水样使其 pH 值等于 3，其他水样的 pH 值(从 1 号烧杯开始)依次增加一个 pH 值单位。

(4)启动搅拌机，快速搅拌 0.5min，转速约 300r/min。随后各烧杯中分别取出 50mL 水样放入三角烧杯、用 pH 仪测定各水样 pH 值，记入表 4-3 中。

(5)用移液管向各烧杯中加入相同剂量的混凝剂(投加剂量按照最佳投药量实验中得出的最佳投药量而确定)。

(6)启动搅拌机，快速搅拌 0.5min，转速约 300r/min；中速搅拌 10min，转速约 100r/min；慢速搅拌 10min，转速约 50r/min。

(7)关闭搅拌机，静置 10min，用 50mL 注射针筒抽出烧杯中的上清液(共抽三次约 100mL)放入 200mL 烧杯中，立即用浊度仪测定浊度(每杯水样测定三次)，记入表 4-3 中。

3.混凝阶段最佳速度梯度实验步骤

(1)按照最佳 pH 值实验和最佳投药量实验所得出的最佳混凝 pH 值和投药量，分别向 8 个装有 1 000mL 水样的烧杯中加入相同剂量的盐酸 HCl(或氢氧化钠 NaOH)和混凝剂,置于实验搅拌机平台上。

(2)启动搅拌机快速搅拌 1min,转速约 300r/min。随即把其中 7 个烧杯移到别的搅拌机上,1 号烧杯继续以20r/min转速搅拌 20min。其他各烧杯分别用 40r/min、60 r/min、80r/min、110r/min、140r/min、170r/min、200r/min 搅拌 20min。

(3)关闭搅拌机,静置10min,分别倒入 50mL 烧杯中,立即用浊度仪测定浊度(每杯水样测定三次),记入表4-4 中。

(4)测量搅拌桨尺寸(见图 4-1)。

注意事项:①在最佳投药量、最佳 pH 值实验中,向各烧杯投加药剂时最好同时投加,避免因时间间隔较长各水样加药后反应时间长短相差太大,混凝效果悬殊。②在最佳 pH 值实验中,用来测定 pH 值的水样仍倒入原烧杯中。③在测定水的浊度,用注射针筒抽吸上清液时,不要扰动底部沉淀物;同时,各烧杯抽吸的时间间隔尽量减小。

(五)实验结果整理

1.最佳投药量实验结果整理

(1)把原水特征、混凝剂投加情况、沉淀后的剩余浊度记入表4-2 中。

表 4-2 **最佳投药量实验记录**

第_____小组　　　姓名_____　　　实验日期_____
原水温度_____　　浊度_____　　　　pH _____原水胶体颗粒 Zeta 电位_____ mV
使用混凝剂种类、浓度_____

水样编号		1	2	3	4	5	6	7	8
混凝剂加注量 (mg/L)									
矾花形成时间 (min)									
沉淀水浊度(mg/L)	1								
	2								
	3								
	平均								
备注	1	快速搅拌			(min)	转速			(r/min)
	2	中速搅拌			(min)	转速			(r/min)
	3	慢速搅拌			(min)	转速			(r/min)
	4	沉淀时间			(min)				
	5	人工配水情况							

(2)以沉淀水浊度为纵坐标,混凝剂加注量为横坐标,绘出浊度与药剂投加量关系曲线,并从曲线中求出最佳混凝剂投加量。

2.最佳 pH 值实验结果整理

(1)把原水特征、混凝剂加注量、酸碱加注情况、沉淀水浊度记入表 4-3 中。

表 4-3　最佳 pH 值实验记录

第_____小组　　姓名_____　　实验日期_____
原水温度_____　　浊度_____　　pH _____原水胶体颗粒 Zeta 电位_____ mV
使用混凝剂种类、浓度_____

水样编号		1	2	3	4	5	6	7	8
混凝剂加注量 (mg/L)									
HCl 投加量 (mg/L)									
NaOH 投加量 (mg/L)									
pH 值									
沉淀水浊度(mg/L)	1								
	2								
	3								
	平均								
备注	1	快速搅拌		(min)	转速			(r/min)	
	2	中速搅拌		(min)	转速			(r/min)	
	3	慢速搅拌		(min)	转速			(r/min)	
	4	沉淀时间		(min)					
	5	人工配水情况							

(2)以沉淀水浊度为纵坐标,水样 pH 值为横坐标,绘出浊度与 pH 值关系曲线,从曲线上求出所投加混凝剂的混凝最佳 pH 值及其适用范围。

3.混凝阶段最佳速度实验结果整理

(1)把原水特征、混凝剂加注量、pH 值、搅拌速度记入表 4-4 中。

(2)以沉淀水浊度为纵坐标,速度梯度 G 值为横坐标,绘出浊度与 G 值关系曲线,从曲线中求出所加混凝剂混凝阶段适宜的 G 值范围。

(六)实验结果讨论

(1)根据最佳投药量实验曲线,分析沉淀水浊度与混凝剂加注量的关系。

(2)本实验与水处理实验情况有哪些差别? 如何改进?

表 4-4　混凝阶段最佳速度梯度实验记录

第＿＿＿＿小组　　　姓名＿＿＿＿＿＿　　　实验日期＿＿＿＿＿＿

原水温度＿＿＿＿＿　　浊度＿＿＿＿＿　　　pH＿＿＿＿＿原水胶体颗粒 Zeta 电位＿＿＿＿＿＿＿ mV

使用混凝剂种类、浓度＿＿＿＿＿＿＿

水样编号		1	2	3	4	5	6	7	8
混凝剂加注量 (mg/L)									
水样 pH 值									
快速搅拌									
中速搅拌									
慢速搅拌									
速度梯度 G 值(s^{-1})	快速								
	中速								
	慢速								
	平均								
沉淀水蚀度(mg/L)	1								
	2								
	3								
	平均								

实验二　自由沉淀实验

(一)实验目的

沉淀是水污染控制中用以去除水中杂质的常用方法。沉淀可分为四种基本类型,即自由沉淀、凝聚沉淀、成层沉淀和压缩沉淀。自由沉淀用以去除低浓度的离散性颗粒如砂砾、铁屑等。这些杂质颗粒的沉淀性能,一般都要通过实验测定。

本实验采用测定沉淀柱底部不同历时累计沉淀量方法,找出去除率与沉速的关系。

通过本实验希望达到下述目的:

(1)初步了解用累计沉淀量方法计算杂质去除率的原理和基本实验方法。

(2)比较该方法与累计曲线法的共同点。

(3)加深理解沉淀的基本概念和杂质的沉降规律。

(二)实验原理

若在一水深为 H 的沉淀柱内进行自由沉淀实验(见图 4-3)。实验开始时,沉淀时间为零,水样中悬浮物浓度为 C_0 mg/L,此时沉淀去除率为零。当沉淀时间为 t_1 时,能够从水面到达和通过取样口断面的颗粒沉速为 $u_{01} = \dfrac{H}{t_1}$,而分布在 h_1 高度内沉速小于 u_{01} 的颗粒也能通过取样口断面,但是 h_1 高度以上的沉速小于 u_{01} 的颗粒又平移到了 h_1 高度内,所以在 t_1 时取样所测得的悬浮物中不含有沉速大于等于 u_{01} 的颗粒。令 t_1 时取样浓度为 C_1,即得到小于沉速 $u_{01} = \dfrac{H}{t_1}$ 的悬浮物浓度为 C_1。

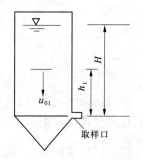

图 4-3　自由沉淀示意图(一)

$\dfrac{C_1}{C_0}$ 是沉速小于 u_{01} 的悬浮物占所有悬浮物的比例。令 $\dfrac{C_1}{C_0}$ $= p_{01}$,便可依次得到 u_{02}、p_{02}、u_{03}、p_{03},…,把 u_0、p_0 绘成曲线就得到不同沉速的累计曲线。利用 u_0 与 p_0 的关系曲线可以求出不同临界沉速的总去除率。

　　按照这样的实验方法,取样时应该取到沉淀柱整个断面,否则若只取到靠近取样口周围的部分水样,误差较大,同时绘制的 u_0 与 p_0 关系曲线应有尽量多的点。无疑这是一种非常麻烦且精度不高的方法。

　　如果把取样口移到底部(见图 4-4),直接测定累计沉泥量 W_1,则是计算总去除率的较好方法。例如,取 $t_1 = 10\text{min}$,测得底部累计沉泥量 W_1,而 W_1 与原水样中悬浮物含量 W_0 之比就是临界沉速为 $u_0 = \dfrac{H}{t_1}$ 时的总去除率。同样,这种方法也适用于凝聚沉淀,它避免了重深分析法中比较烦琐的测定、作图、计算过程。

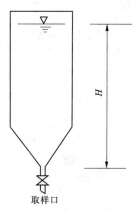

图 4-4　自由沉淀示意图(二)

　　累计沉泥量测定法的具体计算分析如下:

　　假定沉降颗粒具有同一形状的密度,由此得出两个关系式。

　　(1)颗粒沉速 u_s 与颗粒重量 m 的函数关系式:

$$m = \varphi(u_s), m = au_s^m \tag{4-7}$$

　　(2)颗粒沉速 u_s 与颗粒数目 n 的函数关系式:

$$n = \varphi(u_s), n = \frac{b}{1-\beta}u_s^{1-\beta} \tag{4-8}$$

式中:α、β、a、b 均为系数,分别与颗粒形状、密度、水的黏滞性等因素有关,其中 α、β 大于 1。

　　由式(4-7)和式(4-8)可得出水样中原始悬浮物浓度 C_0:

$$C_0 = \int m\,\mathrm{d}n = \int_0^{u_{\max}} abu_s^{\alpha-\beta}\,\mathrm{d}u = \frac{ab}{\alpha-\beta+1}u_{\max}^{\alpha-\beta+1} \tag{4-9}$$

　　水中等于大于沉速 u_s 的颗粒浓度为 $C_{\geqslant u_s}$:

$$C_{\geqslant u_s} = \int_{u_s}^{u_{\max}}\mathrm{d}u_s = \frac{ab}{\alpha-\beta+1}\left[u_{\max}^{\alpha-\beta+1} - u_1^{\alpha-\beta+1}\right] = C_0 - \frac{ab}{\alpha-\beta+1}u_s^{\alpha-\beta+1} \tag{4-10}$$

令

$$\frac{ab}{(\alpha-\beta+1)C_0} = A, \alpha-\beta+1 = B$$

则

$$C_{<u_s} = C_0 - C_{\geqslant u_s} = AC_0u_s^B \tag{4-11}$$

$$p_s = \frac{C_{<u_s}}{C_0} = Au_s^B \tag{4-12}$$

经过沉淀 t 时间,沉淀柱内残余的悬浮物含量有多少呢？应首先求出经沉淀 t 时间,沉淀柱内全部沉淀的颗粒量(即沉泥量)W_t 值。

设沉淀柱半径为 r,高为 H,$u_0 = \dfrac{H}{t}$ 为临界沉速。则

$$w_t = \int_{u_0}^{u_{max}} \lambda r^2 Hm\,\mathrm{d}n + \int_0^{u_0} \lambda h_0 m\,\mathrm{d}n$$

$$= \int_{u_0}^{u_{max}} \lambda r^2 Habu_s^{\alpha-\beta}\,\mathrm{d}u_s + \int_0^{u_0} \lambda r^2 h_0 abu_s^{\alpha-\beta}\,\mathrm{d}u_s \tag{4-13}$$

$$= \lambda r^2 H \frac{ab}{\alpha-\beta+1}(u_{max}^{\alpha-\beta+1} - u_0^{\alpha-\beta+1}) + \int_0^{u_0} \lambda r^2 abtu_s^{\alpha-\beta+1}\,\mathrm{d}n$$

上式第二项中 $h_0 = u_s t$, $t = \dfrac{H}{u_0}$

$$w_t = \lambda r^2 H \frac{ab}{\alpha-\beta+1}\left[u_{max}^{\alpha-\beta+1} - u_0^{\alpha-\beta+1} \right] \tag{4-14}$$

因为

$$\frac{ab}{\alpha-\beta+1}u_{max}^{\alpha-\beta+1} = C_0 l \quad \frac{ab}{(\alpha-\beta+1)C_0} = A, \alpha-\beta+1 = B$$

则

$$w_t = \lambda r^2 H\left(C_0 + A\frac{C_0}{1+\beta}u_0^B \right) = \lambda r^2 HC_0\left(1 - \frac{A}{1+B}u_0^B \right) \tag{4-15}$$

式中:$\lambda r^2 HC_0$ 为沉淀柱中原有(即起始时)悬浮物重量,g;$\lambda r^2 HC_0 \dfrac{A}{1+B}u_0^B$ 为经过沉淀 t 时后沉淀柱中剩余悬浮物重量,g;剩余的悬浮物量与起始时悬浮物量之比称为沉淀 t 时未去除的比例 p_t,于是得

$$p_t = \frac{A}{1+B}u_0^B \tag{4-16}$$

这样,由式(4-12)或式(4-16)均可求出 A、B 值,对于累计沉泥量测定沉淀去除率用式(4-16)较为合适。可利用不同的 p_t 值求出 A、B 值(见实验结果整理),也可用式(4-16)变换变量,得 $\lg p_t = \lg \dfrac{A}{1+B} + \beta \lg u_0$,令 $\lg p_t = y$,$\lg \dfrac{A}{1+B} = \alpha$,$\lg u_0 = x$,即得直线方程 $y = \alpha + \beta x$,用一元性回归直线后便可求得 α、β,并可求得 A 值。

沉淀柱总去除率计算式为

$$E = 1 - p_1 = 1 - \frac{A}{1+B}u_0^B$$

如果已知沉淀池表面积为 $F(\mathrm{m}^2)$、产水量 $Q(\mathrm{m}^3/\mathrm{h})$,则 $u_0 = 1.667Q/F(\mathrm{cm/min})$,总去除率为

$$E = 1 - \frac{A(1.667Q/F)^B}{1 + \beta} \qquad (4-17)$$

(三)实验装置与设备

1.实验装置

本实验由沉淀柱、高位水箱、水泵和溶液调配箱组成(见图4-5)。沉淀柱下部锥形部分与上部直筒段焊接处要光滑。实验沉淀柱自溢流孔开始向下标上刻度。水泵输水管和沉淀柱进水管均采用 dg25 白铁管。

2.实验设备与仪器仪表

(1)溶液调配水箱:塑料板焊制,长×宽×高=0.8m×0.5m×0.8m,1个。

(2)高位水箱:塑料板焊制,长×宽×高=0.6m×0.5m×0.4m,1个。

(3)水泵:$1\frac{1}{2}BA-6B$,流量 4.5～13m³/h,扬程 12.8～8.8m,1台。

(4)白铁管:dg25,8m。

(5)沉淀柱:有机玻璃制,$\phi150×1\,000$mm,1根。

(6)烘箱:1台。

(7)分析天平:1架。

(8)抽滤装置:1套。

(9)烧杯:200mL,5个。

(10)蒸馏水等。

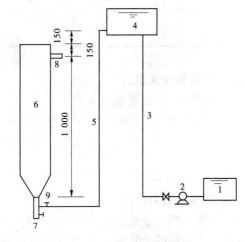

图4-5 沉淀实验装置示意图
1—溶液调配箱;2—水泵;3—水泵输水管;4—高位水箱
5—沉淀柱进水管;6—沉淀柱;7—取样口;8—溢流管
9—沉淀柱进水阀门

(四)实验步骤

本实验用测定沉淀柱底部(带有底阀)不同历时的沉泥量方法。沉泥量累计值也是累计沉淀时间内悬浮物总去除率。实验步骤如下:

(1)启动水泵,把调配好的水样送入高位水箱。

(2)测定水样悬浮物含量,取 200mL 水样过滤、烘干测重。

(3)开启沉淀柱进水阀门,待沉淀柱充满水样后,即记录沉淀实验开始时间。

(4)经过 10、20、30、…、60min 分别在锥底取样口取样一次,每次取样 50～200mL,把水样过滤烘干测重。

(五)注意事项

(1)原水样如需投加混凝剂,应投回在高位水箱内,人工搅拌 5～10min。

(2)开启底部取样口阀门时,不宜开启度过大,只要能在短时间里把沉泥排出即可。

(3)每次取样前观察水面高度 H,并记入表4-5中。

(4)如果原水样悬浮物含量较低时,可把取样间隔时间拉长。

表 4-5 自由沉淀实验记录

实验日期_____年_____月_____日

沉淀柱内径 $d =$ _____ mm　原水样悬浮物含量 $C_0 =$ _____ mg/L

取样序号	沉淀时间 t (min)	沉淀高度 H (cm)	取样体积 V (mL)	取样污泥量(干重)W_i (g)

(六)实验结果整理

(1)把实验测得数据记入表 4-5 中。

(2)根据表 4-5 实验数据进行整理计算,并把结果填入表 4-6 中。

(3)利用表 4-6 数据和式(4-16)求出沉淀去除率表达式:

$$E = 1 - \frac{A}{1 + B}u_0^B \tag{4-18}$$

(七)实验结果讨论

(1)累计沉泥量实验方法测定悬浮物去除率有什么问题? 如何改进?

(2)实验测得去除率 E 与数学计算比较误差为多少? 误差原因何在?

表 4-6 自由沉淀实验计算

实验日期_____年_____月_____日

沉淀柱水样体积_____ L,沉淀柱水样悬浮物重量(干重)_____ g

序号	累计沉淀时间 $\sum t$ (min)	平均沉淀高度 $\overline{H}$ (cm)	平均临界沉速 $\overline{\mu}_0 = \dfrac{\overline{H}}{\sum t}$ (cm/min)	累计污泥量(干重) $\sum W_i$ (g)	悬浮物去除率 $E = \dfrac{\sum W_i}{W_0}$

实验三 絮凝沉淀实验

(一)实验目的

絮凝沉淀的特点是颗粒在沉淀过程中其尺寸、质量会随深度增大而增大,因而沉速也随深度增大而增大。絮凝颗粒的沉淀轨迹是一条曲线,但难以用数学方法表达,因此要用实验室的沉淀分析来确定必要的设计参数。

通过絮凝沉淀实验希望达到下述目的:

(1)了解絮凝沉淀特点和规律。

(2)掌握絮凝沉淀实验方法和实验数据整理方法。

(二)实验原理

如图 4-6 所示,絮凝颗粒 A、B 在沉淀过程中互相碰撞后形成了新的颗粒 AB,由于其尺寸增大,故沉速 v_{AB} 明显大于 A、B 二颗粒各自的沉速 v_A 和 v_B,并沿着新的轨迹下沉。由于生产性沉淀池中水力特性的影响,实际的絮凝沉淀过程远比图 4-6 所示现象复杂。颗粒碰撞时可能有互相阻碍作用,故在絮凝期间,颗粒向下运动的同时也可能向上运动。此外,颗粒到达池底以前还可能因液流的作用被破碎。目前尚无理论公式可用以描述沉淀池中的这一复杂现象,一般是通过沉淀柱中的静态实验来确定某一指定时间的悬浮物去除率。将此实验结果用

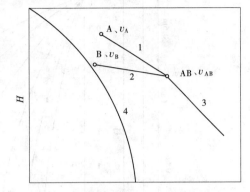

图 4-6　絮凝颗粒的沉淀轨迹示意图

1、2—颗粒 A 和 B 的沉淀轨迹,其沉速分别为 v_A 和 v_B;3—A、B 粒碰撞聚成较大颗粒 AB 后的轨迹,其沉速为 v_{AB},$v_{AB} > v_A > v_B$;4—絮凝颗粒沉淀轨迹

于生产性沉淀池设计时,为了补偿紊流短流和进出口损失的影响,埃肯费尔德(Eckenfelder)建议,根据实验选定的溢流率应除以 1.25～1.75 的系数,停留时间应乘以 1.5～2.0 的系数。

沉淀柱的不同深度设有取样口。实验时,在不同的沉淀时间,从取样口取出水样,测定悬浮物的浓度,并计算出悬浮物的去除百分率。然后将这些去除百分率点绘于相应的深度与时间的坐标上,并绘出等效率曲线(见图 4-7),最后借助于这些等效率曲线计算对应于某一停留时间的悬浮物去除率。具体计算方法如下:

(1)计算 u_0。u_0 是指某一指定沉淀时间 t_0 时,在沉淀柱底部(深度为 H)取样口处能全部被去除的最小颗粒的沉速。即沉速大于和等于 u_0 的颗粒全部被去除。其相应的去除百分率为 E_0,$u_0 = H/t_0$。例如图 4-7 中相应于沉淀时间为 23min 的 $E_0 = 40\%$,沉淀速度为

$$u_0 = \frac{1.8\mathrm{m}}{23\mathrm{min}} \times 60\mathrm{min/h} = 4.7\mathrm{m/h}$$

(2)计算沉速小于 u_0 的颗粒在沉淀时间 t_0 时,只有一部分沉到底部,而且按 u_i/u_0 的比例去除。去除率在 p_n 至 p_{n-1} 之间的各种颗粒具有各自的沉淀速度,但不可能一一进行计算,而是以一平均速度来表示,其值等于平均高度除以时间 t_0,平均高度等于去除百分率为 $\frac{p_n - p_{n-1}}{2}$ 曲线在时间 t_0 处的高度。例如图 4-7 中去除百分率 40%～50% 之间的颗粒在时间 $t_0 = 23\mathrm{min}$ 时的沉速为 $1.28 \times 60/23 = 3.34(\mathrm{m/h})$。这部分颗粒的去除百分率为 $(3.34/4.7) \times (50-40) = 7.1\%$。

(3)计算总去除百分率 E:

$$E = E_0 + \frac{u_1}{u_0}(p_2 - p_1) + \frac{u_2}{u_0}(p_3 - p_2) + \cdots + \frac{u_n}{u_0}(p_n - p_{n-1}) \tag{4-19}$$

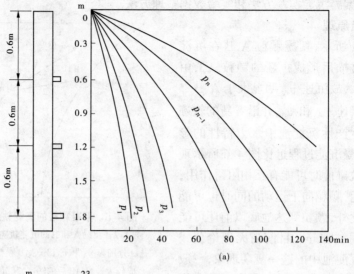

(a)

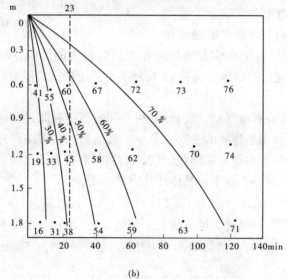

(b)

图 4-7 絮凝沉淀的等效率曲线

(a)等效率曲线;(b)等效率曲线计算对应于某一停留时间的悬浮去除率

由于 $u_1/u_0 = h_1/H$,所以在实际应用中总去除百分率的计算可以简化为:

$$E = E_0 + \frac{h_1}{H}\Delta p + \frac{h_2}{H}\Delta p + \cdots + \frac{h_n}{H}\Delta p \qquad (4-20)$$

上两式中:p_1、p_2、$\cdots$、p_n 分别为悬浮物去除百分数;$\Delta p = p_2 - p_1 = p_3 - p_2 = \cdots = p_n - p_{n-1}$;$h_1$、$h_2$、$\cdots$、$h_n$ 是由水面向下量测的深度。

例如图 4-7 中沉淀时间为 23min 的总去除百分率为

$$E = 40 + \frac{1.28}{1.8} \times 10 + \frac{0.7}{1.8} \times 10 + \frac{0.4}{1.8} \times 10 + \frac{0.15}{1.8} \times 10$$

$$= 40 + 7.1 + 3.9 + 2.2 + 0.8 = 54\%$$

(三)实验装置和设备

1.实验装置

实验装置由高位水箱和沉淀柱组成,如图4-8所示。用人工配制实验水样时,可考虑在高位水箱内搅拌设备,若无条件也要用手工搅拌。

2.实验设备与仪器仪表

(1)高位水箱:硬塑料制,高度 H =0.5m,直径 D =0.4m,1只。

(2)沉淀柱:有机玻璃管,1根。

(3)量筒或烧杯100mL:30个。

(4)称量瓶:30个。

(5)分析天平:1台。

(6)烘箱:1台。

(7)定时钟:1座。

(8)漏斗、漏斗架等。

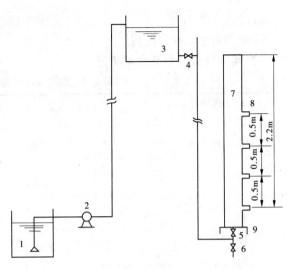

图4-8 絮凝沉淀实验装置示意图
1—进水池;2—水泵;3—高位水箱;4、5、6—旋塞;7—沉淀柱;
8—取样口;9—沉淀柱支架

(四)实验步骤

(1)向高位水箱内注入50L自来水。

(2)在高位水箱内按 $500\sim700$ mg/L 的浓度配制实验水样(例如称取 $25\sim35$ g 硫酸铝,用烧杯先溶解后倒入高位水箱)。

(3)迅速搅拌 $1\sim2$ min,然后缓缓搅拌。

(4)矾花形成后取 200mL 测定 SS。先打开旋塞4,再打开旋塞5,把水样注入沉淀柱。

(5)水样注入到1.8m处时,关闭旋塞5。

(6)用定时钟定时,10min后在四个取样口同时取100mL水样,并测定各样品的SS。

(7)在第 20、30、40、50、60min 各取一次水样,每次都是四个取样口同时取100mL水样,并测定各样品的SS。

(五)注意事项

(1)由于絮凝沉淀的悬浮物去除率与池子深度有关,所以实验用的沉淀柱的高度,应与拟采用的实际沉淀池的高度相同。

(2)水样注入沉淀柱速度不能太快,要避免矾花搅动影响测定结果的正确性;也不能太慢,以免实验开始前发生沉淀。

(3)由于水样中悬浮固体浓度较低,测定时易产生误差,最好每个水样都能做两个平行样品,但取样太多会影响水深,因此可让 $2\sim3$ 组同学做同样浓度的实验,然后取平均值以减小误差。

(六)实验结果整理

(1)记录实验设备基本参数:

实验日期_____年_____月_____日;

沉淀柱高度 $H =$ _____ m,沉淀柱直径 $D =$ _____ m;
用简图表示取样口位置。

(2)实验数据可参考表 4-7 记录。

表 4-7　絮凝沉淀实验数据记录

原水样悬浮固体浓度 = _____ mg/L

时间(min)	取样口深度(m)			
	h_1	h_2	h_3	h_4
10				
20				
30				
40				
50				
60				

注:表中数据为悬浮固体去除百分率。

(3)将表 4-7 中实验数据点绘于相应的代表深度和时间的坐标上,并绘出等效率曲线。

(4)根据等效率曲线算出 5~6 个不同沉淀时间的悬浮固体总去除百分率,并计算相应的沉淀速度和溢流率。计算结果列于表 4-8 中。

表 4-8　实验数据整理

时间[①]	沉淀速度[②]	悬浮固体总去除百分率	溢流率[③]
(min)	(m/h)	(%)	(m³/(m²·d))

注:①"时间"可取实验时间范围内的任意 5~6 个值。

②沉淀速度等于沉淀柱底部的深度除以上述选定的时间。

③溢流率是由沉淀速度换算而得(溢流率=沉淀速度×24)。

(5)用表 4-8 中数据,作悬浮固体总去除百分率与沉淀时间 t 的关系曲线(见图 4-9),及作悬浮固体总去除百分率与溢流率的关系曲线(见图 4-10)。

(七)实验结果讨论

(1)有资料介绍可以用仅在沉淀柱中部(1/2 柱高处)取样分析的实验方法近似地求絮凝沉淀去除率,利用实验结果比较两种方法的误差,并讨论其优缺点。

(2)试述絮凝沉淀、自由沉淀的沉淀

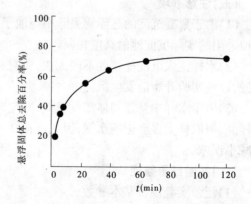

图 4-9　悬浮固体总去除百分率与沉淀时间的关系

特性对沉淀设备的影响。

实验四 压力溶气气浮实验

(一)实验目的

在水污染控制工程中,固液分离是一种很重要的水质净化单元过程。气浮法是进行固液分离的一种方法,它常被用来分离密度小于或接近于"1",难以用重力自然沉降法去除的悬浮颗粒。例如,从天然水中去除藻、细小的胶体杂质,从工业污水中分离短纤维、石油微滴等。有时还用去除溶解性污染物,如表面活性物质、放射性物质等。

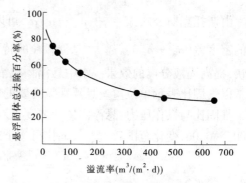

图 4-10　悬浮固体总去除百分率与溢流率的关系

由于悬浮颗粒的性质以及浓度微气泡的数量和直径等多种因素都对气浮效率有影响,因此气浮处理系统的设计运行参数常常需要通过实验确定。

通过本实验希望达到下述目的:

(1)掌握压力溶气气浮实验方法和释气量测定方法。

(2)了解悬浮颗粒浓度、操作压力、气固比、澄清分离效果之间的关系,加深对基本概念的理解。

(二)实验原理

压力溶气气浮法的工艺流程见图 4-11,目前以部分回流式应用最广(见图 4-11(c))。

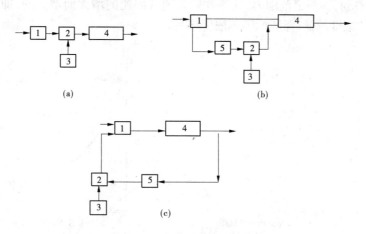

图 4-11　压力溶气气浮的三种形式

(a)全部废水加压溶气气浮;(b)部分废水加压溶气气浮;(c)部分处理过的废水回流加压溶气气浮
1—进水泵;2—溶气罐;3—压缩空气机;4—气浮池;5—溶气水加压泵

进行气浮时,用水泵将污水抽送到压力为 2～4 个大气压的溶气罐中,同时注入加压空气。空气在罐内溶解于加压的污水中,然后使经过溶气的水通过减压阀进入气浮池,此时由于压力突然降低,溶解于污水中的空气便以微气泡形式从中释放出来。微细气泡在上升的过程中附着于悬浮颗粒上,使颗粒密度减小,上浮到气浮池表面与液体分离。

由斯托克斯公式 $V = \dfrac{g}{18\mu}\rho_水 - \rho_颗 d^2$ 可以知道,黏附于悬浮颗粒上气泡越多,颗粒与水的密度差($\rho_水 - \rho_颗$)就越大,悬浮颗粒的特征直径也越大,两者都使悬浮颗粒上浮速度增快,提高固液分离的效果。水中悬浮颗粒浓度越高,气浮时需要的微细气泡数量越多,通常以气固比表示单位重量悬浮颗粒需要的空气量。

气固比与操作压力、悬浮固体的浓度、性质有关。对活性污泥进行气浮时,气固比 = 0.005~0.06,变化范围较大。气固比可按下式计算:

$$\frac{A}{S} = \frac{1.3 S_0 (fP - 1) Q_r}{Q S_i} \tag{4-21}$$

式中:$\dfrac{A}{S}$ 为气固比(释放的空气/悬浮固体);S_i 为入流中的悬浮固体浓度,mg/L;Q_r 为加压水回流量,L/d;Q 为污水流量,L/d;S_0 为某一温度时的空气溶解度(可查表 4-9 得到);P 为绝对压力,Pa,$P = \dfrac{p + 101.32}{101.32}$;,其中 p 为表压,kPa;f 为压力为 P 时水中的空气溶解系数,通常采用 0.5;1.3 为 1mL 空气的重量,mg。

表 4-9 空气溶解度

温度(℃)	0	10	20	30
S_0 (mL/L)	29.2	22.8	18.7	15.7

出水中的悬浮固体浓度和浮渣中的固体浓度与气固比的关系如图 4-12 所示。由图 4-12 可以看到,在一定范围内,气浮效果是随气固比的增大而增大的,即气固比越大,出水悬浮固体浓度越低,浮渣的固体浓度越高。

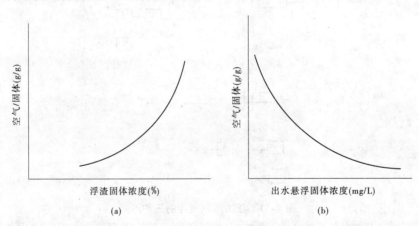

图 4-12 气固比对浮渣固体浓度和出水悬浮固体浓度的影响

(三)实验装置及设备

1.测定气固比的实验装置及设备

1)实验装置

测定气固比的实验装置由吸水池、水泵、溶气罐、空气压缩机、溶气释放器、气浮池等部分组成,如图 4-13 所示。

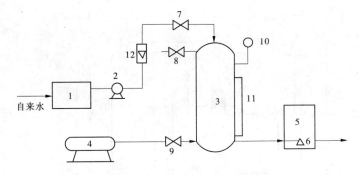

图 4-13　压力溶气气浮实验装置

1—吸水池;2—水泵;3—溶气罐;4—空气压缩机;5—气浮池;

6—溶气释放器;7—进水阀;8—调压阀;9—进气阀;10—压力表;11—水位计;12—玻璃转子流量计

溶气罐是个内径300mm、高2.2m装有水位计的钢制压力罐。罐顶有调压阀,实验时用调压阀排去未溶空气和控制罐内压力。进气阀用以调节来自空压机的压缩空气量。水位计用以观察压力罐内水位,以便调节调压阀,使溶气罐内液位在实验期间基本保持稳定。

2)实验设备和仪器仪表

(1)吸水池:硬塑料制,0.7m×0.7m×0.7m,1个。

(2)水泵:2B-6型,流量10~30m³/h,扬程34.5~24m。

(3)溶气罐:钢制,高度 $H = 2.2m$,直径 $D = 300mm$,1个。

(4)精密压力表:0.59MPa(6kgf/cm²),1个。

(5)空气压缩机:Z-0.025/B型,1台。

(6)释放器:TS-1型,1个。

(7)气浮池:有机玻璃制,1个。

(8)玻璃转子流量计:LZB-40型,1个。

(9)烘箱:1台。

(10)分析天平:1台。

(11)量筒:100mL,10个。

(12)三角烧杯:200mL,10个。

(13)称量瓶:10个。

(14)温度计:1支。

2.测定释气量的实验装置与设备

1)实验装置

测定释气量的实验装置由释气瓶、量筒、量气管、水准瓶等组成,如图4-14所示。释气瓶用2 500mL抽滤瓶改装,瓶口橡皮塞宜加工成适于排尽瓶中空气的形状。

2)实验设备和仪器仪表

(1)水准瓶(可用大漏斗代替):1个。

(2)量气管:100mL,1个。

(3)抽滤瓶(释放瓶):2 500mL,1个。

(4)量筒:1 000mL,1个。

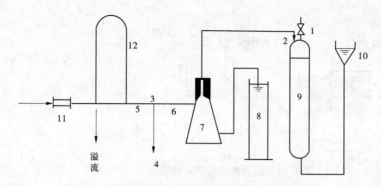

图 4-14 释气量测定装置示意图

1、2—旋塞;3—三通阀;4、5、6—连接管;7—释气瓶;8—量筒;
9—量气管;10—水准瓶;11—释放器;12—溢流管

(5)三通阀:1个。

(6)释放器:TS-1型,1个。

(7)秒表:1块。

(四)实验步骤

本实验是在压力溶气气浮装置中,用城市污水处理厂的活性污泥混合液测定气固比对气浮效率的影响,用自来水测定气浮装置的释气量,分别叙述如下。

1.气固比的测定

(1)启动空气压缩机。

(2)启动水泵将自来水打入溶气罐。

(3)开启溶气罐进气阀门,并通过调节调压阀和进水阀门使溶气罐门的压力与水位基本稳定(建议溶气罐的操作压力为 0.29MPa,即 3kgf/cm²)。

(4)按气浮池容积和回流比(0.4),计算应加入气浮池的活性污泥混合液的体积和溶气水的体积。

(5)按实验步骤(4)的计算结果将活性污泥混合液加入气浮池,同时取 200mL 混合液测定 MLSS(每个样品取 100mL,做两个平行样品)。

(6)将释放器放入气浮池底部,按实验步骤(4)的计算结果注入溶气水。

(7)取出释放器后静置 5～6min,从气浮池的底部取澄清水 200mL,测定出流的悬浮固体浓度(每个样品取 100mL,做两个平行样品)。

(8)在工作压力、活性污泥浓度不变的情况下,改变回流比,使其分别为 0.6、0.7、0.8、1.0,按实验步骤(4)～(7)继续进行实验。

2.释气量的测定

(1)按图 4-14 组装实验装置。

(2)将三通阀 3 置于连通管 4 和 5 相通的位置。

(3)调节溢流管的管顶标高,使分流到管 4 的流量为 0.75～1.0L/min。

(4)用自来水充满整个实验装置。

(5)关闭旋塞 1,打开旋塞 2,降低水准瓶,以排除释放瓶中的空气泡,待空气泡排完后关闭旋塞 2,倒掉量筒中的水。

(6)将三通阀 3 切换到管 5 和管 6 相通的位置,此时,溶气水流入释气瓶,瓶中原有的水被挤出,流入空量筒内,当量筒中水到 11 刻度时,立即将三通阀 3 切换至测定前的位置(即连通管 4 与 5 相通的位置)。

(7)打开旋塞 2,等释气瓶没有气泡后,降低水准瓶,使释气瓶中水位上升,直到瓶中的气体全部被挤到量气管后关闭旋塞。

(8)使水准瓶和量气管的液位相同(用调节水准瓶高度的方法),从量气管刻度读取气体体积。此体积为每升溶气水减压至 1 大气压时所释出的气体体积(mL/L)。

(五)注意事项

(1)进行气固比测定时,回流比的取值与活性污泥混合液浓度有关。当活性污泥浓度为 2g/L 左右时,按回流比 0.2、0.4、0.6、0.8、1.0 进行实验;当活性污泥浓度为 4g/L 左右时,回流比可按 0.4、0.6、0.7、0.8、1.0 进行实验。

(2)实验选用的回流比数至少要有 5 个,以保证能较正确地绘制出气固比与出水悬浮固体浓度关系曲线。

(3)实验装置中所列的水泵、吸水池和空压机可供 8 组学生同时进行实验。

(六)实验结果整理

(1)记录实验条件:

实验日期:_____年 _____月_____日;

活性污泥采样地点:_____ mg/L;

气温:_____℃;

空气的容重:_____ mg/L;

水温:_____℃;

空气溶解度:_____ mL/L;

溶气罐的工作压力:_____ Pa。

(2)测定气固比实验记录可参考表 4-10 进行。

表 4-10　气固比实验数据记录

回流比 $R(=\frac{Q_r}{Q})$	0.2	0.4	0.6	0.8	1.0	MLSS(mg/L)
称量瓶序号						
后读数(g)						
前读数(g)						
差值(g)						

(3)将表 4-10 实验数据整理列入表 4-11 中。

(4)根据表 4-11 数据绘制气固比与出水悬浮固体浓度之间关系曲线(参考图 4-12)。

(5)若实验时测定了浮渣固体浓度,可根据实验结果再绘制出气固比与浮渣固体浓度之间关系曲线。

表 4-11　气固比实验数据整理

回流比 R						
出水悬浮固体浓度（mg/L）						
气固比						
去除率(%)						

（七）实验结果讨论

(1)应用已掌握的知识分析取得的释气量测定结果的正确性。

(2)试述工作压力对溶气效率的影响。

(3)拟定一个测定气固比与工作压力之间关系的实验方案。

实验五　曝气设备充氧能力的测定

（一）实验目的

活性污泥法处理过程中曝气设备的作用是使空气、活性污泥和污染物三者充分混合，使活性污泥处于悬浮状态，促使氧气从气相转移到液相，再从液相转移到活性污泥上，保证微生物有足够的氧进行物质代谢。由于氧的供给是保证生化处理过程正常进行的主要因素之一，因此工程设计人员和操作管理人员常需通过实验测定氧的总传递系数 K_{La}，评价曝气设备的供氧能力和动力效率。

通过本实验希望达到下述目的：

(1)掌握测定曝气设备的氧总传递系数和充氧能力的方法。

(2)掌握测定修正系数 α、β 的方法。

(3)了解各种测试方法和数据整理方法的特点。

（二）实验原理

评价曝气设备充氧能力的实验方法有两种：

(1)不稳定状态下进行实验，即实验过程水中溶解氧浓度是变化的，由零增加到饱和浓度。

(2)稳定状态下的实验，即实验过程水中溶解氧浓度保持不变。

试验可以用清水或在生产运行条件下进行。下面分别介绍各种方法的基本原理。

1.不稳定状态下进行实验

在生产现场用自来水或曝气池出流的上清液进行实验时，先用亚硫酸钠(或氮气)进行脱氧，使水中溶解氧降到零，然后再曝气，直至溶解氧升高到接近饱和水平，假定这个过程中液体是完全混合的，符合一级动力学反应，水中溶解氧的变化可以用下式表示：

$$\frac{\mathrm{d}C}{\mathrm{d}t} = K_{La}(C_s - C) \tag{4-22}$$

式中：$\mathrm{d}C/\mathrm{d}t$ 为氧转移速率，mg/(L·h)；K_{La} 为氧的总转递系数，1/h，K_{La} 可以认为是一混合系数，它的倒数表示使水中的溶解氧由 C 变到 C_s 所需要的时间，是气液界面阻力和界面面积的函数；C_s 为试验条件下自来水（或污水）的溶解氧饱和度，mg/L；C 为相应于某一时刻 t 的溶解氧浓度，mg/L。

将式(4-22)积分得

$$\ln(C_s - C) = -K_{La} \cdot t + 常数 \qquad (4\text{-}23)$$

式(4-23)表明，通过试验测得 C_s 和相应于每一时刻 t 的溶解氧 C 值后，绘制 $\ln(C_s - C)$ 与 t 的关系曲线，其斜率即 K_{La}（见图 4-15）。另一种方法是先作 C 与 t 的关系曲线，再作对应于不同 C 值的切线得到相应的 $\mathrm{d}C/\mathrm{d}t$，最后作 $\mathrm{d}C/\mathrm{d}t$ 与 C 关系曲线，也可以求得 K_{La}，如图 4-16、图 4-17 所示。

另一种不稳定状态下的实验是在现场实际生产运行条件下进行，具体实验方法见实验步骤。由于测试过程微生物始终在进行呼吸，影响着氧的转移，因此这种情况下表示溶解氧浓度变化的公式应做修正，计算公式如下：

$$\frac{\mathrm{d}C}{\mathrm{d}t} = K_{La}(C_{sw} - C) - r \qquad (4\text{-}24)$$

式中：r 为微生物的呼吸速率，mg/L·h；C_{sw} 为试验条件下污水的溶解氧饱和浓度，mg/L；其余符号意义同前。

整理式(4-24)后得

$$\frac{\mathrm{d}C}{\mathrm{d}t} = (K_{La}C_{sw} - r) - K_{La}C \qquad (4\text{-}25)$$

式(4-25)表明，若实验时微生物的呼吸速度相对稳定，则式中的第一项 $(K_{La}C_{sw} - r)$ 可以看做常数，因此只要测定曝气池的溶解氧浓度 C 随时间的变化，便可以求得 K_{La} 值。求 K_{La} 的方法如前所述（见图 4-16、图 4-17）。

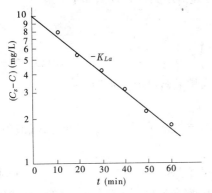

图 4-15　$(C_s - C)$ 与 t 关系曲线（半对数坐标）

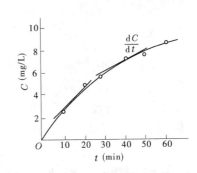

图 4-16　C 与 t 关系曲线

2．稳定状态下进行实验

如果能较正确地测定活性污泥的呼吸速率，也可以在现场生产运行条件下，通过稳定状态下的充氧试验测定曝气设备的充氧能力。实验时先停止进水和回流污泥，使溶解氧浓度稳定不变，并测出混合测定活性污泥的呼吸速度。由于溶解浓度稳定不变，$\dfrac{\mathrm{d}C}{\mathrm{d}t} = 0$ 即

$$\frac{\mathrm{d}C}{\mathrm{d}t} = K_{La}(C_{sw} - C) - r = 0$$

$$K_{La} = \frac{r}{C_{sw} - C} \qquad (4\text{-}26)$$

式(4-26)表明,测得 r、C_{sw} 和 C 后,可以计算 K_{La},微生物呼吸速度 r 可以用瓦勃呼吸仪进行测定(详见实验步骤)。

由于溶解氧饱和浓度、温度、污水性质和搅动程度等因素都影响氧的传递速度,在实际应用中为了便于比较,须进行压力和温度校正,把非标准条件下的 K_{La} 转换成标准条件(20℃、760mm 汞柱)下的 K_{La},通常采用以下的公式计算:

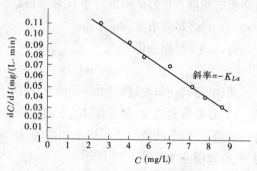

图 4-17 dC/dt 与 C 关系曲线

$$K_{La(20℃)} = K_{La}(r) \cdot 1.024^{(20-T)} \qquad (4\text{-}27)$$

式中:T 为试验时的水温,℃;$K_{La}(r)$ 为水温为 T 时测得的总传递系数,h^{-1};$K_{La(20℃)}$ 为水温 20℃ 时的总传递系数,h^{-1}。

气压对溶解氧饱和浓度的影响为

$$C_{s(校正)} = C_{s(试验)} \times \frac{标准大气压}{试验时的大气压} \qquad (4\text{-}28)$$

当采用表面曝气时,可以直接运用式(4-28),不须考虑水深的影响。采用鼓气曝气时,空气扩散器常放置于近池底处,由于氧的溶解度受到进入曝气池的空气氧分压的增大和气泡上升过程氧被吸收分压减小的影响,计算溶解氧饱和值时应考虑水深的影响,一般以扩散器至水面 $\frac{1}{2}$ 距离处的溶解氧饱和浓度作为计算依据。计算方法如下。

1)平均静水压力

$$P' = \left(1 + \frac{10 + H}{10}\right) \times \frac{1}{2} \qquad (4\text{-}29)$$

式中:P' 为上升气泡受到的平均静水压力,kPa;H 为扩散器以上的水深,m。

2)气泡内氧所占的体积比

由于气泡上升过程中部分的氧溶解于水,所以当气泡从池底上升到水面时,气泡中氧的比例减小,其数值为

$$O' = [O_h - (O_h \times \delta)] \times 100\% \qquad (4\text{-}30)$$

式中:O' 为气泡上升到水面时,气泡内氧的比例;O_h 为在池底时,气泡中氧的比例,21%(体积比);δ 为扩散设备的空气利用系数。

池底到池面气泡内氧的比例的平均值为

$$O_a = \frac{O' + O_h}{2} \times 100\% \qquad (4\text{-}31)$$

3)氧的平均饱和浓度

$$C_{s(平均)} = C_{s(标)} \times \frac{P'}{P} \times \frac{O_a}{O_h} \qquad (4\text{-}32)$$

式中：$C_{s(标)}$ 为标准条件下氧的饱和浓度，mg/L；P 为标准大气压，数值为 101.325kPa。

如果实验时没有测定溶解氧的饱和浓度，可以查相关表格，代替实验时的溶解氧饱和浓度。

3. 充氧能力和动力效率

充氧能力可以用下式表示：

$$OC = \frac{dC}{dt} - V \tag{4-33}$$

式中：V 为曝气池体积，m³。

采用叶轮表面曝气时：

$$OC = K_{La(20℃)} C_{s(标)} V \tag{4-34}$$

采用鼓风曝气时：

$$OC = K_{La(20℃)} C_{s(平均)} V \tag{4-35}$$

动力效率常被用以比较各种曝气设备的经济效率，计算公式如下：

$$E = \frac{OC}{N} \tag{4-36}$$

式中：OC 为标准条件下的充氧能力，kgO₂/h；N 为采用叶轮曝气时的轴功率，kW。

4. 修正系数 α、β

通常以修正系数 α、β 来表示污水性质、搅动程度等对于氧的传递、溶解氧饱和浓度的影响。

$$\alpha = \frac{污水的 K_{La}}{自来水的 K_{La}} \tag{4-37}$$

$$\beta = \frac{污水的 C_s}{自来水的 C_s} \tag{4-38}$$

测定污水的 K_{La}、C_s 的方法与清水试验相同，不再另叙。比较曝气设备充氧能力时，一般认为用清水进行实验较好。

上述方法适用于完全混合型曝气设备充氧能力的测定。推流式曝气池中 K_{La}、C_{sw}、C 是沿长方向变化的，不能采用上述方法进行测定。

(三) 实验装置与设备

1. 实验装置

实验装置的主要部分为泵型叶轮和模型曝气池，如图 4-18 所示。为保持曝气叶轮转速在实验期间恒定不变，电动机要接在稳压电源上。

2. 实验设备和仪器仪表

(1) 模型曝气池：硬塑料制，高度 $H = 42$cm，直径 $D = 30$cm，1 个。

(2) 泵型叶轮：铜制，直径 $d = 12$cm，1 个。

(3) 电动机：单向串激电机，220V，2.5A，1 台。

(4) 直流稳压电源：YJ44 型，1 台。

(5) 溶解氧测定仪：1 台。

(6) 电磁搅拌器：1 个。

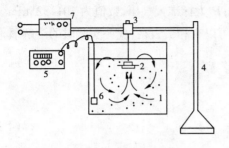 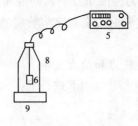

(a)实验装置简图

(b)测呼吸速率实验设备示意图

图 4-18　曝气设备充氧能力实验装置

1—模型曝气池；2—泵型叶轮；3—电动机；4—电动机支架；

5—溶解氧仪；6—溶解氧探头；7—稳压电源；8—广口瓶；9—电磁搅拌器

(7)广口瓶:250mL,或依溶解氧探头大小确定,1个。

(8)秒表:1块。

(9)烧杯:200mL,3个。

(四)实验步骤

1.用自来水或二次沉淀池出水进行实验

(1)确定曝气池内测定点(或取样点)位置。在平面上测定点可以布置在池子半径的中点和终点(见图 4-19),在立面上布置在离池面和池底 0.3m 处,以及池子一半深度处,共取 12 个测定点(或 9 个测定点)。

(2)测定曝气池的容积。

(3)曝气池内注入自来水,并进行曝气。一定时间(0.5~1h)后,用溶解氧测定仪测定实验条件下自来水的溶解氧饱和浓度 C_s 和水温,继续曝气。

(4)计算 $CoCl_2$ 和 Na_2SO_3 的需要量

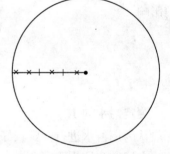

图 4-19　测定点位置示意图

$$Na_2SO_3 + \frac{1}{2}O_2 \xrightarrow{CoCl_2} Na_2SO_4$$

从上面反应式可以知道,每去除 1mg 溶解氧需要投加 7.9mgNa_2SO_3。根据池子的容积和自来水(或污水)的溶解氧浓度可以算出 Na_2SO_3 的理论需要量。实际投加量应为理论值的 150%～200%。计算方法如下:

$$W_1 = V \times C_s \times 7.9 \times (150\% \sim 200\%) \tag{4-39}$$

式中:W_1 为 Na_2SO_3 的实际投加量,kg 或 g;V 为曝气池体积,m^3 或 L。

催化剂氯化钴的投加量,按维持池子中的钴离子浓度为 0.05~0.5mg/L 左右计算(用温克尔法测定溶解氧时建议用下限),计算方法如下:

$$W_2 = V \times 0.5 \times \frac{129.9}{58.9} \tag{4-40}$$

式中:W_2 为 $CoCl_2$ 的投加量,kg 或 g。

(5)将 Na_2SO_3 和 $CoCl_2$ 溶解后直接投加曝气池,或者用泵抽送曝气池,使其迅速扩散。

(6)待溶解氧降到零时,定期测定各测定点的溶解氧浓度,并作记录,直到溶解氧达饱和值时结束实验(0.5~1min 读数一次)。

(7)重复试验一次。

2.实际生产运行条件下进行实验

1)不稳定状态下进行实验

(1)确定测定点位置。

(2)检查各测定点的溶解氧浓度(了解各测定点处是否都有溶解氧)。

(3)测定水温。

(4)停止进水和回流污泥,继续曝气 1~2h,使微生物呼吸相对稳定。

(5)停止曝气(或减小曝气强度,仅使污泥能浮于水中即可),当溶解氧浓度下降到零时启动曝气设备,定期测定溶解的上升值,并作记录。溶解氧浓度达到一常数值时停止实验,此值为溶解氧饱和浓度 C_{sw}。

2)稳定状态下进行实验

(1)确定测定点位置。

(2)检查各测定点的溶解氧浓度。

(3)测定水温。

(4)若测定时水质水量有变化,可暂时停止进水和回流污泥,使混合液溶解氧浓度稳定在某一浓度 C。

(5)取混合液测定此时活性污泥的呼吸速率,用 250mL 的广口瓶取曝气池混合液一瓶,迅速用装有溶解氧探头的橡皮塞子塞紧瓶口(不能有气泡或漏气),将瓶子放在电磁搅拌器上(见图 4-18(b)),启动搅拌器,定期测定溶解氧值 C(0.5~1min)并记录。然后作 C 与 t 关系曲线,其直线部分的斜率即微生物呼吸速度 r(见图 4-20)。R 值与微生物的代谢能力有关,一般在 30~100mg/(L·h)之间。

(6)取部分混合液出来曝气(1~2h),以测定混合的 C。

(五)注意事项

(1)在实验室进行充氧实验时,实验模型较小,故只能有一个测定点,无须布置 9~12 个测定点。

(2)加工泵型叶轮有困难时,可以用压缩空气代替,但应注意实验期间要保证供气量恒定。

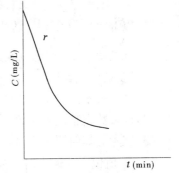

图 4-20　C 与 t 关系曲线

(3)采用本实验介绍的方法测定微生物呼吸速率 r 时,应使混合液的起始溶解氧大于 6~7mg/L 才能进行测定。若实验装置内溶解氧较小时,可以取大于 250mL 的混合液,用压缩空气迅速曝气后再倒入广口瓶中进行测定。

(六)实验结果整理

(1)记录实验设备及操作条件的基本参数:

实验日期:_____年_____月_____日;

模型曝气池:内径 $D =$ _____ m,高度 $H =$ _____ m,体积 $V =$ _____ m^3;

水温_____℃,室温_____℃,气压_____kPa;

实验条件下自来水的 C_s_____mg/L;

实验条件下的污水的 C_{sw}_____mg/L;

电动机输入功率_____;

测定点位置_____;

CoCl₂ 投加量_____(kg 或 g);

Na₂SO₃ 投加量_____(kg 或 g)。

（2）不稳定状态下充氧实验记录见表 4-12。

表 4-12　不稳定状态下充氧实验记录

t(min)						
C(mg/l)						
(C_s-C)(mg/L)						

（3）以溶解氧浓度 C 为纵坐标、时间 t 为横坐标,用表 4-12 数据描点作 C 与 t 关系曲线。

（4）根据 C 与 t 实验曲线计算相应于不同 C 值的 $\dfrac{\mathrm{d}C}{\mathrm{d}t}$,记录于表 4-13 中。

表 4-13　不同 C 值的 $\dfrac{\mathrm{d}C}{\mathrm{d}t}$

C(mg/L)						
$\dfrac{\mathrm{d}C}{\mathrm{d}t}$(mg/(L·min))						

（5）以 $\ln(C_s-C)$ 和 $\dfrac{\mathrm{d}C}{\mathrm{d}t}$ 为纵坐标,时间 t 为横坐标,绘制出两条实验曲线。

（6）计算 K_{La}、α、β、充氧能力和动力效率。

（七）实验结果讨论

（1）试比较不同的实验方法,你认为哪一种较好?

（2）比较数据整理方法,哪一种误差小些?

（3）试考虑如何测定推流式曝气池内曝气设备的 K_{La}。

（4）C_s 值偏大或偏小对实验结果的影响如何?

实验六　活性污泥法动力学系数的测定

（一）实验目的

活性污泥法是应用最广泛的一种生物处理方法。过去都是根据经验数据来进行设计和运行。近年来国内外对活性污泥法动力学方面做了不少研究,目的是希望通过对有机污染物降解和微生物增长规律的研究,能更合理地进行曝气池的设计和运行。

通过本实验希望达到下述目的:

（1）加深对活性污泥法动力学基本概念的理解。

(2)了解用间歇进料方式测定活性污泥法动力学系数 a、b 和 K 的方法。

(二)实验原理

活性污泥去除有机污染物的动力学模型有多种。在此以两个较常见的关系式来讨论如何通过实验确实动力学系数。

(1)关系式一：

$$\frac{S_0 - S_e}{X_v t} = KS_e \qquad (4-41)$$

式中：S_0 为进水中有机污染物浓度,以 COD 或 BOD 表示,mg/L;S_e 为出水中有机污染物浓度,mg/L;X_v 为曝气池内挥发性悬浮固体浓度(MLYSS),g/L;t 为水力停留时间,h;K 为有机污染物降解系数,d^{-1}。

(2)关系式二：

$$\frac{1}{\theta_c} = a\frac{S_0 - S_e}{X_v t} - b \qquad (4-42)$$

即

$$\Delta X_v = aQ(S_0 - S_e) - b \cdot V \cdot X_v \qquad (4-43)$$

式中：θ_c 为泥龄,d;a 为污泥增长系数,kg/kg;b 为内源呼吸系数(也称衰减系数),d^{-1};其余符号同前。

活性污泥法动力学系数的测定,可以在连续进料生物反应器系统或间歇进料生物反应器系统中进行。其方法如下。

1.连续进料生物反应器系统实验

连续进料生物反应器系统的特点是,污水连续稳定地流入生物反应器,经处理后连续排出,同时污泥也连续地回流到生物反应器内。这种实验系统可用以模拟完全混合型活性污泥系统和推流型活性污泥系统。缺点是所需实验设备略多些,实验期间发生故障的概率较间歇进料实验略大些。连续进料生物反应器实验系统示意如图 4-21 所示。

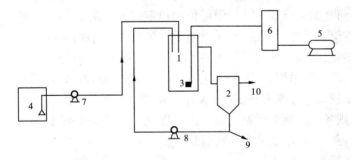

图 4-21 连续进料生物反应器实验系统示意图

1—生物反应器;2—沉淀器;3—曝气器;4—吸水池;5—空气压缩机;
6—油水分离器;7、8—水泵;9—排泥管;10—出水管

实验时,先将作为菌种的活性污泥加入反应器,使反应器内的 MLVSS 浓度为 2.0 g/L 左右,然后按实验设计确定进水流量、回流比引水和回流污泥,并通入压缩空气,使系统开始运行。运行期间每天要测定 MLYSS,以便确定每日的排泥量。每日排去的污泥

量应等于每日增加的污泥量,使反应器内的 MLYSS 维持在恒定的水平。一般情况下,连续运行 2~4 周(3~5 倍的泥龄),系统便可处于稳定状态。判断实验系统是否稳定的方法是:①测定反应器内混合液的耗氧速率(即呼吸速率);②测定出水 BOD。当二者的数据都稳定时,可认为实验系统已经稳定。

如果用 3~5 个反应器,在 S_0 相同的条件下,按 3~5 个不同的水力停留时间进行实验。待实验系统稳定后,测定各反应器的 S_0、S_e、X 和 ΔX,连续测定 7~10 天,便可得到 3~5 组实验数据。

式(4-40)表明,若将实验数据整理后绘在以 $\dfrac{(S_0-S_e)}{X_v t}$ 为纵坐标、S_0 为横坐标的坐标纸上,可得到一条通过原点的直线,该直线的斜率为有机污染物降解系数 K,如图 4-22 所示。将实验数据点绘在以 $\dfrac{1}{\theta_c}$ 为纵坐标、$\dfrac{(S_0-S_e)}{X_v t}$ 为横坐标的坐标纸上,所得直线的斜率即为污泥增长系数 a,截距为内源呼吸系数 b,如图 4-23 所示。

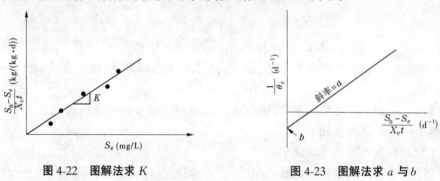

图 4-22 图解法求 K 图 4-23 图解法求 a 与 b

2. 间歇进料生物反应器系统实验

间歇进料生物反应器系统的实验是将污水一次投加到含有活性污泥的反应器内,然后进行曝气,曝气 7h 后排去增殖的污泥,沉淀 0.5~1h 后排去上层清液。重新加入污水并曝气,如此周而复始运行 2~4 周,便可得到稳定的实验系统。间歇进料的实验系统可以较好地模拟推流型活性污泥法,若用以模拟完全混合型活性污泥测定动力学系数,所得的结果有一定误差,不如连续进料的实验系统好。间歇进料的优点是实验装置较简单,有时管理操作也简单。如果用 3~5 个反应器,按 3~5 个不同的水力停留时间做实验,其实验操作的工作量较大。若改为在 S_0 与水力停留时间 t 不变的条件下,按 3~5 个不同的泥龄进行实验,则各反应器的污泥、沉淀、排上清液及加污水可在同一时间进行,使实验操作集中,便于管理。具体方法见下述实验步骤。

(三)实验装置与设备

1. 实验装置

实验装置由 5 个生物反应器和一台空气压缩机组成,如图 4-24 所示。

为防止压缩空气机的油被带入反应器,减少反应器水分蒸发损失,压缩空气输送管应先接入一个由蒸馏水瓶(或其他小口瓶)改装成的油水分离器后接入反应器。

2. 实验设备与仪器仪表

(1)生物反应器 2 500mL 小口瓶,或有机玻璃制反应器,高 $H = 0.23$m,直径 $D =$

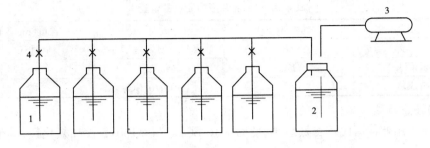

图 4-24　间歇进料生物反应器系统实验装置图
1—生物反应器;2—油水分离器;3—空气压缩机;4—螺丝夹

0.14m,5 个。

(2)测定 COD 或 BOD 仪器:1 套。

(3)蒸馏水瓶(或 2 500mL 小口瓶):1 个。

(4)压缩气机:Z0.25/6 型,1 台。

(5)烘箱:1 台。

(6)分析天平:1 台。

(7)马福炉:1 台。

(8)台秤:1 台。

(9)古氏坩埚:20～40 个。

(10)漏斗、漏斗架、100mL 量筒、250mL 烧杯等。

(四)实验步骤

(1)从城市污水厂取回性能良好的活性污泥。

(2)用倾泌法弃去下层含泥砂的污泥,并取 200mL 污泥测定 MLSS(每个样品 100mL,做两个平行样品)。

(3)按反应器内混合液体积为 2L 投加活性污泥,使各反应器内的 MLSS 为 1.5～2g/L。

(4)加自来水至刻度 2L 处。

(5 每个反应器内加入 1g 谷氨酸钠。

(6)按表 4-14 投加无机盐。

(7)启动空气压缩机进行曝气。

(8)曝气 20～22h 后,按泥龄为 10、5、3、2、1、25d 排去混合液,即分别排去混合液 200、400、667、1 000、1 600mL。

(9)静置 0.5～1h。

(10)用虹吸法去除上层清液。

(11)按实验步骤(4)～(10)进行重复操作,2～4 周后实验系统可达到稳定。

(12)系统稳定后,测定进水 S_0、反应器内混合液的 MLSS 和 MLVSS、出水 SS 和 S_a,要求每天测定一次,连续测定 1～2 周。

表 4-14　1L 混合液中无机盐含量

成分	含量(mg/L)	成分	含量(mg/L)
KH_2PO_4	50	$CaCl_2$	15
$NaHCO_3$	100	$MnSO_4$	5
$MgSO_4$	50	$FeSO_4 \cdot 6H_2O$	2

(五)注意事项

(1)可以用葡萄糖代替谷氨酸钠,此时应按 $BOD_5 : N = 100 : 5$ 投加氯化铵,其他药品不变。

(2)所有的化学药品应事先溶解后加入反应器。

(3)S_0、S_e 的测定可以用 BOD_5 或 COD,S_e 应用经过滤后的水样进行测定。

(4)测定坩埚重量时,应将坩埚放在马福炉灼烧后再称其重量。

(六)实验结果整理

(1)S_0 和 S_e 测定数据可参考表 4-15 进行记录。

表 4-15　S_0 与 S_e 的测定记录

日期	反应序号	θ_c (d)	空白①				S_0				S_e				$C^②$(N)	S_0 (mg/L)	S_e (mg/L)
			后读数	初读数	差值	水样体积 (mL)	后读数	初读数	差值	水样体积 (mL)	后读数	初读数	差值	水样体积 (mL)			

注:①实验指标为 BOD_5 时,此项记录当天溶解氧测定值。

②$FeSO_4(NH_4)SO_4 \cdot 6H_2O$ 或 NaS_2O_3 的当量浓度。

(2)MLSS 和 MLVSS 测定数据可参考表 4-16 记录。

表 4-16　MLSS 与 MLVSS 的测定数据记录

滤纸灰分＿＿＿＿＿＿＿＿＿＿

日期	反应器序号	θ_c (d)	坩埚编号	坩埚重 (g)	坩埚+滤纸 (g)	坩埚+滤纸+污泥 (g)	灼烧后重 (g)	MLSS (g/L)	MLVSS (g/L)

(3)将上述实验数据汇总于表 4-17 中。

(4)以 $\dfrac{S_0 - S_e}{X_v t}$ 为横坐标、$\dfrac{1}{\theta_c}$ 为纵坐标作图求 a 和 b。

表 4-17　实验结果汇总

反应器序号	θ_c (d)	$1/\theta_c$ (d^{-1})	S_0 (mg/L)	S_e (mg/L)	t (h)	X_v (g/L)	$\dfrac{S_0 - S_e}{X_v t}$

(5)以 $\dfrac{S_0 - S_e}{X_v t}$ 为纵坐标、S_0 为横坐标作图求 K。

(七)实验结果讨论

(1)评述本实验方法和实验结果。

(2)以双因素实验设计法拟定一个测定曝气池设计参数泥龄和负荷率的实验方案。

(3)如果污水中存在不可生物降解的物质,实验曲线会发生什么变化?

实验七　生物滤池实验

(一)实验目的

生物滤池主要用于从污水中去除溶解性有机污染物,是一种仅次于活性污泥法而被广泛采用的好氧生物处理方法。处理过程中的传质速率、生化反应速率、微生物的数量和种属等与有机污染物的性质、浓度、滤池深度等因素有关。通过模型实验可以确定必要的设计参数。

通过本实验希望达到下述目的:

(1)了解生物膜的培养方法;

(2)掌握测定系数 K、m 和实验方法。

(二)实验原理

生物滤池不同深度处的有机污染物浓度不同,其去除率也不同,如图 4-25 所示。污水流过滤床时(见图 4-26),污染物浓度下降率——每单位滤床高度去除的污染物量(以浓度计)与该污染物的浓度成正比,即

$$\frac{dS}{dH} = -KS$$

积分后得

$$S/S_0 = e^{-KH} \tag{4-44}$$

式中:$\dfrac{dS}{dH}$ 为污染物浓度(以 COD_B[●]、BOD_5 或其特定污染物指标表示);S_0 为滤池进水污染物浓度,mg/L;S 为下渗废水中污染物浓度,mg/L;H 为离滤池表面的距离,m;K 为反

[●] COD_B 表示可生物降解的 COD。

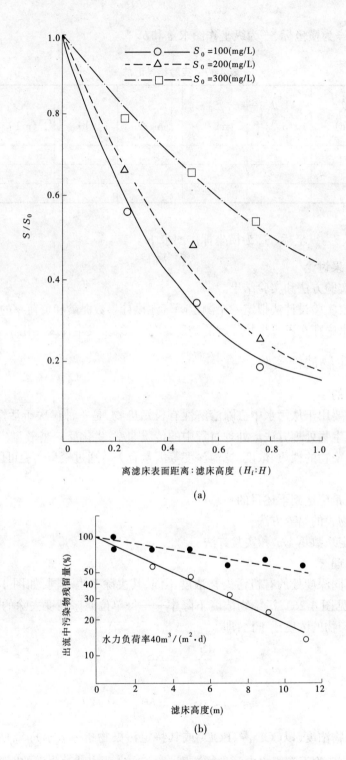

图 4-25　滤床高度与污染物去除的关系

(a)滤床不同深度有机物的去除情况；(b)滤床高度与污染物去除的关系

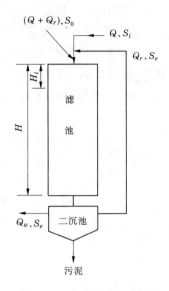

图 4-26   生物滤池示意图

映滤床处理效率的系数,它与污水性质、滤池的特性(包括滤料的材料、形状、表面积、孔隙率、堆砌方式和生物膜性质),以及滤率有关,布水方式(如均匀程度、进水周期等)也可能对其有影响。

$$K = K'S_0^m(Q/A)^n \qquad (4\text{-}45)$$

式中:Q 为滤池进水流量,m^3/d;A 为滤床的面积,m^2;K' 为与进水水质、滤率有关的系数;m 为与水质有关的系数;n 为与滤池特性、滤率有关的系数。

式(4-45)代入式(4-44)得

$$\frac{S}{S_0} = e^{-K'S_0^m(Q/A)^nH} \qquad (4\text{-}46)$$

式(4-46)可以用于无回流滤池的计算,解式(4-46)得

$$H = \frac{\ln(S_0/S_e)}{K'S_0^m(Q/A)^n} \qquad (4\text{-}47)$$

式中:S_e 为滤池出水中的污染物浓度,mg/L。

采用回流滤池时,应考虑回流量 Q 的影响,根据式(4-45)进行物料衡算,整理后可得适用于有回流的计算式:

$$H = \frac{\ln\dfrac{S_i + rS}{S(1+r)}}{K'\left(\dfrac{(S_i + rS_e)}{(1+r)}\right)^m\left[\dfrac{(1+r)Q}{A}\right]^n} \qquad (4\text{-}48)$$

式中:S_i 为入流污水的污染物浓度,mg/L。

系数 K' 受温度影响的关系式为

$$K'_T = K'_{20}1.035^{(T-20)} \qquad (4\text{-}49)$$

用式(4-47)和式(4-48)进行生物滤池设计时,应先确定 K'、m 和 n 三个系数,这三个

系数可以通过模型实验求得。一般情况下，设计以前已选定滤料和进水方式，实验时所用的滤料和进水方式应与要设计的滤池相同，实验装置可以不回流。一些研究表明，当废水$COD_B > 400mg/L$、水力负荷太小或者污水中含有毒物质时，实验装置应考虑回流。

实验时，通过改变进水浓度或流量(将其中一个变量固定)，做5～9次实验，便可以得到需要的数据，然后用图解法得K'、m和n。下面介绍无回流实验时求K'、m和n的方法。

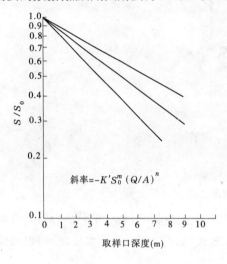

图4-27　求$K'S_0^m(Q/A)^n$

1. 求$K'S_0^m(Q/A)^n$

式(4-46)取对数后值

$$\ln\frac{S}{S_0} = -K'S_0^m(Q/A)^nH \quad (4-50)$$

式(4-50)是直线方程，实验时S_0与Q/A是已知的，只要测定各取样口的污染物浓度S后，便可以用$\ln(S/S_0)$与H作图，其斜率就是相应于某一S_0与Q/A的$K'S_0^m(Q/A)^n$(见图4-27)。

实验次数若采用5次时，建议做下述五组实验：S_{0-1}与Q_1/A、S_{0-1}与Q_2/A、S_{0-2}与Q_1/A、S_{0-2}与Q_2/A、S_{0-3}与Q_2/A。做6～9次实验时，可参考下述组合进行，第一组至第五组同前，其余四组如下：S_{0-2}与Q_1/A、S_{0-2}与Q_3/A、S_{0-3}与Q_1/A、S_{0-3}与Q_3/A。

2. 求m、n和K'

由于$K'S_0^m(Q/A)^n = |$斜率$|$，两边取对数后得

$$\lg|斜率| = \lg K'S_0^m + n\lg(Q/A) \quad (4-51)$$

和

$$\lg|斜率| = \lg(K'Q/A)^n + m\lg S_0 \quad (4-52)$$

用前面所求得的斜率，分别以$\lg|$斜率$|$与$\lg(Q/A)$及$\lg|$斜率$|$与$\lg S_0$作图，得到两条直线，其斜率为n与m(见图4-28)。最后利用式(4-50)可以求得K'。

(三)实验装置与设备

1. 实验装置

实验装置由生物滤池、水泵、吸水池和沉淀池等部分组成(见图4-29)。滤池与沉淀池之间应有一定空隙，以便取池底出流样品进行分析。如果在布置上有困难，也可在靠近的格栅处再设一取样口。

2. 实验设备和仪器仪表

(1)生物滤池：有机玻璃或硬塑料制，高度$H = 2m$，直径$D = 0.2m$，1个。其中取样口：直径$d = 1.5cm$，从池顶开始距离0.5m处设一取样口。填料：纸质蜂窝或玻璃钢蜂窝。

(2)沉淀池：硬塑料制，高度$H = 0.4m$(带锥形底)，直径$D = 0.4m$，1个。

(3)三相电泵：DB-25A，380V，120A，1台。

(4)流量计:LZB-6 或 LZB-10,1 个。

(5)吸水池:硬塑料或木制,高度 $H=0.5m$,直径 $D=0.4m$,1 个。

(6)测定 COD 或 BOD 仪器:1 套。

(7)显微镜:1 台。

(8)烧杯:200mL,50~10 个。

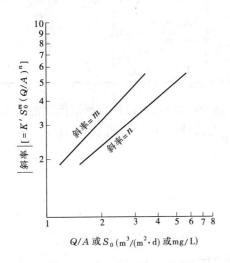

图 4-28　图解法求 m 和 n

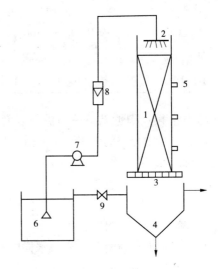

图 4-29　生物滤池实验装置示意图
1—生物滤池;2—旋转布水器;3—格栅;
4—沉淀池;5—取样口;6—吸水池;7—水泵;
8—流量计;9—阀门

(四)实验步骤

(1)培养生物膜(挂膜)。

①取城市污水厂活性污泥或生物膜(取自二沉淀)3~5L,在吸水池里与污水混合。

②用水泵将上述混合液提升使其喷淋于生物滤池,出水进入沉淀池后回流到吸水池,用水泵再提升使其喷淋于滤池,这样循环几次。

③用小流量($1\sim3m^3/(m^2\cdot d)$)运行生物滤池,运行过程中把沉淀池中的污泥不断回流到滤池的吸水池中。经过几天或几个星期以后,滤料表面便可以生长良好的生物膜,培养生物膜所需要的时间与污水性质和温度有关。

(2)用 BOD_5 为 100~200mg/L,水力负荷为 $10\sim20m^3/(m^2\cdot d)$ 进行 5 次以上的实验。对于每一组实验条件(如 $S_0=100mg/L$),$Q_1=10m^3/(m^2\cdot d)$。可先在滤池底部取样分析,至取得结果达到稳定时,在三个取样口及池底处取样分析。

(3)整个实验结束后,取出滤料,观察不同滤床深度处的微生物变化。

(五)注意事项

(1)根据具体条件,实验污水可采用生活污水,也可以用葡萄糖配制合成污水,合成污水组成可参考表 4-18。

(2)分析项目可以根据具体要求确定,通常是 BOD、COD、温度、氨氮、SS 等。进水 BOD、COD 测定水样不过滤和沉淀,各取样口的样品测定 BOD、COD 时,应采用滤后的水样。

表 4-18　合成污水组成

（单位:mg /L）

成分	含量	成分	含量
葡萄糖	$200 \sim 300$	$MgSO_4 \cdot 7H_2O$	20
NH_4Cl	按 $BOD_5 : N = 100 : 5$ 计算或 55	$MnSO_4 \cdot H_2O$	2
$NaHCO_3$	200	$CaCl_2$	15
KH_2PO_4	按 $BOD_5 : P = 100 : 1$ 计算或 12	$FeCl_2 \cdot 6H_2O$	1

(3)培养生物膜时,当观察到滤料表面出现生物膜迹象时,可以停止回流沉淀池污泥。

(4)本实验中介绍的 DB-25A 三相电泵流量偏大,最好能选用其他型号的泵。

(六)实验结果整理

(1)记录实验装置基本参数:

滤料体积 $V =$ ＿＿＿＿＿ m^3;滤池面积 $A =$ ＿＿＿＿＿ m^2。

用简图表示取样口位置。

(2)不同水力负荷时各取样口水样中有机污染物浓度 S 参考表 4-19 记录。

表 4-19　各取样口水样中有机污染物浓度 S

（单位:mg /L）

实验日期:＿＿＿＿＿,入流污水 S_0 ＿＿＿＿＿ mg/L

滤床深度 H_i(m)	水力负荷率							
	Q_1 (m^3/d)	Q'_1/A ($m^3/(m^2 \cdot d)$)	Q_2 (m^3/d)	Q_2/A ($m^3/(m^2 \cdot d)$)	Q_3 (m^3/d)	Q_3/A ($m^3/(m^2 \cdot d)$)	Q_4 (m^3/d)	Q_4/A ($m^3/(m^2 \cdot d)$)

(3)不同入流浓度时各取样口水样中有机污染物浓度 S 的记录可参考表 4-20。

表 4-20　各取样口水样中有机污染物浓度 S

（单位:mg /L）

滤床高度 H_i(m)	入流浓度 S_0(mg/L)		
	S_{0-1}	S_{0-2}	S_{0-3}

(4)以 $\ln(S/S_0)$ 为纵坐标、H 为横坐标作图,所得直线的斜率即 $K'S_0{}^m(Q/A)^n$。

(5)以 $\lg(K'S_0{}^m(Q/A)^n)$ 为纵坐标、$\lg(Q/A)$ 和 $\lg S_0$ 为横坐标作图,所得直线的斜

率分别为 m 与 n。

(6)用式(4-50)求 K'。

(七)实验结果讨论

(1)试述沿滤床深度微生物的变化。

(2)哪些因素会影响生物滤池的负荷率？如何影响？

实验八　好氧稳定塘实验

(一)实验目的

好氧稳定塘是生物稳定塘的一种形式,是一种菌－藻共生处理系统。对于好氧稳定塘的设计,目前还没有一个较完善的方法,设计时通常要根据具体情况,通过实验来确实设计负荷率和停留时间等设计参数。

通过本实验希望达到下述目的:

(1)掌握菌－藻共生絮状体的培养方法。

(2)掌握好氧稳定塘的实验方法。

(3)加深对菌－藻共生系统基本概念的理解。

(二)实验原理

实验室的好氧稳定塘实验是在已知有机负荷和停留时间的条件下进行的,通过实验可以提供有机物去除率的资料,以及在此负荷率时较合适的菌－藻比例及停留时间的资料。

污水进入好氧稳定塘后,可生物降解的有机物被细菌氧化分解,同时,藻类利用细菌代谢有机物后的终点产物二氧化碳作为碳源,以 NH_4^+ 为氮源、PO_4^{3-} 为磷源、阳光为能源合成新的藻类细胞,并产生供好氧细菌呼吸的氧气。夜间,没有阳光,藻类利用氧气进行内源呼吸(白天,藻类也进行内源呼吸,但总体趋势是产生大量的氧气),使系统的溶解氧降解,第二天光照后再产生氧气。系统内溶解氧浓度呈日夜变化状态。上述关系可以表示如下:

$$有机污染物 + O_2 \xrightarrow{细菌} 新细菌细胞 + CO_2 + H_2O$$

$$CO_2 + H_2O \xrightarrow[藻类]{阳光} 新藻类细胞 + O_2$$

上述表明,光照条件是保证好氧稳定塘正常运行的重要环节。实验时应尽量选用光谱与日光相近的光源,并要有足够的光照强度(大于 400lx),使藻类能够很好地进行光合作用。只要藻类提供的氧量和表面复氧超过生物和化学总需氧量,塘的好氧环境就能维持下去,使系统在好氧条件下正常运行。

白天,由于藻类的代谢过程要消耗 CO_2,使系统的 pH 值、碳酸盐碱度、OH^- 碱度升高,若水里钙离子浓度足够,则 pH>9 时,就会形成碳酸钙沉淀,使 pH 值不再继续升高,如下反应式所示:

$$CO_2 + H_2O \Leftrightarrow H_2CO_3 \Leftrightarrow H^+ + HCO_3^- \Leftrightarrow H^+ + CO_3^{2-}$$

$$CO_3^{2-} + Ca^{2+} \longrightarrow CaCO_3 \downarrow$$

夜间,藻类进行内源呼吸,放出二氧化碳,使系统的 pH 值下降,与溶解氧的变化相同,pH 值也是日夜变化的。

(三)实验装置与设备

1.实验装置

实验装置由模型氧化塘和旋转叶轮两部分组成,如图 4-30 所示。

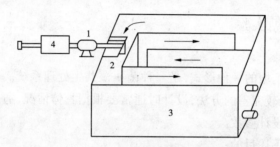

图 4-30　好氧稳定塘实验装置示意图
1—电动机;2—叶轮;3—好氧稳定塘;4—调压变压器或稳压电源

实验时,通过叶轮慢速旋转,使塘内的水以极慢速度流动,以此模拟生产性稳定塘流动情况,为使叶轮转速恒定,输入电源应经调压变压器或稳压电源后输入电动机。

2.实验设备和仪器仪表

(1)模型氧化塘:硬塑料制,长×宽×高 $=0.6m×0.42m×0.5m$,每廊道宽 $=0.11m$,1 个。

(2)叶轮:硬塑料制,直径 $D=20cm$,1 个。

(3)调压变压器:1kVA,1 台。

(4)电动机:NK-30 可逆电动机,127V,0.1A,1 台。

(5)太阳光管(装置放在室内时用):TZ40,4 支。

(6)酸度计:1 台。

(7)溶解氧测定仪:1 台。

(8)显微镜:1 套。

(9)测碱度仪器:1 台。

(10)烘箱:1 台。

(11)马福炉:1 台。

(12)照度计:ZE-2 型,1 台。

(13)分析天平:1 台。

(14)漏斗、漏斗架、台秤等。

(四)实验步骤

(1)菌-藻共生絮状体的培养:

①从受污染的水塘中取 15L 水作为藻类的接种液。

②从城市污水厂取 60L 二次沉淀池出流作为细菌的接种液。

③上述二者混合后投加 $NaHCO_3$ 15g、NH_4Cl 3g、KH_2PO_4 0.8 g、$MgSO_4$ 0.8 g、$FeCl_3·6H_2O$ 0.15g(上述化学药品应溶解加入实验装置),并与塘内水混合均匀,启动旋

转叶轮开始运行。

④第二天排出混合液 15L,沉淀 1h 后去除上层液,将沉淀物倒回稳定塘实验装置。

⑤投加 15L 二次沉淀池出流和步骤③中的药品。

⑥重复步骤④~⑤,4~6 天后可得到较好的菌－藻共生絮状物。

(2)菌－藻共生絮状物培养好后,按水力停留时间 5 天、泥龄 5 天进行操作,即每天排去塘内混合液 1/5,然后投加等体积的合成污水或城市污水。合成污水组分见表 4-21。

表 4-21 好氧稳定塘合成污水组分

成分	1L 溶液中的含量(mg)	成分	1L 溶液中的含量(mg)
谷氨酸钠①	1 000	$MgSO_4$	50
NH_4Cl	200	$CaCl_2$	15
KH_2PO_4	50	$MnSO_4$	5
$NaHCO_3$	1 000	$FeSO_4 \cdot 6H_2O$	2

注:①谷氨酸钠分子式为:$NaOOC-CH_2-CH_2-\underset{NH_2}{\overset{\downarrow}{CH}}-COOH$。

(3)运行期间应观察 pH 值、DO 值、碱度、浑浊度、菌－藻共生絮状的变化。

(4)运行 1 周后做一次 COD、SS、MLVSS 分析。

(5)按水力停留时间为 3 天、混龄 3 天及水力停留时间 1 天、泥龄 1 天进行运行,操作方法与实验步骤(2)、(3)、(4)类同。

(6)实验期间每天镜检一次。

(五)注意事项

(1)若实验装置放在室外,观察 pH 值、DO 值和碱度日夜变化规律的实验应在晴天进行。

(2)若实验装置放在室内,可用 4 支 TZ40 的太阳光管作为光源,每照射 12h,灯管离水面 10cm 左右。

(3)每天的操作和测定时间应在同一时间进行(例如每天都在下午 2 点取样、排去混合液和进料),使测定结果具有可比性。

(4)水力停留时间、泥龄改变后,建议合成污水的浓度也作相应改变,以使塘内各组分的浓度不变。

(六)实验结果整理

(1)记录实验装置的基本参数:

好氧稳定塘:有效容积:＿＿＿ L;

　　　　　　有效深度:＿＿＿ m;

　　　　　　实验期间平均气温:＿＿＿℃;

　　　　　　平均光照时间:＿＿＿ h/d;

　　　　　　平均光照强度:＿＿＿ lx;

　　　　　　合成污水组分。

(2)实验测得数据,分别参考 4-22、表 4-23 记录。

(3)以 pH 值、DO 值和碱度为纵坐标,时间为横坐标作图,得到 pH 值、DO 值碱度 24h 变化曲线。

(4)根据表 4-22 数据计算有机负荷率。

(5)记录生物相的变化。

表 4-22 好氧塘日常观察测试记录

水力停留时间_____ 泥龄_____ 谷氨酸钠投加量

日期	天气	pH	DO (mg/L)	碱度 (mg/L)	COD(mg/L)		MLSS (g/L)	MLVSS (g/L)
					进水	出水		

表 4-23 观察 pH 值、DO 值和碱度日夜变化记录

测定时间					
光照强度(lx)					
pH					
DO(mg/L)					
碱度(mg/L)					

(七)实验结果讨论

(1)比较三种不同水力停留时间和泥龄的实验结果,可以得到什么结论?

(2)试述好氧稳定塘的适用范围。

实验九 厌氧消化实验

(一)实验目的

厌氧消化可用于处理有机污泥和高浓度有机工业污水(如酒精厂、食品加工厂污水),是污水和污泥处理的主要方法之一。

由于厌氧消化过程中 pH 值、碱度、温度、负荷率等因素影响,产气量与操作条件、污染种类有关。进行消化池设计以前,一般都要经过实验室实验来确定有关设计参数,因此掌握厌氧消化实验方法是很重要的。

通过本实验希望达到下述目的:

(1)掌握厌氧消化实验方法。

(2)了解厌氧消化过程 pH 值、碱度、产气量、COD 去除率、MLVSS 的变化情况,加深对厌氧消化的理解。

(二)实验原理

厌氧消化过程是无氧条件下,兼性细菌和专性厌氧细菌降解有机物的过程,其终点产物与好氧处理不同:碳素大部分转化为甲烷,氮素转为化氨和氮,硫素转化为硫化氢,中间产物除同化合成为细菌物质外,还合成复杂而稳定的腐殖质。厌氧消化可分为三步进行。

第一步,固定有机物在胞外酶作用下进行水解,转化为溶解性有机物。一般情况下水解的速度很快,在消化过程中这一步不起控制作用。如果污水中无固态有机物,反应直接从第二步开始。

第二步,溶解性有机物在产酸菌作用下转变为乙酸、丙酸、甲醇、丁酸等简单有机物。由于产酸菌繁殖速度较快,世代时间短,反应速度快,因此在消化过程中这一步也不起控制作用。

如果污水或污泥中含有硫酸盐,另一组细菌——脱硫弧菌就利用有机物和硫酸根合成新的细胞,产生 H_2S、CO_2,在进行甲烷发酵前就代谢掉许多有机物,使甲烷产量降低。

第三步,上述简单有机物在甲烷细菌作用下转化为甲烷和二氧化碳。甲烷细菌由甲烷杆菌、甲烷弧菌等绝对厌氧细菌组成。由于甲烷细菌繁殖速度慢、世代时间长,所以这一反应步骤控制了整个厌氧消化过程。

概括起来厌氧消化可以表示如下:

$$固态有机物 \xrightarrow[水解]{胞外酶} 溶解性有机物 \xrightarrow[(脱硫弧菌)]{产酸菌}$$

$$有机酸 \xrightarrow[(H_2S)]{甲烷菌} CH_4 + CO_2$$

在进行厌氧消化实验时应保证形成有机酸和甲烷的速度保持平衡,消化才能正常进行。为建立这一平衡,实验时应注意下述实验条件:

(1)绝对厌氧。由于甲烷细菌的专性厌氧细菌,实验装置(或产生性设备)应保证绝对厌氧条件。

(2)pH 值。实验系统的 pH 值宜控制在 $6.2 \sim 7.5$ 之间,碱度维持在 $1\,000 \sim 5\,000$ mg/L($CaCO_3$)。当 pH 值低于 6.2 时,实验系统内可以投加碳酸氢钠调节碱度,生产性设备则可投加石灰调节碱度。

(3)营养。兼性细菌、厌氧细菌与好氧细菌一样,需要氮、磷等营养元素以及各种微量元素,厌氧消化过程中氮、磷的投加量可按 BOD:N:P = 100:1:0.2 进行。如果实验污水或污泥含氮量不够,可以投加氯化铵作为氮源,但不能投加硫酸铵,因为脱硫弧菌会利用硫酸铵产生 H_2S、CO_2 及合成细胞,降低 CH_4 的产量。

(4)温度。有机物厌氧稳定所需要的时间受温度影响,一般认为高温消化最适宜温度为

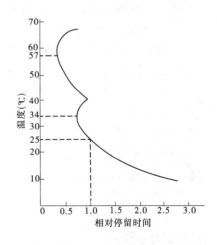

图 4-31　温度对城市污水厂初沉池污泥
厌氧稳定要求相对时间的影响
(假定污泥在 25℃ 时厌氧稳定所需时间为"1")

49～57℃。如图 4-31 所示。

(5)混合。适当混合使厌氧细菌与有机物充分接触,是使厌氧消化正常进行的必要条件。实验室里间歇进料厌氧消化实验,在温度为 35℃时,每日混合 1～2 次即可。

(6)水力停留时间。污水或污泥在厌氧消化设备中的停留时间以不引起厌氧细菌消失为准,它与操作方式有关。当温度为 35℃时,对于间歇进料的实验,水力停留时间为 5～7 天。

(7)有毒物质。与好氧处理相同,有毒物质会影响或破坏厌氧消化过程。例如,重金属、HS^-、NH_3、碱与碱土金属(Na^+、K^+、Ca^{2+}、Mg^{2+})等都会影响厌氧消化。

厌氧消化实验可以用污水、污泥、马粪等进行实验,也可以用已知成分的化学药品如醋酸、醋酸钠、谷氨酸等进行实验。本实验是在 35℃条件下,用谷氨酸钠和磷酸氢二钾配制的合成污水进行实验。

本实验采用间歇进料方式,进行厌氧消化科研时,一般都采用连续进料的形式。

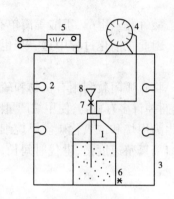

图 4-32　厌氧消化实验装置示意图
1—消化器;2—白炽灯;3—恒温箱;4—湿式气体流量计;
5—温度指示控制仪;6、7—螺丝夹;8—进料漏斗

(三)实验装置与设备

1. 实验装置

实验装置由消化器、湿式气体流量计和恒温箱组成,如图 4-32 所示。

消化器放在恒温箱内,用普通白炽灯加热,并以温度控制仪控制恒温箱温度。

2. 实验设备和仪器仪表

(1)消化器 2 500mL 的两口小口瓶:1 个。

(2)湿式气体流量计:BSD-0.5 型,1 台。

(3)白炽灯泡:100W,6 个。

(4)温度指示控制仪:WMZK-01,2 台。

(5)COD 测定仪器:1 套。

(6)测定碱度仪器:1 台。

(7)烘箱:1 台。

(8)马福炉:1 台。

(9)分析天平:1 台。

(10)气相色谱仪:1 台。

(11)酸度计:1 台。

(12)漏斗、螺丝夹等。

(四)实验步骤

(1)从城市污水厂取回成熟的消化污泥,并测定其 MLSS。

(2)取消化污泥 2L,装入厌氧消化器内(控制污泥浓度 20g/L 左右)。

(3)密闭消化反应系统,放置一天,以便兼性细菌消耗掉消化器内的氧气。

(4)将消化器内的混合液摇匀,按确定的水力停留时间由螺丝夹6(见图4-32)处排去消化器的混合液。例如水力停留时间为5天,应排去混和液400mL。

(5)配制10g/L的谷氨酸钠溶液。

(6)按确定的停留时间投加谷氨酸钠溶液和相应的磷酸二氢钾溶液,使消化器内混合液体积仍然是2L。

先倒少量谷氨酸钠溶液于进料漏斗,微微打开螺丝夹使溶液缓缓倒入消化器,并继续加谷氨酸钠和磷酸二氢钾溶液。

当漏斗中溶液只剩很少量时,迅速关紧螺丝夹,以免空气进入实验装置。

(7)摇匀消化器内混合液。

(8)第二天,记录湿式气体流量计读数,计算一天的产气量。

(9)以后每天重复实验步骤(4)、(6)、(7)、(8)。一般情况下,运行1~2个月可以得到稳定的消化系统。

(10)实验系统稳定后连续3天测定pH值、气体成分、碱度、进水COD、出水COD、MLVSS。

(五)注意事项

(1)为使实验装置不漏气,可用橡皮泥密封各接口。

(2)每组宜做两个对比实验,一个为水力停留时间大于7天,另一个为小于7天,以观察pH值、碱度、产气量、COD去除率变化情况。停留时间小于7天的装置可以实验开始后的10~20天测定上述项目。

(六)实验结果整理

(1)记录实验设备和操作基本参数:

实验开始日期_____年_____月_____日;

实验结束日期_____年_____月_____日;

消化器容积_____L;

实验温度_____℃;

泥龄 θ_1 _____、θ_2 _____;

谷氨酸钠投加量_____g;

磷酸二氢钾投加量_____g。

(2)参考表4-24记录产气量和pH值。

表4-24　产气量和pH值

水力停留时间 θ_1

日期	湿式气体流量计数	产气量(mL/d)	pH值

(3)气相色谱仪测得的气体成分可参考表4-25记录。

(4)测定碱度可按表4-26记录,并计算碱度(以 $CaCO_3$ 计)。

表 4-25　厌氧消化气体成分

成分	$h(CH_4)$ (cm)	CH_4 (%)	$h(CO_2)$ (cm)	CO_2 (%)	$h(H_2)$ (cm)	H_2 (%)
标准样						
日期						

表 4-26　测定碱度数据记录

日期	$\theta_0(d)$	H_2SO_4 的用量			H_2SO_4 的浓度 (mol/L)
		后读数	初读数	差　值	

(5)测定 COD 实验数据可参考表 4-27 记录。根据表 4-27 所列数据计算 COD。

表 4-27　COD 测定数据

日期	θ_1 (d)	空白				进水 COD				出水 COD				硫酸亚铁铵的浓度 (mol/L)
		后读数	初读数	差值	水样体积 (mL)	后读数	初读数	差值	水样体积 (mL)	后读数	初读数	差值	水样体积 (mL)	

(6)MLSS 和 MLVSS 的测定数据可参考表 4-28 记录。根据表 4-28 所列数据计算 MLSS 和 MLVSS。

表 4-28　MLSS 与 MLVSS 测定数据

滤纸灰分：＿＿＿＿＿＿

日期	$\theta_1(d)$	坩埚编号	坩埚＋滤纸 (g)	坩埚＋滤纸＋污泥 (g)	灼烧后 (g)

(七)实验结果讨论

(1)试述泥龄对厌氧消化处理的影响。

(2)根据实验结果讨论环境因素对厌氧消化的影响。

(3)您认为消化池设计的主要参数是什么？为什么？

实验十　工业污水可生化性实验

(一)实验目的

由于生物处理方法较为经济,在研究有机工业污水的处理方案时,一般首先考虑采用生物处理的可能性。但是,有些工业污水在进行生物处理时,因为含有难生物降解的有机物污染物质而不能正常运行。因此,在没有现成的科研成果或生产运行资料可以借鉴时,需要通过实验来考察这些工业污水生物处理的可能性,研究它们进入生物处理系统后可能产生的影响,或某些组分进入生物处理设备的允许浓度等。

通过本实验希望达到下述目的:

(1)了解工业污水可生化性的含义。

(2)掌握本实验介绍的测定工业污水可生化性的实验方法。

(二)实验原理

微生物降解有机污染物的物质代谢过程中所消耗的氧包括两部分:①氧化分解有机污染物,使其分解为 CO_2、H_2O、NH_3(存在含氮有机物时)等,为合成新细胞提供能量;②供微生物进行内源呼吸,使细胞物质氧化分解。下列式子可说明物质代谢过程中的这一关系。

合成:

$$8CH_2O + 3O_2 + NH_3 \rightarrow C_5H_7NO_2 + 3CO_2 + 6H_2O$$

$$\begin{bmatrix} 3CH_2O + 3O_2 \rightarrow 3CO_2 + 3H_2O + 能量 \\ 3CH_2O + NH_3 \rightarrow C_5H_7NO_2 + 3H_2O \end{bmatrix}$$

从上反应式可以看到,约 1/3 的 CH_2O(酪蛋白)被微生物氧化分解为 CO_2、H_2O,同时产生能量供微生物合成新细胞,这一过程要消耗氧。

内源呼吸:

$$C_5H_7NO_2 + 5O_2 \rightarrow 5CO_2 + NH_3 + 2H_2O$$

由上反应式可看出,内源呼吸过程氧化 1g 微生物需要的氧量为 1.42g($5O_2/C_5H_7NO_2 = 160/113 = 1.42$)。

微生物进行物质代谢过程的需氧速率可以用下式表示:总的需氧速率＝合成细胞的需氧速率＋内源呼吸的需氧速率,即

$$\left(\frac{dO}{dt}\right)_T = \left(\frac{dO}{dt}\right)_F + \left(\frac{dO}{dt}\right)_\sigma \tag{4-53}$$

式中:$\left(\dfrac{dO}{dt}\right)_T$ 为总的需氧速率,$mg/(L \cdot min)$;$\left(\dfrac{dO}{dt}\right)_F$ 为降解有机物,合成新细胞的耗氧速率,$mg/(L \cdot min)$;$\left(\dfrac{dO}{dt}\right)_\sigma$ 为微生物内源呼吸需氧速率,$mg/(L \cdot min)$。

如果污水的组分对微生物生长无毒害抑制作用,微生物与污水混合后立即大量摄取有机物合成新细胞,同时消耗水中的溶解氧。溶解氧的吸收(即消耗量)与水中的有机物浓度有关,实验开始时,间歇进料生物反应器有机物浓度较高,微生物吸收氧速率较快,以后,随着有机物浓度的逐渐降低,氧吸收速率也逐渐减慢,最后等于内源呼吸速率(见图

4-33)。如果污水中的某一种或几种组分对微生物的生长有毒害抑制作用,微生物与污水混合后,其降解利用有机物的速率便会减慢或停止,利用气温的速度也将减慢或停止(见图 4-34)。因此,我们可以实验测定活性污泥的吸呼速率,用氧吸收量累计值与时间的关系曲线、呼吸速率与时间的关系曲线来判断某种污水生物处理的可能性,或某种有毒有害物质进入生物处理设备的最大允许浓度。

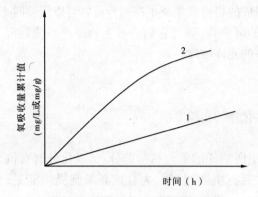

图 4-33　活性污泥生化呼吸过程线

1—氧化呼吸过程线;2—内源呼吸过程线

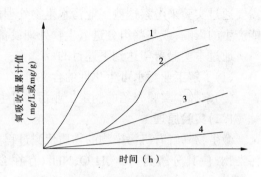

图 4-34　不同物质对微生物氧吸收过程的影响

1—易降解;2—经驯化后能降解;3—内源呼吸;4—有毒

污水中有毒有害成分对微生物的影响除了直接杀死微生物,使细胞壁变性或破裂以外,主要表现为抑制、损害酶的作用,使酶变性、失活。如重金属能与酶和其他代谢产物结合,使酶失去活性,改变原生质膜和酶的荷电,影响原生质的生化过程的能量代谢。

由于有毒有害物质对微生物的抑制作用不仅与毒物的浓度有关,还与微生物的浓度有关,因此实验时选用的污泥浓度与曝气池的污泥浓度相同,若用毒物对微生物进行培养驯化,可以使微生物逐渐适应这种毒物。如图 4-35 所示。

上述讨论说明,通过测定活性污泥的呼吸速率可以考察工业污水的可生化性。考察工业污水可生化性的方法有多种,主要有测定微生物的氧吸收值(瓦勃呼吸仪、BOD 测定仪)、测定污水的 BOD 与 COD 的比值、遥床或模型实验测定 BOD 与 COD 的去除效率以及 ATP、脱氢酶的活性的测定等方法。本实验采用的方法较为简便、直观,所需设备也较简单,易于掌握。

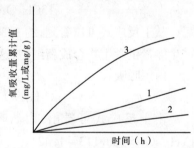

图 4-35　微生物驯化前后对毒物的适应性

1—未加毒物时内源呼吸;2—培养驯化以前;3—培养驯化以后

(三)实验装置和设备

1. **实验装置**

可生化性实验装置主要组成部分是生化反应器和曝气设备,如图 4-36 所示。实验时可以用压缩空气曝气(见图 4-36(a)),也可以用叶轮曝气(见图 4-36(b)),视设备条件而定,本实验采用叶轮曝气。

采用压缩空气曝气时,为防止压缩空气机的油随空气带入反应器,压缩空气输送管应先接入一个装有水的油水分离器后再入反应器。采用叶轮曝气时,为防止电压变化引起

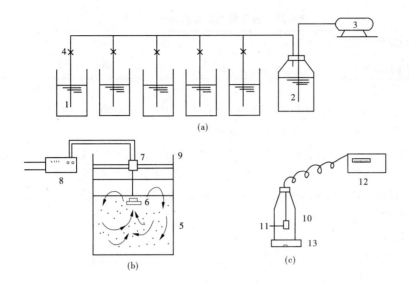

图 4-36　工业污水可生化性实验装置示意图

(a)用压缩空气曝气的实验装置;(b)用叶轮曝气的实验装置;(c)测定呼吸速率实验装置

1—生化反应器;2—油水分离器;3—空气压缩机;4—螺丝夹;5—生化反应器;6—曝气叶轮;7—电动机
8—稳压电源;9—电动机支架;10—广口瓶;11—溶解氧探头;12—溶解氧测定仪;13—电磁搅拌器

叶轮转速不稳定,电动机应接在稳压电源上。

2.实验设备和仪器仪表

(1)生化反应器:硬塑料制,高度 $H=0.42m$,直径 $D=0.3m$,1 个。

(2)泵型叶轮:铜制,直径 $d=12mm$,1 个。

(3)电动机:单向串激电动机,220V,2.5V,1 台。

(4)直流稳压电源:YJ44 型,0~30V,1~2A,1 台。

(5)压缩空气机(采用压缩空气曝气时):Z-0.025/6,1 台。

(6)溶解氧测定仪:1 台。

(7)电磁搅拌器:1 台。

(8)广口瓶:250mL(根据溶解氧探头大小确定瓶子尺寸),1 个。

(9)小口瓶:250mL,1 个。

(10)秒表,1 块。

(四)实验步骤

(1)从城市污水厂曝气池出口取回活性污泥混合液,搅拌均匀后,在 6 个反应器内分别加入 6L,再加自来水至 20L,使每只反应器内的污泥浓度为 1~2g/L。

(2)开动曝气叶轮,曝气 1~2h,使微生物处于饥饿状态。

(3)除欲测内源呼吸速率的 1 号反应器以外,其他 5 个反应器都停止曝气。

(4)静置沉淀,待反应器内污泥沉淀后,用虹吸去除上层清液。

(5)在 2~6 号反应器内均匀加入从污水厂初次沉淀池出口处取回的城市污水至 20L 处。

(6)继续曝气,并按表 4-29 计算和投加间甲酚。

表 4-29　各生化反应器内间甲酚浓度

生化反应器序号	1	2	3	4	5	6
间甲酚(mg/L)	0	0	100	300	600	1 000

(7)混合均匀立即取样测定呼吸速率(dO/dt),以后每隔 30min 测定一次呼吸速率,3h 后改为每隔 1h 测定一次,5~6h 后结束实验。

呼吸速率测定方法:用 250mL 的广口瓶取反应器内混合液 1 瓶,迅速用装有溶解氧探头的橡皮塞子塞紧瓶口(不能有气泡或漏气),将瓶子放在电磁搅拌器上(见图 4-36 (c)),启动搅拌器,定期测定溶解值 C(0.5~1min),并作记录,然后利用 C 与 t 作图,所得直线的斜率即微生物呼吸速率。

(五)注意事项

(1)本实验所列实验设备(除空气压缩机外)是一组学生所需设备。每组学生(二人)仅完成一种浓度实验,即表 4-29 所列内容应由 6 组学生完成。

(2)加入各生化反应器的活性污泥混合液量应相等,这样才能使各反应器内的活性污泥的呼吸速率相同(即 MLSS 相同),使各反应器的实验结果有可比性。

(3)取样测定呼吸速率时,应充分搅拌使反应器内活性污泥浓度保持均匀,以避免由于采样带来的误差。

(4)反应器内的溶解氧建议维持在 6~7mg/L,以保证测定呼吸速率时有足够的溶解氧。

(六)实验结果整理

(1)记录实验操作条件:

实验日期:_____年__月__日;

反应器序号:_____;

间甲酚投加量:_____g;

污泥浓度:_____g/L。

(2)测定 dO/dt 的实验记录可参考表 4-30。

表 4-30　溶解氧测定值

时间 t(min)									
溶解氧测定值(mg/L)									

(3)以溶解氧测定值为纵坐标、时间 t 为横坐标作图,所得直线的斜率 dO/dt(做 5h 测定可得到 9 个 dO/dt 值)。

(4)以呼吸速率 dO/dt 为纵坐标、时间 t 为横坐标作图,得 dO/dt 与 t 的关系曲线。

(5)用 dO/dt 与 t 关系曲线,参考表 4-31 计算氧吸收量累计值 O。

表 4-31 中 $\dfrac{dO}{dt} \times t$ 和 O_n 可参考下列式子计算:

表 4-31　氧吸收量累计值计算

序号	1	2	3	4	5	6	…	$n-1$	N
时间(h)									
$\dfrac{dO}{dt}$ (mg/(L·min))									
$\dfrac{dO}{dt}\times t$ (mg)									
O_n (mg)									

$$\left(\frac{dO}{dt}\cdot t\right)_n = \frac{1}{2}\left[\left(\frac{dO}{dt}\right)_n + \left(\frac{dO}{dt}\right)_{n+1}\right]\times(t_n - t_{n-1}) \tag{4-54}$$

$$(O_n)_n = (O_n)_{n-1} + \left(\frac{dO}{dt}\times t\right)_n \tag{4-55}$$

式(4-54)和式(4-55)中:$n=2$、3、4…。

(6)以氧吸收量累计值 O_n 为纵坐标、时间 t 为横坐标作图,得到间甲酚对微生物氧吸收过程的影响曲线。

(七)实验结果讨论

(1)有毒有害物质对微生物的抑制或毒害作用与哪些因素有关?

(2)拟定一个确定有毒物质进入生物处理构筑物容许浓度实验方案。

实验十一　污泥比阻的测定

(一)实验目的

污泥比阻(或称比阻抗)是表示污泥脱水性能的综合性指标,污泥比阻愈大,脱水性能愈差;反之,脱水性能愈好。本实验测定活性污泥的比阻,是以 $FeCl_3$ 和 $Al_2(SO_4)_3$ 为混凝剂进行实验。

通过本实验希望达到下述目的:

(1)掌握测定污泥比阻的实验方法。

(2)掌握用布氏漏斗实验选择混凝剂。

(3)掌握确定投加混凝剂量的方法。

(二)实验原理

污泥比阻是单位过滤面积上,单位干重滤饼所具有的阻力,在数值上等于黏滞度为 1 时,滤液通过单位重量的泥饼产生单位滤液流率所需要的压差。

影响污泥脱水性能的因素有污泥的性质、污泥的浓度、污泥和滤液的黏滞度、混凝剂的种类和投加量等。通常用布氏漏斗实验,通过测定污泥滤液滤过介质的速度来快速确定污泥比阻的大小,并比较不同污泥的过滤性能,确定最佳混凝剂及其投加量。

污泥脱水是依靠过滤介质(多孔性物质)两面的压力差作为推动力,使水分强制通过过滤介质,固体颗粒被截留在介质上,达到脱水的目的。造成压力差的方法有四种:①依靠污泥本身厚度的静压力(如污泥自然干化场的渗透脱水);②过滤介质的一面造成负压(如真空过滤脱水);③加压污泥把水分压过过滤介质(如压滤脱水);④造成离心力作为推动力(如离心脱水)。

根据推动力在脱水过程中的演变,可分为定压过滤与恒速过滤两种。前者在过滤过程压力保持不变,后者在过滤过程中过滤速度保持不变。

本实验是用抽真空的方法造成压力差,并用调节阀调节压力,使整个实验过程压力差恒定。

过滤开始时,滤液只需克服过滤介质的阻力,当滤饼逐步形成后,滤液还需克服滤饼本身的阻力。滤饼是由污泥的颗粒堆积而成的,也可视为一种多孔性的过滤介质,孔道属于毛细管。因此,真正的过滤层包括滤饼与过滤介质。由于过滤介质的孔径远比污泥颗粒的粒径大,所以在过滤开始阶段,滤液往往是浑浊的。随着滤饼的形成,阻力变大,滤液变清。

由于污泥悬浮颗粒的性质不同,滤饼的性质可分为两类:一类为不可压缩性滤饼,如沉砂、初次沉淀污泥或其他无机沉渣,在压力的作用下,颗粒不会变形,因而滤饼中滤液的通道(如毛细管孔径与长度)不因压力的变化而改变;另一类为可压缩性滤饼,如活性污泥,在压力的作用下,颗粒会变形,随着压力增加,颗粒被压缩并挤入孔道中,使滤液的通道变小,阻力增加。

过滤时,滤液体积 V 与压强 P、过滤面积 A、过滤时间 t 成正比,而与过滤阻力 R、滤液黏滞度 μ 成反比,即

$$V = \frac{PAt}{\mu R} \tag{4-56}$$

式中:V 为滤液体积,mL;P 为过滤时压强,Pa;A 为过滤面积,cm²;t 过滤时间,s;μ 为滤液黏度,Pa·s;R 为单位过滤面积上通过单位体积的滤液所产生的过滤阻力,决定于滤饼性质,cm^{-1}。

过滤阻力 R 包括滤饼阻力 R_x 和过滤介质阻力 R_δ 两部分。阻力 R 随滤饼厚度增加而增加,过滤速度则随滤饼厚度的增加而减小,因此将式(4-56)改成微分形式:

$$\frac{dV}{dt} = \frac{PA}{\mu R} = \frac{PA}{\mu(\delta R_x + R_\delta)} \tag{4-57}$$

式中:δ 为泥饼的厚度。

设每滤过单位体积的滤液,在过滤介质上截留的滤饼体积为 v,则当滤液体积为 V 时,滤饼体积为 $v \cdot V$,因此

$$\delta A = vV \tag{4-58}$$

$$\delta = \frac{vV}{A} \tag{4-59}$$

将式(4-58)代入式(4-57)得

$$\frac{dV}{dt} = \frac{PA^2}{\mu(vVR_x + R_\delta A)} \tag{4-60}$$

若以滤过单位体积的滤液在过滤介质上截流的滤饼干固体重量 C 代替 μ,并以单位重的阻抗 r 代替 R_x,则式(4-59)可改写成:

$$\frac{dV}{dt} = \frac{PA^2}{C(vVr + R_\delta A)} \tag{4-61}$$

定压过滤时,式(4-60)对时间积分得

$$\int_0^t dt = \int_0^V \left(\frac{\mu CVr}{PA^2} + \frac{\mu R_\delta}{PA} \right) dV \tag{4-62}$$

$$t = \frac{\mu CrV^2}{2PA^2} + \frac{\mu R_\delta V}{PA} \tag{4-63}$$

$$\frac{t}{V} = \frac{\mu CrV}{2PA^2} + \frac{\mu R_\delta}{PA} \tag{4-64}$$

式(4-64)说明,在定压下过滤,t/V 与 V 成直线关系,即

$$y = bx + a$$

斜率:
$$b = \frac{\mu Cr}{2PA^2} \tag{4-65}$$

截距:
$$a = \frac{\mu R_\delta}{PA} \tag{4-66}$$

因此,比阻公式为

$$r = \frac{2PA^2}{\mu} \cdot \frac{b}{C} \tag{4-67}$$

式中:r 为污泥比阻,cm/g;b 单位为 s/cm^6;C 单位为 g/cm^3。

从式(4-67)可以看出,要求得污泥比阻 r,需在实验条件下求出斜率 b 和 C。b 的求法是,可在定压下(真空度保持不变)通过测定一系列的 $t - V$ 数据,用图解法求取,见图4-37。C 的求法为:

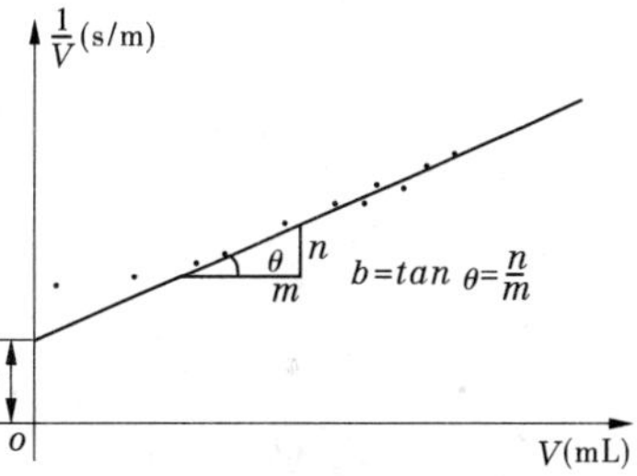

$$C = \frac{(V_0 - V_y)C_b}{V_y} (\text{g 泥饼干重 /mL 滤液}) \tag{4-68}$$

图 4-37　图解法求 b 示意图

式中:V_0 为原污泥体积,mL;V_y 为滤液体积,mL;C_b 为滤饼固体浓度,g/mL。

$$V_0 C_0 = V_y C_y + V_b C_b$$
$$V_b = V_0 - V_y \tag{4-69}$$

$$V_y = \frac{V_0(C_0 - C_b)}{C_y - C_0} \tag{4-70}$$

式中:C_0 为原污泥固体浓度,g/mL;C_y 为滤液中固体浓度,g/mL;V_b 为滤饼体积,mL。

将式(4-70)代入式(4-68)得

$$C = \frac{C_b(C_0 - C_y)}{C_b - C_0} \tag{4-71}$$

因滤液固体浓度 C_y 相对污泥固体浓度 C_0 要小得多,故忽略不计,因此

$$C = \frac{C_b C_0}{C_b - C_0} \tag{4-72}$$

投加混凝剂可以改善污泥的脱水性能,使污泥的比阻减小。对于无机混凝剂,如 $FeCl_3$、$Al_2(SO_4)_3$ 等的投加量,一般为污泥干重的 5%~10%;高分子混凝剂,如聚丙烯酰胺、碱式氯化铝等,投加量一般为污泥干重的 1%。

一般认为,比阻在 10^{12}~10^{18} cm/g 为难过滤污泥;比阻在 $(0.5~0.9)×10^{12}$ cm/g 为中等;比阻小于 $0.4×10^{22}$ cm/g 为易过滤污泥。

活性污泥的比阻一般为 $(2.74~2.94)×10^{13}$ cm/g;消化污泥的比阻为 $(1.17~1.37)×10^{14}$ cm/g;初沉污泥的比阻为 $(3.9~5.8)×10^{12}$ cm/g。

(三)实验装置与设备

1. 实验装置

实验装置由真空泵、吸滤筒、计量筒、抽气接管、布氏漏斗等组成,见图 4-38。

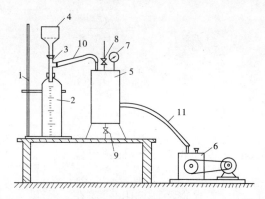

图 4-38　比阻抗实验装置图
1—固定铁架;2—计量筒;3—抽气接管;4—布氏漏斗;5—吸滤筒;6—真空泵
7—真空表;8—调节阀;9—放空阀;10—硬塑料管;11—硬橡皮管

计量筒为具塞玻璃量筒,用铁架子固定夹住,上接抽气接管和布氏漏斗。吸滤筒作为真空室及盛水之用,是用有机玻璃制成的。它上有真空表和调节阀,下有放空阀;一端用硬塑料管联结抽气接管,另一端用硬橡皮管接真空泵。真空泵抽吸吸滤筒内的空气,使筒内形成一定真空度。

2. 实验设备和仪器仪表

(1)真空泵:YQ02-30 型,30L 旋片式,1 台。

(2)铁制固定架:1 个。

(3)具塞玻璃量筒:容量 100mL,内径 28mm,1 个。

(4)抽气接管:标准磨口 19mm,标准塞 19mm,1 支。

(5)布氏漏斗:ϕ80mm,1 个。

(6)调节阀、放空阀:2 个。

(7)真空表:101.8kPa(760mmHg),1 块。

(8)秒表:1 块。

(9)烘箱:101-2 型电热鼓风箱,1 台。

(10)分析天平:TG-328A 全机械加码,1 台。

(11)抽滤筒:$\phi 15 \times 25$mm(高),1个。

(四)实验步骤

(1)测定污泥的固体浓度 C_0。

(2)配制 $FeCl_3$(10g/L)和 $Al_2(SO_4)_3$(10g/L)混凝剂溶液。

(3)用 $FeCl_3$(10g/L)混凝剂调节污泥(每组加一种混凝剂量,加量分别为污泥干重的5%、6%、7%、8%、9%、10%)。

(4)在布氏漏斗上放置快速滤纸(直径大于漏斗,最好大于一倍),用水湿润,贴紧周底。

(5)启动真空泵,用调节阀调节真空压力到比实验压力小约1/3,实验压力为35.5kPa(真空度266mmHg)或70.9kPa(真空度532mmHg),使滤纸紧贴漏斗底,关闭真空泵。

(6)放50~60mL调节好的污泥在漏斗内(污泥高度不超过滤纸高度),使其靠重力过滤1min,启动真空泵,调节真空压力至实验压力,记下此时计量筒内的滤液体积 V_0,启动秒表。在整个实验过程中,仔细调节真空度调节阀,以保持实验压力恒定。

(7)每隔一定时间(开始过滤时可每隔10s或15s,滤速减慢后可每隔30s或1min),计下计量筒内相应的滤液体积 V'。

(8)定压过滤至滤饼破裂真空破坏,如真空长时间不破坏,则过滤20min后即可停止(也可30~40min,待泥饼形成为止)。

(9)测出定压过滤后滤饼的厚度及固体浓度。

(10)另取加 $Al_2(SO_4)_3$ 混凝剂的污泥(每组加混凝剂与加 $FeCl_3$ 量相同)及不加混凝剂的污泥,按实验步骤(4)~(9)分别进行实验。

(五)注意事项

(1)污泥中加混凝剂后,应充分混合。

(2)在整个过滤过程中,真空度应始终保持一致。

(3)实验时,抽真空装置的各个接头均不应漏气。

(六)实验结果整理

(1)测定并记录实验基本参数:

实验日期:_____年__月__日。

实验真空度:_____kPa。

加混凝剂量及泥饼厚度。

加 $Al_2(SO_4)_3$ _____mg/L,泥饼厚度 $\delta_1 =$ _____mm;

加 $FeCl_3$ _____mg/L,泥饼厚度 $\delta_2 =$ _____mm;

不加混凝剂的泥饼厚度 $\delta_3 =$ _____mm;

污泥固体浓度 $C_0 =$ _____mm;

泥饼固体浓度 $C_b =$ _____mm;

(2)将实验测得数据按表4-32记录并计算。

表 4-32　实验记录计算表

不加混凝剂的污泥				加 FeCl₃ 的污泥				加 Al₂(SO₄)₃			
$t(s)$	计量筒内滤液 V(mL)	滤液量 $V = V_1 - V_0$ (mL)	$\dfrac{t}{V}$ (s/mL)	$t(s)$	计量筒内滤液 V(mL)	滤液量 $V = V_1 - V_0$ (mL)	$\dfrac{t}{V}$ (s/mL)	$t(s)$	计量筒内滤液 V(mL)	滤液量 $V = V_i - V_0$ (mL)	$\dfrac{t}{V}$ (s/mL)
0				0				0			
15				15				15			
30				30				30			
45				45				45			
60				60				60			
75				75				75			
90				90				90			
105				105				105			
120				120				120			
135				135				135			
⋮				⋮				⋮			

(3)以 t/V 为纵坐标、V 为横坐标作图,求 b。

(4)根据泥饼和污泥固体浓度求出 C。

(5)计算实验条件下的比阻 r。

(6)以比阻 r 为纵坐标、混凝剂投加量为横坐标作图,求最佳投药量。

(七)实验结果讨论

(1)比阻抗的大小与污泥的固体浓度有否关系? 是怎样的关系?

(2)活性污泥在真空过滤时,能否讲真空度越大泥饼的固体浓度越大? 为什么?

(3)对实验中发现的问题加以讨论。

第五章 大气污染控制实验理论与技术

第一节 概 述

大气污染是指由于人类活动或自然过程,使某些有害气体、固体微粒等物质进入大气层,改变了大气圈中某些原有成分和增加了某些有毒有害物质,致使大气质量下降或恶化,从而对生态系统、人类生存和发展及工农业生产造成不利影响或危害的现象。我们一般所说大气污染是指人为因素造成的大气污染。大气污染是人类当前面临的重要环境污染问题之一。随着人类社会经济和生产的迅速发展,以化石燃料为主的各种能源被大量消耗,并向大气层排放大量含硫、氮、烟尘等物质的工业废气和生活废气,从而影响大气环境的质量,对人和物都可造成危害,尤其是在人口稠密的城市和工业区域,这种影响更大。

形成大气污染的三个要素是:污染源、受体和大气状态,即大气污染的程度与污染物的性质、污染源的排放、气象条件和地理条件等有关。

由于大气污染的作用,可以使某个或多个环境要素发生变化,使生态环境受到冲击或失去平衡,环境系统的结构和功能发生恶化。这种因大气污染而引起环境变化的现象,称为大气污染效应。在迄今为止的几次世界上重大污染事件中,就有五次事件是由大气污染造成的。

判定大气是否受到污染主要从三个方面界定:第一,大气质量下降或恶化;第二,这种恶化主要是由人类活动引起的;第三,大气是否污染的判别标准是大气背景值(即未受人类影响的干净大气中各种组分的天然本底值),超过此值者,即可称为大气污染。

在人类活动的影响下,大气中某些成分含量的变化是由小到大的量变过程,在其浓度未超标之前,实际上,大气污染已经产生了。因此,把某些成分含量超标以后才视为大气污染是不科学的,而且失去了预防的意义。当然,在判定大气是否污染时,应参照大气标准和其他因素。

人类活动或自然因素导致进入大气层,引起大气(空气)恶化或对人类和生态系统产生不利影响的各种物质(气体、颗粒物质等)称为污染物。污染物是大气污染的表现和结果,大气污染物的种类很多,日前被人们注意到或已经对环境和人类产生危害的大气污染物有 100 种左右。

根据大气污染物存在的形态可把污染物划分为两大类,即颗粒污染物和气态污染物。

颗粒污染物是指除气体之外的分散在大气中的物质,包括各种各样的固体、液体和气溶胶。其中有固体的灰尘、烟尘、烟雾以及液体的雾滴,其粒径范围从 $220\mu m$ 到 $0.1\mu m$。按粒径的差异可分为以下几种。

(1)粉尘。粉尘是指分散于气体中的固体微粒,这些微粒通常是由煤矿石和其他固体物料在运输、筛分、碾磨、燃烧等过程所致。粉尘的粒径一般在 $1\sim200\mu m$ 之间。大于

$10\mu m$ 的微粒,在重力作用下,能在较短时间内沉降到地面,称为降尘;小于 $10\mu m$ 的微粒,能长期飘浮于大气,称为飘尘。

(2)烟。烟是指粒径小于 $1\mu m$ 的固体微粒。固体升华、液体的蒸发及化学反应等过程生成的蒸气,其熔融物质挥发后生成的气态物质冷凝时便生成各种烟尘。

(3)雾。雾是液体微粒的悬浮体,其粒径小于 $100\mu m$,它可以是由于液体蒸气的凝结、液体雾化及化学反应等过程中形成的,如水雾、烟雾、酸雾等。液滴的粒径在 $200\mu m$ 以下。

(4)气溶胶。气溶胶是粒径小于 $1\mu m$ 的、悬浮于空气中的团体微粒。

(5)总悬浮微粒(TSP)。总悬浮微粒指大气中粒径小于 $100\mu m$ 的所有固体颗粒。

气态污染物指以气体状态形式存在的污染物,主要有碳氢化合物、硫氧化物、氮氧化物、碳氧化合物和卤化合物等。这些气态物质对人类的生产、生活以及生物所产生的危害主要是由其化学行为造成的。

从大气污染的发生过程分析,控制和防治大气污染主要是控制污染源的问题。污染源得到控制,也就基本上解决了污染问题。因此,我们应该把控制和防治大气污染的工作重点放在解决污染源方面。从源头抓起,在此基础上进行大气污染的治理。

大气污染的防治,只靠单项治理或末端治理措施是不行的,必须统一规划,综合运用各种技术及措施,预防为主,防治结合,加强管理,综合治理。

大气污染的综合防治原则是:①以源头控制为主,实施全过程控制;②合理利用大气自净能力,与人为措施相结合;③分项治理与综合防治相结合;④按功能区实行总量控制与浓度控制相结合;⑤技术措施与管理措施相结合。

治理大气污染的最有效的措施是控制污染源,从源头防止污染物进入大气。主要有从气体中去除或捕捉颗粒物的除尘技术;硫氧化物、氮氧化物等主要大气污染物的治理技术,包括吸收法、吸附法、催化法、燃烧法和冷凝法等。

本章的实验内容主要是从大气中污染物质的测定、颗粒污染物的去除和气态污染物的治理这三个方面来安排实验教学。

第二节　气体中污染物质的测定

一、空气中可吸入颗粒物的测定

(一)实验目的

通过本实验需要达到以下目的:

(1)掌握中流量 - 重量法测定空气中 PM_{10} 的原理与方法。

(2)了解空气中 PM_{10} 的来源和有关分析方法。

(3)了解空气中 PM_{10} 的危害性。

(二)实验原理

可吸入颗粒物主要是指透过人的咽喉进入肺泡的那部分颗粒物,具有 D_{50}(质量中值直径) $= 10\mu m$ 和上截止点 $30\mu m$ 的粒径范围,常用符号 PM_{10} 表示。PM_{10} 对人体健康影响大,是室内环境空气质量的重要监测指标。

测定 PM_{10} 的方法是:首先用切割粒径 $D = (10 \pm 1)\mu m$、δ(几何标准差)$= 1.5 \pm 0.1$ 的切割器将大颗粒物分离,然后用重量法测定。根据采样流量的不同,测定方法可分为大流量采样 - 重量法、中流量采样 - 重量法和小流量采样 - 重量法。

大流量采样 - 重量法使用安装有大粒子切割器的大流量采样器采样,将 PM_{10} 收集在已恒重的滤膜上,根据采样前后滤膜重量之差及采气体积,即可计算出 PM_{10} 的质量浓度。采样时,必须将采样头及入口各部件旋紧,防止空气从旁侧进入采样器而导致测定误差;采样后的滤膜需置于干燥器中平衡24h,再称量至恒重。

中流量采样 - 重量法采用装有大粒子切割器的中流量采样器采样,测定方法同大流量采样 - 重量法。

小流量采样 - 重量法使用小流量采样器采样,如我国推荐的 13L/min 采样;采样器流量计一般用皂膜流量计校准;其他与大流量法相同。

本实验采用旋风式可吸入颗粒物采样器(流量 50～150L/min)采样,用中流量 - 重量法测定其浓度。

(三)实验仪器、材料

本实验所需实验仪器有:分析天平(感量 0.01mg)1 台、经罗茨流量计校核的孔口校准器 1 台、旋风式可吸入颗粒物采样器(流量 50～150L/min)1 台、温度计和气压表各 1 个、干燥器 1 个、滤膜($\phi 80 \sim 100mm$,根据采样器托盘大小选择合适的滤膜,不允许过大或过小)若干、镊子 1 把、平衡室 1 间(要求温度在 20～25℃之间,温度变化 ±3℃,相对湿度小于 50%,湿度变化小于 5%)。

(四)实验方法与步骤

1. 称量滤膜

在滤膜称量之前,需要对滤膜进行检查,将滤膜透光检查,确认无针孔或其他缺陷并去除滤膜周边的绒毛后,放入平衡室内平衡24h。在样品滤膜称量之前,需进行标准滤膜的称量:取清洁滤膜若干,在平衡室内称量,每张滤膜至少称量 10 次,计算每张滤膜的平均值,得该张滤膜的原始质量,即为标准滤膜的质量。在平衡室内迅速称量已平衡24h的清洁滤膜(或样品滤膜),读数准确至 0.1mg,并迅速称量标准滤膜两张,若称量的质量与标准滤膜的质量相差小于 ±5mg,记下清洁滤膜(或样品滤膜)储存袋的编号和相应滤膜质量,并将其放入滤膜储存袋中,然后储存于盒内备用;若质量相差大于5mg,应检查称量环境是否符合要求,并重新称量该样品滤膜。

2. 采样点的布置

采样点的设置依据以下原则进行:

(1)采样点应设在整个监测区的高、中、低三种不同污染物的地方。

(2)在污染源比较集中、主导风向比较明显的情况下,应将污染源的下风向作为主要监测范围,布设较多的采样点;上风向布设少量采样点作为对照。

(3)采样点的周围应开阔,采样口水平线与周围建筑物高度的夹角应不大于30°,测点周围无局地污染源,并应避开树木及吸附能力较强的建筑物。交通密集区的采样点应设在距人行道边缘至少 1.5m 处。

(4)采样口应在离地面 1.5～2m 处;若置于屋顶采样,采样口应与基础地面有 1.5m 以上的相对高度,以减少扬尘的影响。

(5)采样点的数目及布点方法,在一个监测区域内,采样点设置数目应根据监测范围大小、污染物的空间分布和地形地貌特征、人口分布及其密度、经济条件等因素综合考虑确定。一般情况下,采样点数目是与经济投资和精度要求相关的效益函数。监测区内采样点总数确定后,可采用经验法、统计法和模拟法等进行采样点布设,常见的布点方法有功能区布点法、网格布点法、同心圆布点法和扇形布点法等。在实际工作中,应因地制宜,使采样点的设置趋于合理,往往以一种布点方法为主,其他方法为辅的综合布点方法。

3.采样阶段

(1)采样系统的组装。按图 5-1 的连接方式将采样器在选定的位置上安装,采样器高度距地面 1.2m,再连接电路,在未确认连接正确之前不得接通电源。

(2)安装滤膜。将已称量好的清洁滤膜从储存袋中取出,"毛面"朝上迎对气流方向,平放在采样器的托盘上,按紧加固圈和密封圈后,拧紧采样夹。

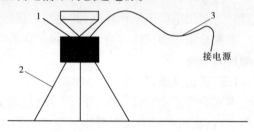

图 5-1 实验流程示意图
1—PM$_{10}$采样器;2—三角架;3—连接电线

(3)按预定流量(一般为 100L/min)开始采样时,开启计时开关,并记录环境空气中大气压力、温度、风向和风速等参数。

(4)测定日平均浓度一般从当日上午 8:00 开始采样至次日 8:00 结束,若污染严重可用几张滤膜分段采样,合并计算日平均浓度。

4.采样后阶段

(1)记录采样时间、采样流量。

(2)轻轻拧开采样夹,用镊子小心地取下滤膜,使滤膜"毛面"朝内,以采样有效面积的长边为中线两次对叠形成四分之一圆的形状后,放入滤膜储存袋中,称量其采样后质量。

(五)实验结果分析

PM$_{10}$采样记录表见表 5-1。

空气中 PM$_{10}$ 的浓度按式(5-1)及式(5-2)计算:

$$Q_N = Q_2\sqrt{\frac{T_3 \cdot P_2}{T_2 \cdot P_3}} \times \frac{273 \times P_3}{101.3 \times T_3} = 2.69 \times Q_2\sqrt{\frac{P_3 \cdot P_2}{T_2 \cdot T_3}} \tag{5-1}$$

式中:Q_2 为现场采样流量,m^3/min;T_2 为 PM$_{10}$采样仪校准时的大气温度,K;T_3 为现场采样时的大气温度,K;P_2 为 PM$_{10}$采样仪校准时的大气压力,kPa;P_3 为现场采样时的大气压力,kPa。

$$C_{PM_{10}} = \frac{W}{Q_N \cdot t} \tag{5-2}$$

式中:$C_{PM_{10}}$ 为标准状态下空气中 PM$_{10}$的浓度,mg/m^3;W 为采集在滤膜上的可吸入颗粒

表 5-1 可吸入颗粒物 PM_{10} 的采样记录表

实验时间：_____ 年_____ 月_____ 日   实验地点：_____

实验编号	1	2	3
滤料编号			
现场采样时的大气压力 P_3(kPa)			
现场采样时的大气温度 T_3(K)			
风向			
风速(m/s)			
采样流量 Q_2(L/min)			
采样时间 t(min)			
滤膜采样前质量 W_1(g)			
滤膜采样后质量 W_2(g)			
样品质量 W(g)			
标准状态下 PM_{10} 的浓度 $C_{PM_{10}}$(mg/m³)			

物的质量 $W = W_2 - W_1$，mg；Q_N 为标准状态下的采样流量，m³/min；t 为采样时间，min。

二、管道烟气温度、压力和含湿量的测定

(一)实验目的和意义

大气污染物主要来源于工业污染源，工业污染源烟气参数的测试是大气污染源监测的主要内容之一。烟气的温度、压力、含湿量是计算烟气流速、流量等烟气参数的主要因素。而烟气参数在环境影响评价、验证污染物的排放是否达标、检验空气净化设备的净化效率是否达到设计要求等方面是不可缺少的。通过管道烟气参数的测定实验要让学生了解以下内容：

(1)了解测量烟气温度、压力、含湿量等参数的原理，学会测量各参数的方法。

(2)掌握各种测量仪器的使用方法及注意事项。

(3)掌握各种烟气参数的计算方法。

(二)实验原理

1.测温原理

热电偶温度计是将两根不同的金属导线连成一个闭路。当两节点处于不同温度环境中时，便产生热电势，两节点的温差越大、热电势越大。如果热电偶一个节点的温度保持恒定(称为自由端)，则热电偶产生的热电势大小便完全决定于另一个节点的温度(称为工作端)，用测温毫伏计或数字式温度计测出热电偶的热电势就可得到工作端处的烟气温度。

2.测压原理

倾斜压力计是由一个截面面积较大的容器和一个截面面积小得多的斜玻璃管连通而组成，以酒精作为测压液体，当与毕托管连接时，将斜管中液面高度差换算后可得到烟道动压。

3.含湿量测定原理

烟气含湿量测定方法有三种:①重量法。从烟道中抽出一定体积的烟气,使之通过装有吸湿剂的吸湿管,烟气中水蒸气被吸湿剂吸收,吸湿管的增重即为已知烟气中含有的水气量。②冷凝法。从烟道中抽取一定体积的烟气,使之通过冷凝管,根据冷凝出来的水量加上从冷凝管排出的饱和气体中含有的水蒸气量,来确定烟气的含湿量。③干湿球法。将烟气以一定速度通过干、湿球温度计,待温度计温度读数稳定后,根据干、湿球温度计的读数来确定烟气中的水气量。

(三)实验仪器、材料

本实验所需仪器有热电偶(EFZ-0型)1支、测温毫伏计(EFZ-020型)1个、S形毕托管1支、倾斜微压计或倾斜压力计(YYT-200型)1台、U形压力计1个、转子流量计(35L/min)1个、抽气泵(CLK-I型)1台、温度计和干湿球温度计(DHM-2型)各1支、所需实验材料为分析纯酒精1瓶。

(四)实验方法与实验步骤

1.采样位置的选择

采样位置的正确选择和采样点数目的确定,对采样有代表性的并符合测定要求的样品是非常重要的。采样位置应取气流平稳的管段,原则上应避免弯头部分和断面形状急剧变化的部分,与其距离最好大于管道直径的5倍,至少是管道直径的1.5倍以上,同时要求管道中气流速度在5m/s以上,而采样点的布置主要根据管道的断面形状及面积大小而定,不同形状管道采样点的布置是不同的。

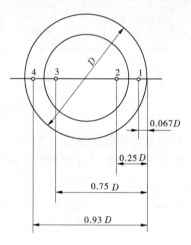

图5-2 圆形管道采样点分布图

1)圆形管道

圆形管道采样点分布如图5-2所示。将管道的断面划分为适当数目的等面积同心圆环,所分的等面积圆环数由管道的直径大小而定,一般可按表5-2的规则确定。当管道的直径大于5m时,应按每个圆环面积不超过1m划分。在每个圆环中设4个测点,4个测点位于相互垂直的两直径上的该圆环面积的二等分处。

表5-2 圆形管道等面积圆环数和测点数的确定

管道直径(m)	圆环数	测点数
<1	1~2	4~8
1~2	2~3	8~12
2~3	3~4	12~16
3~5	4~6	16~20

2)矩形烟道

矩形烟道采样点分布如图5-3所示,将矩形烟道断面分为等面积的矩形小块,各块中心即采样点。

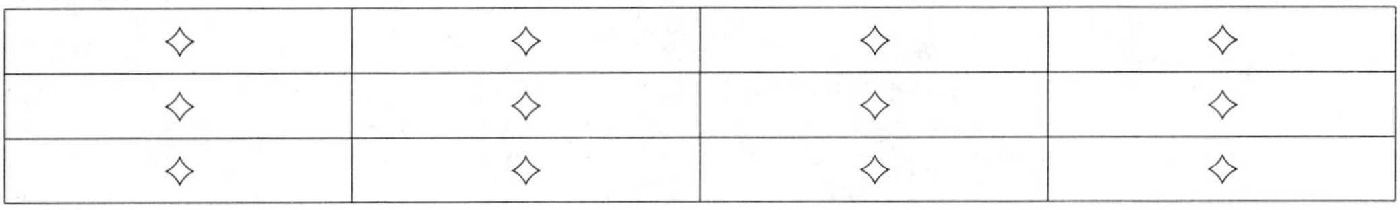

◇	◇	◇	◇
◇	◇	◇	◇
◇	◇	◇	◇

图 5-3　矩形烟道采样点分布图

不同面积矩形烟道等面积小块数见表 5-3。

表 5-3　矩形烟道的分块和测点数

烟道断面面积(m²)	等面积分块数	测点数	小矩形最大边长(m)
<1	2×2	4	0.5
1~4	3×3	9	0.7
4~9	4×3	12	1

3)拱形烟道

拱形烟道采样位置的确定是圆形烟道和矩形烟道采样方法的结合。

2.烟气温度的测定

实验中采用热电偶及便携式测温毫伏计联合进行测温,装置按图 5-4 连接后,将热电偶的端(工作端)伸入被测的烟气中(按预先确定好的位置),将热电偶冷端置于不变的温度中,一般放在温度保持 0℃ 的恒温器中,从测温毫伏计指针偏转可得知烟气的温度。由

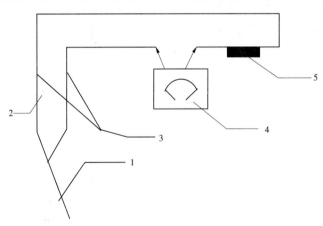

图 5-4　热电偶与测温毫伏计连接图
1—工作端;2—热电偶;3—自由端;4—测温毫伏计;5—电阻

于现场条件限制,温度不一定是 0℃,所以采用修正方法,用下式修正。

$$E_{(t, t_0)} = E_{(t, t_0)} + E_{(t_1, t_0)} \tag{5-3}$$

式中:t 为被测烟气的真实温度;t_1 为冷端温度,即测试地点的环境温度;t_0 为 0℃。

测温毫伏计与热电偶的技术数据、热电偶型号、种类、测量范围及外接电阻必须匹配,具体数据由表 5-4 列出。

表 5-4　EFZ-020 型测温毫伏计与热电偶技术数据

热电偶名称	分度号	测量范围 (℃)	满刻度的 绝对毫伏	外接电阻(Ω)		
镍铬-康铜	EA	0～300	22.91	0.6	5	15
		0～400	31.49	0.6	5	15
		0～600	49.02	0.6	5	15
镍铬-镍铝	EU	0～600	24.91	0.6	5	15
		0～800	33.32	0.6	5	15
		0～1 100	45.61	0.6	5	15
		0～1 300	52.43	0.6	5	15
铂铑-铂	LB	0～1 600	16.766	0.6	1.6	15

3. 烟气压力的测定

测量烟气的压力一般采用 S 形毕托管和倾斜压力计。

S 形毕托管适用于含尘浓度较大的管道中。毕托管由两个不锈钢管组成,测端做成方向相反的两个相互平行的开口,测定时,一个开口面向气流测得全压,另一个背向气流测得静压,两者之差便是动压。

由于气体绕流的影响,背向气流的开口所测的静压与实际值有一定误差,因而事先要加以校正,方法是与标准毕托管在气流速度为 2～60m/s 的气流中进行比较,S 形毕托管和标准毕托管测得的速度值之比,称为毕托管的校正系数。当流速在 5～30m/s 的范围内,其校正系数值约为 0.84。S 形毕托管可在厚壁弯道中使用,且开口较大,不易被尘粒堵住。

倾斜压力计测得的动压,按下式计算:

$$P = 9.807 \cdot LKr \tag{5-4}$$

式中:L 为倾斜压力计读数;r 为酒精相对密度,$r=0.81$;K 为斜度修正系数。

测压时将毕托管与倾斜压力计用橡皮管连好,把毕托管插入已打好孔的烟道内,烟道一般打两个测孔,测定值由水平放置的倾斜压力计读出,记录实验数据。

4. 重量法测定烟气含湿量

首先将颗粒状吸湿剂装入 U 形吸湿管内,吸湿剂上面要充填少量的玻璃棉以防止吸湿剂的飞散。关闭吸湿剂阀门,擦去表面的附着物,用分析天平称量。再按如图 5-5 所示连接仪器,检验是否漏气,然后将采样管插入待测烟管中心位置,在烟道中预热数分钟后,打开吸湿阀门采样,采样后关闭吸湿阀门,取下吸湿管,用分析天平称量,两次吸湿管质量差为吸湿管吸收的水量。

烟气的含湿量按下式计算:

$$q_{sw} = \frac{G_w}{\rho_0 \left(V_d \times \dfrac{273}{273 + t_r} \times \dfrac{B_a + P_r}{5.70} \right)} \times 1\,000 \tag{5-5}$$

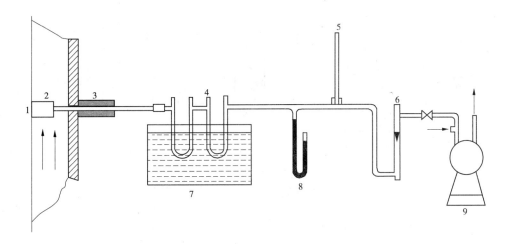

图 5-5　重量法测定烟气含湿量仪器连接图
1—烟道;2—过滤器;3—加热器;4—吸湿管;
5—温度计;6—转子流量计;7—冷却器;8—压力计;9—抽气泵

式中:G_w 为吸湿管吸收的水量,g;ρ_0 为标准状态下干烟气密度,$\rho_0 = 1.293g/L$;V_d 为抽取的干烟气体积,L;t_r 为流量计前的烟气温度,℃;B_a 为当地大气压力,Pa;P_r 为流量计前的相对压力,Pa。

三、烟气中二氧化硫浓度的测定

(一)实验目的和意义

SO_2 是目前人们关注的主要大气污染物之一。由于 SO_2 的腐蚀性强、危害大,又是形成酸雨的主要物质,所以国家在环境管理中对 SO_2 实施浓度控制和总量控制相结合的办法。监测 SO_2 浓度对确定污染源是否达到排放标准、净化设备是否达到的净化效率等有重要的实际意义。通过该实验要达到以下目的:

(1)掌握从管道中采集含 SO_2 烟气的方法。

(2)了解甲醛吸收 - 副玫瑰苯胺分光光度法测定 SO_2 的原理,学会试剂的配制及 SO_2 浓度的分析和计算。

(二)实验原理

抽气泵从管道中抽出的 SO_2 气体用甲醛缓冲溶液吸收后,生成稳定的羟甲基磺酸加成化合物。在样品溶液中加入氢氧化钠使加成化合物分解,释放出二氧化硫与副玫瑰苯胺、甲醛作用,生成紫红色化合物,用分光光度计在577nm 处进行测定。当用 10mL 吸收液采样 30L 时,本法测定下限为 $0.007mg/m^3$;当用 50mL 吸收液连续 24h 采样 300L 时,空气中二氧化硫的测定下限为 $0.003mg/m^3$。

(三)实验装置、流程、仪器设备和试剂

1.采样系统

如图 5-6 所示,采样系统主要包括以下器件。

(1)采样管。用耐腐蚀材料(不锈钢、石英)制成,其长度以能达到烟道中心部位为标

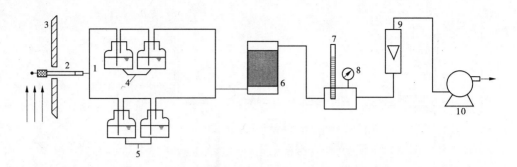

图 5-6 烟气中 SO₂ 浓度测定系统示意图

1—节点;2—采样管;3—烟道;4—洗涤瓶;5—吸收瓶;6—干燥器;
7—温度计;8—压力计;9—流量计;10—抽气泵

准,其周围有加热元件(加热丝)。采样前需预热采样管,因热烟气遇冷的采样管易冷凝而积水,积水吸收 SO₂ 造成测定结果偏低,若长时间吸收 SO₂,冷凝液流进吸收瓶又会造成测定结果偏高。加热采样管则可避免测定结果不准,在采样管的进口处装有滤料(无硫玻璃棉或石棉)以防止尘粒或未燃尽物质进入吸收瓶引起干扰。

(2)吸收瓶。用 250mL 多孔玻璃板吸收瓶(用于 24h 连续采样,两个串联),内装 50mL 已配好的吸收液。或用 U 形多孔玻璃板吸收管(用于短时间采样),内装 10mL 吸收液,旁路串联两个洗涤瓶,装 75mL 20% 的 NaOH 溶液。

(3)干燥器。一般采用硅胶为干燥剂。

(4)测量装置。转子流量计、温度计、压力计,分别测量采样时气体的流量、温度和压力。在采样开始和结束时各测一次,测量结果取两次测定值的平均值。

(5)抽气泵。用薄膜泵,流量为 3L/min,压力为 13 332.2Pa。

2. 实验仪器

除一般通用化学分析仪器外,还应具备:分光光度计(可见光波长 380～780nm);多孔玻璃板吸收管 10mL,用于短时间采样;多孔玻璃板吸收瓶 50mL,用于 24h 连续采样;恒温水浴器:广口冷藏瓶内放置圆形比色管架,插一支长约 150mm、0～40℃ 的酒精温度计,其误差应不大于 0.5℃;具塞比色管:10mL;空气采样器。

3. 试剂

除非另有说明,分析均使用符合国家标准的分析纯试剂和蒸馏水或同等纯度的水。

(1)氢氧化钠溶液,$C(NaOH) = 1.5mol/L$。

(2) 环己二胺四乙酸二钠溶液,$C(CDTA - 2Na) = 0.05mol/L$。称取 1.82g 反式 1,2 - 环己二胺四乙酸(简称 CDTA),加入氢氧化钠溶液 6.5mL,用水稀释至 100mL。

(3)甲醛缓冲吸收液储备液。吸取 36%～38% 的甲醛溶液 5.5mL,CDTA - 2Na 溶液 20.00mL;称取 2.04g 邻苯二甲酸氢钾,溶于少量水中;将三种溶液合并,再用水稀释至 100mL,储于冰箱可保存 1 年。

(4)甲醛缓冲吸收液。用水将甲醛缓冲吸收液储备液稀释 100 倍而成。临用现配。

(5)氨磺酸钠溶液,0.60g/100mL。称取 0.60g 氨磺酸(H_2NSO_3H)置于 100mL 容量瓶中,加入 4.0mL 氢氧化钠溶液,用水稀释至标线,摇匀。此溶液密封保存可用 10 天。

(6)碘储备液，$C(1/2I_2)=0.1mol/L$。称取 12.7g 碘(I_2)于烧杯中，加入 40g 碘化钾和 25mL 水，搅拌至完全溶解，用水稀释至 1 000mL，储存于棕色细口瓶中。

(7)碘溶液，$C(1/2I_2)=0.05mol/L$。量取碘储备液 250mL，用水稀释至 500mL，储于棕色细口瓶中。

(8)淀粉溶液，0.5g/100mL。称取 0.5g 可溶性淀粉，用少量水调成糊状，慢慢倒入 100mL 沸水中，继续煮沸至溶液澄清，冷却后储于试剂瓶中。临用现配。

(9)碘酸钾标准溶液，$C(1/6KIO_3)=0.1\,000mol/L$。称取 3.566 7g 碘酸钾($KIO_3$优级纯，经 110℃ 干燥 2h)溶于水，移入 1 000mL 容量瓶中，用水稀释至标线，摇匀。

(10)盐酸溶液(1+9)。

(11)硫代硫酸钠储备液，$C(Na_2S_2O_3)=0.10mol/L$。称取 25.0g 硫代硫酸钠($Na_2S_2O_3\cdot5H_2O$)，溶于 1 000mL 新煮沸但已冷却的水中，加入 0.2g 无水碳酸钠，储于棕色细口瓶中，放置一周后备用。如溶液呈现混浊，必须过滤。

(12)硫代硫酸钠标准溶液，$C(Na_2S_2O_3)=0.05mol/L$。取 250mL 硫代硫酸钠储备液置于 500mL 容量瓶中，用新煮沸但已冷却的水稀释至标线，摇匀。

标定方法：吸取三份 10.00mL 碘酸钾标准溶液分别置于 250mL 碘量瓶中，加 70mL 新煮沸但已冷却的水，加 1g 碘化钾，振摇至完全溶解后，加 10mL 盐酸溶液，立即盖好瓶塞，摇匀。于暗处放置 5min 后，用硫代硫酸钠标准溶液滴定溶液至浅黄色，加 2mL 淀粉溶液，继续滴定溶液至蓝色刚好褪去为终点。硫代硫酸钠标准溶液的浓度按下式计算：

$$C=\frac{0.100\,0\times10.00}{V} \tag{5-6}$$

式中：C 为硫代硫酸钠标准溶液的浓度，mol/L；V 为滴定所耗硫代硫酸钠标准溶液的体积，mL。

(13)乙二胺四乙酸二钠盐(EDTA)溶液，0.05g/100mL。称取 0.25gEDTA$[-CH_2N(CH_2COONa)CH_2COOH]_2\cdot H_2O$，溶于 500mL 新煮沸但已冷却的水中。临用现配。

(14)二氧化硫标准溶液。称取 0.200g 亚硫酸钠(Na_2SO_3)，溶于 200mLEDTA·2Na 溶液中，缓缓摇匀以防充氧，使其溶解。放置 2～3h 后标定。此溶液每毫升相当于 320～400μg 二氧化硫。

标定方法：吸取三份 20.00mL 二氧化硫标准溶液，分别置于 250mL 碘量瓶中，加 50mL 新煮沸但已冷却的水，20.00mL 碘溶液及 1mL 冰乙酸，盖塞，摇匀。于暗处放置 5min 后，用硫代硫酸钠标准溶液滴定溶液至浅黄色，加入 2mL 淀粉溶液，继续滴定至溶液蓝色刚好褪去为终点。记录滴定硫代硫酸钠标准溶液的体积 V。

另吸取三份 EDTA·2Na 溶液 20mL，用同法进行空白实验。记录滴定硫代硫酸钠标准溶液的体积 V_0。

平行样滴定所耗硫代硫酸钠标准溶液体积之差应不大于 0.04mL，取其平均值。二氧化硫标准溶液浓度按下式计算：

$$C=\frac{(V_0-V)\times C_{Na_2S_2O_3}\times32.02}{20.00}\times1\,000 \tag{5-7}$$

式中:C 为二氧化硫标准溶液的浓度,$\mu g/mL$;V_0 为空白滴定所耗硫代硫酸钠标准溶液的体积,mL;V 为二氧化硫标准溶液滴定所耗硫代硫酸钠标准溶液的体积,mL;$C_{Na_2S_2O_3}$ 为硫代硫酸钠标准溶液的浓度,mol/L;32.02 为二氧化硫($1/2SO_2$)的摩尔质量。

标定出准确浓度后,立即用吸收液稀释为每毫升含 $10.00\mu g$ 二氧化硫的标准溶液储备液,临用时再用吸收液稀释为每毫升含 $1.00\mu g$ 二氧化硫的标准溶液。在冰箱中 5℃ 保存。$10.00\mu g/mL$ 的二氧化硫标准溶液储备液可稳定 6 个月;$1.00\mu g/mL$ 的二氧化硫标准溶液可稳定 1 个月。

(15)副玫瑰苯胺(Pararosaniline,简称 PRA,即副品红,对品红)储备液,0.20 g/100mL。其纯度应达到质量检验的指标。

(16)PRA 溶液,0.05g/100mL。吸取 25.00mLPRA 储备液于 100mL 容量瓶中,加 30mL85% 的浓磷酸,12mL 浓盐酸,用水稀释至标线,摇匀,放置过夜后使用。避光密封保存。

4.实验步骤与数据处理

1)采样

(1)采样系统安装好后,将采样管预热到烟气温度后插入烟道,卡紧节点 1(见图 5-6),免得由于烟道负压把吸收液吸入烟道,开泵时,松开节点 1,此时烟道气被采集到吸收液中。

(2)调节采样流量,保持流量为 1L/min,记录温度、压力、采样时间。

(3)采样完毕,停泵,卡紧节点 1,保存好两个吸收瓶内的液体,待测定。

2)样品分析

(1)校准曲线的绘制。取 14 支 10mL 具塞比色管,分 A、B 两组,每组 7 支,分别对应编号。A 组按表 5-5 配制校准溶液系列。

表 5-5

管号	0	1	2	3	4	5	6
二氧化硫标准溶液(mL)	0	0.50	1.00	2.00	5.00	8.00	10.00
甲醛缓冲吸收液(mL)	10.00	9.50	9.00	8.00	5.00	2.00	0
二氧化硫含量(μg)	0	0.50	1.00	2.00	5.00	8.00	10.00

B 组各管加入 1.00mLPRA 溶液,A 组各管分别加入 0.5mL 氨磺酸钠溶液和 0.5mL 氢氧化钠溶液,混匀。再逐管迅速将溶液全部倒入对应编号并盛有 PRA 溶液的 B 管中,立即混匀后放入恒温水浴中显色。显色温度与室温之差应不超过 3℃,根据不同季节和环境条件按表 5-6 选择显色温度与显色时间。

表 5-6

显色温度(℃)	10	15	20	25	30
显色时间(min)	40	25	20	15	5
稳定时间(min)	35	25	20	15	10
试剂空白吸收光度 A_0	0.03	0.035	0.04	0.05	0.06

在波长 557nm 处,用 1cm 比色皿,以水为参比溶液测量吸光度。

用最小二乘法计算校准曲线的回归方程:

$$Y = bX + a \tag{5-8}$$

式中:Y 为校准溶液吸光度 A 与试剂空白吸光度 A_0 之差;X 为二氧化硫含量,μg;b 为回归方程的斜率(由斜率倒数求得校正因子:$B_s = 1/b$);a 为回归方程的截距(一般要求小于 0.005)。

本标准的校准曲线斜率为 0.044±0.002,试剂空白吸光度 A_0 在显色规定条件下波动范围不超过 ±15%。

正确掌握本标准的显色温度、显色时间,特别在 25～30℃ 条件下,严格控制反应条件是实验成败的关键。

(2)样品测定。样品溶液中如有混浊物,则应离心分离除去。样品放置 20min,以使臭气分解。

短时间采样:将吸收管中样品溶液全部移入 10mL 比色管中,用吸收液稀释至标线,加 0.5mL 氨磺酸钠溶液,混匀,放置 10min 以除去氮氧化物的干扰,以下步骤同校准曲线的绘制。

如样品吸光度超过校准曲线上限,则可用试剂空白溶液稀释,在数分钟内再测量其吸光度,但稀释倍数不要大于 6。

连续 24h 采样:将吸收瓶中样品溶液移入 50mL 容量瓶(或比色管)中,用少量吸收溶液洗涤吸收瓶,洗涤液并入样品溶液中,再用吸收液稀释至标线。吸取适量样品溶液(视浓度高低而决定取 2～10mL)于 10mL 比色管中,再用吸收液稀释至标线,加 0.5mL 氨磺酸钠溶液,混匀,放置 10min 以除去氮氧化物的干扰,以下步骤同校准曲线的绘制。

3)结果表示

(1)空气中二氧化硫的浓度按下式计算:

$$C_{(SO_2)} = \frac{(A - A_0) \times B_s}{V_s} \times \frac{V_t}{V_a} \tag{5-9}$$

式中:A 为样品溶液的吸光度;A_0 为试剂空白溶液的吸光度;B_s 为校正因子;V_t 为样品溶液总体积,mL;V_a 为测定时所取样品溶液体积,mL;V_s 为换算成标准状况下(0℃,101.325kPa)的采样体积,L。

二氧化硫浓度计算结果应准确到小数点后第三位。

第三节　除尘器性能测定

一、旋风除尘器性能实验

(一)实验目的和实验意义

通过本实验掌握旋风除尘器性能测定的主要内容和方法,并且对影响旋风除尘器性能的主要因素有较全面的了解。

本实验主要完成旋风除尘器连接管道中各点流速和气体流量的测定,旋风除尘器的

压力损失和阻力系数的测定,以及其除尘效
率的测定。

(二)实验原理

旋风除尘器是一种离心力除尘器,当含
尘气体进入除尘装置时,由于离心力的作用,
能将尘粒从气体中分离出来(见图5-7)。

当含尘气体进入离心力除尘装置时,气
流作旋转运动,尘粒在离心力的作用下逐渐
向器壁移动,到达器壁后,在旋流推力和尘粒
自身重力作用下,沿器壁落到灰斗中,分尘
后的气体则从排气管排出。

离心力除尘装置结构简单、设备费用低、
维护方便,但除尘效率不很高,一般用做高浓
度的含尘气体的预处理,也可作一级除尘装
置或与其他除尘装置串联使用。

1. 气体温度和含湿量测定原理

旋风除尘器含尘气体的温度可近似地用
室内空气的温度来代替。含湿量的测定由挂
在室内的干湿球温度计测出的干球温度和湿
球温度查出空气的相对湿度 Φ 和相应的饱
和水蒸气压力 P_V,则含尘气体的含湿量 Y_w
可用下式来计算:

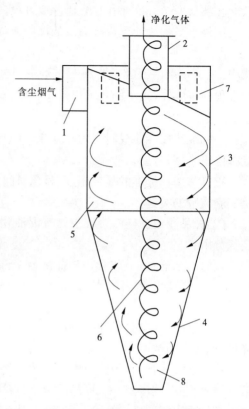

图 5-7   旋风除尘器结构示意图
1—气流进口;2—气流出口;3—筒体;4—锥体;
5—外旋流;6—内旋流;7—上旋流;8—回流区

$$Y_w = \Phi \frac{P_V}{P_a} \qquad (5\text{-}10)$$

式中:P_V 为饱和水蒸气压力,kPa;P_a 为当地大气压力,kPa。

2. 管道中气体流量测定原理

管道中气体流量的测定可根据流体力学流量计算公式来计算:
$$Q = A\overline{V} \qquad (5\text{-}11)$$
式中:Q 为管道气体流量,m^3/s;A 为管道截面积,m^2;$\overline{V}$ 为断面平均流速,m/s。

3. 旋风除尘器压力损失和阻力系数的测定

在旋风除尘器实验装置中,如果除尘器进、出口接管的断面面积相等,气流动压相等,
这样旋风除尘器的压力损失就等于进、出口接管断面静压之差,同时,在实验中,为使气流
稳定,测压断面应选在离除尘器进、出口有一定距离的断面,如图5-8中的 a、b 断面。所
以除尘器 a、b 断面的静压差等于除尘器的压力损失与 a、b 断面之间管道压力损失之和,
可用下式来计算旋风除尘器的压力损失:
$$\Delta P = \Delta P_{ab} - \sum \Delta P_i \qquad (5\text{-}12)$$
式中:ΔP 为旋风除尘器压力损失,Pa;ΔP_{ab} 为 a、b 断面的静压差,Pa;$\sum \Delta P_i$ 为 a、b 断面

之间的管道压损,Pa。

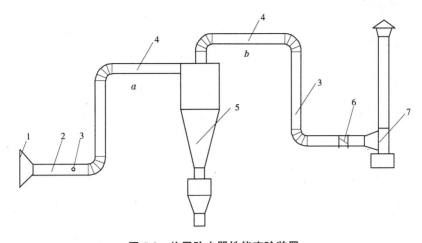

图 5-8 旋风除尘器性能实验装置
1—进风口;2—进风管道;3—测孔;4—压损测定断面;
5—旋风除尘器;6—闸阀;7—风机

测出旋风除尘器的压力损失之后,便可计算出旋风除尘器的阻力系数 ξ:

$$\xi = \frac{\Delta P}{\rho v_1^2 / 2}$$ (5-13)

式中:v_1 为旋风除尘器进口风速,m/s。

4.旋风除尘器除尘效率的测定与计算

旋风除尘器除尘效率可以采用质量法和浓度法测定,本实验采用质量法进行测定。测出同一时段进入除尘器的粉尘质量和除尘捕集的粉尘质量,则除尘效率:

$$\eta = \frac{G_s}{G_f} \times 100\%$$ (5-14)

式中:G_s 为除尘器捕集的粉尘质量,g;G_f 为进入除尘器的粉尘质量,g。

(三)实验仪器

本实验所需仪器有毕托管 2 支、倾斜微压计或倾斜压力计(YYT－200 型)2 台、U 形压力计 1 个、干湿球温度计(DHM－2 型)各 1 支、空盒气压计 1 台、天平、秒表、钢卷尺等。

(四)实验步骤

(1)测定室内空气干球和湿球温度、大气压力,计算空气湿度。

(2)测量管道直径,确定分环数和测点数,求出各测点距管道内壁的距离,并用胶布标示在毕托管和采样管上。

(3)测定各点流速和风量。用微压计和毕托管测出各点气流的动压和静压,以及均流管处气流的静压,求出气体的密度、各点的气流速度、除尘器前后的风量。

(4)用天平称量一定量的尘样。

(5)测定除尘效率。启动风机开始发尘,记录发尘时间和发尘量,观察除尘系统中的含尘气流和粉尘浓度的变化情况,关闭风机后,收集旋风除尘器灰斗中捕集的粉尘,称量,计算除尘效率。

（五）实验数据的记录和整理

实验数据分别记录在如下的表格中（见表 5-7～表 5-9）。

表 5-7　除尘器处理风量测定结果记录

实验时间：_____年_____月_____日　　　　　　　实验地点：_____
空气干球温度：_____　　　　　　　　　　　　　空气湿球温度：_____
空气压力：_____　　　　　　　　　　　　　　　空气密度：_____

测定次数	微压计读数			风管截面面积	风量
	初读(mm)	终读(mm)	实际(mm)	(m²)	(m³/s)
1					
2					
3					

表 5-8　除尘器阻力测定结果记录

测定次数	微压计读数			微压计K值	a、b断面的静压差(Pa)	比摩阻	直管长度(m)	管内平均动压(Pa)	管间的总阻力系数	管间的局部阻力系数	除尘器阻力(Pa)
	初读(mm)	终读(mm)	实际(mm)								
1											
2											
3											

表 5-9　除尘器效率测定结果记录

测定次数	发尘量(g)	发生时间(s)	进口气体含尘浓度(g/m³)	收尘量(g)	出口气体含尘浓度(g/m³)	除尘效率(%)
1						
2						
3						

二、袋式除尘器性能实验

（一）实验目的和意义

过滤式除尘器是利用多孔过滤介质分离捕集气体中固体或液体粒子的净化装置。由于其一次性投资比电除尘器少，而且运行费用又比高效湿式除尘器低，因而被人们所重视。目前在除尘技术中应用的过滤式除尘器可分为内部过滤式和外部过滤式，它是以一定厚度的固体颗粒床层作为过滤介质，这种除尘器的最大特点是：耐高温（可达400℃）、耐腐蚀,滤材可以长期使用,除尘效率比较高,适用于冲天炉和一般工业炉窑。袋式除尘器属于外部过滤式,即粉尘在滤料表面被截留。它的性能不受尘源的粉尘浓度、粒度和气体变化的影响,对于粒径为 $0.5\mu m$ 的尘粘捕集效率可高达 $98\% \sim 99\%$ 。近来随着清灰技术和新型材料的发展,过滤式除尘器在冶金、水泥、陶瓷、化工、食品、机械制造等领域有广泛的应用。

袋式除尘器的性能与其结构形式、滤料种类、清灰方式、粉尘特性及其运行参数等因素有关。袋式除尘器性能的测定和计算,是袋式除尘器选择、设计和运行管理的基础,是本科学生必须具备的基本能力。为此,本实验要求学生在认真了解实验原理、装置、方法、内容和要求的基础上,综合应用已掌握的基本知识和技能,自行完成实验方案步骤设计和实验测定记录表设计,进一步提高对袋式除尘器结构形式和除尘机理的认识;掌握袋式除尘器主要性能的实验研究方法;了解过滤速度对袋式除尘器压力损失及除尘效率的影响;提高对除尘技术基本知识和实验技能的综合应用能力。

(二)实验原理和方法

本实验是在除尘器结构形式、滤料种类、清灰方式和粉尘特性一定的前提下,测定袋式除尘器主要性能指标,并在此基础上,测定处理气体量 Q、过滤速度 V_F 对袋式除尘器压力损失(ΔP)和除尘效率(η)的影响。

1.处理气体量和过滤速度的测定及计算

(1)动压法测定:测定袋式除尘器处理气体量(Q),应同时测出除尘器进出口连接管道中的气体流量,取其平均值作为除尘器的处理气体量。即

$$Q = \frac{1}{2}(Q_1 + Q_2) \tag{5-15}$$

式中:Q_1、Q_2 分别为袋式除尘器进、出口连接管道中的气体流量,m^3/s。

除尘器漏风率(δ)按下式计算:

$$\delta = \frac{Q_1 - Q_2}{Q} \times 100\% \tag{5-16}$$

一般要求除尘器的漏风率小于 $\pm 5\%$ 。

(2)静压法测定:采用静压法测定袋式除尘器进口气体流量(Q_1),即根据在测孔4(见图5-9)测定的系统入口均流管处的平均静压,按下式求得 Q_1:

$$Q_1 = \varphi_V A \sqrt{2 \mid P_s \mid / \rho} \tag{5-17}$$

式中:$\mid P_s \mid$ 为入口均流管处气流平均静压的绝对值,Pa;φ_v 为均流管入口的流量系数;A 为除尘器进口测定断面的面积;m^2;ρ 为测定断面管道中气体密度,kg/m^3。

(3)过滤速度的计算:若袋式除尘器总过滤面积为 F,则其过滤速度(V_F)按下式计算:

$$V_F = \frac{60Q_1}{F} \tag{5-18}$$

2.压力损失的测定和计算

袋式除尘器压力损失(ΔP)由通过清洁滤料的压力损失(ΔP_f)和通过颗粒层的压力损失(ΔP_p)组成。袋式除尘器压力损失(ΔP)为除尘器进、出口管中气流的平均全压之差。当袋式除尘器进、出口管的断面面积相等时,则可采用其进、出口管中气体的平均静

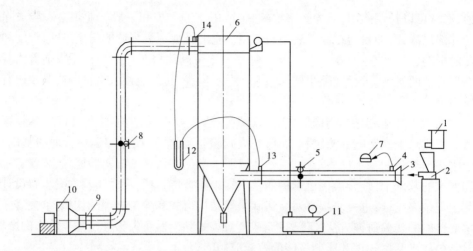

图 5-9　袋式除尘器性能实验装置流程图

1—粉尘定量供给装置;2—粉尘分散装置;3—喇叭形均流管;4—静压测孔;
5—除尘器进口测定断面Ⅰ;6—袋式除尘器;7—倾斜式微压计;8—除尘器出
口测定断面Ⅱ;9—阀门;10—通风机;11—空气压缩机;12—U形管压差计;
13—除尘器进口静压测孔;14—除尘器出口静压测孔

压之差计算,即

$$\Delta P = P_{s1} - P_{s2} \tag{5-19}$$

式中:P_{s1} 为袋式除尘器进口管道中气体的平均静压,Pa;P_{s2} 为袋式除尘器出口管道中气体的平均静压,Pa。

袋式除尘器的压力损失与其清灰方式和清灰制度有关。当采用新滤料时,应预先发尘运行一段时间,使新滤料在反复过滤和清灰过程中,残余粉尘基本达到稳定后再开始实验。

考虑到袋式除尘器在运行过程中,其压力损失随运行时间产生一定变化。因此,在测定压力损失时,应每隔一定时间,连续测定(一般可考虑 5 次),并取其平均值作为除尘器的压力损失($\overline{\Delta P}$)。

3. 除尘器效率的测定和计算

除尘效率采用质量浓度法测定,即用等速采样法同时测出除尘器进、出口管道中气流平均含尘浓度 C_1 和 C_2,按下式计算:

$$\eta = (1 - \frac{C_2 Q_2}{C_1 Q_1}) \times 100\% \tag{5-20}$$

由于袋式除尘器效率高,除尘器进、出口气体含尘浓度相差较大,为保证测定精度,可在除尘器出口采样中适当加大采样流量。

4. 压力损失、除尘效率与过滤速度关系的分析测定

脉冲袋式除尘器的过滤速度一般为 2~4m/min,可在此范围内确定 5 个值进行实验过滤速度的调整,可通过改变风机入口阀门开度,按静压法确定。当然,在各组实验中,应保持除尘器清灰制度固定,除尘器进口气体含尘浓度(C_1)基本不变。

为保持实验过程中 C_1 基本不变,可根据发尘量(S)、发尘时间 (τ) 和进口气体流量

(Q_1),按下式估算除尘入口含尘浓度(C_1):

$$C_1 = \frac{S}{\tau Q_1} \tag{5-21}$$

(三)实验装置、流程和仪器

本实验选用 MC24-Ⅱ型脉冲袋式除尘器。该除尘器共 24 条滤袋,总过滤面积为 $18m^2$。实验滤料可选用 208 工业涤纶绒布。本实验系统流程如图 5-9 所示。

脉冲喷吹清灰是利用$(4\sim7)\times10^5$Pa 的压缩空气进行反吹,故配制一台小型空气压缩机,脉冲喷吹耗用空气量为 $0.03\sim0.1m^3/min$。

为在实验过程中能定量地连续供给粉尘,控制发尘浓度,实验系统设有粉尘定量供给装置和粉尘分散装置。粉尘定量供给装置可选用 ZGP−ϕ200 微量盘式给料机,通过改变刮板半径位置及圆盘转速调节粉尘流量而实现定量加料。粉尘分散装置可采用吹尘器(VC−40)或压缩空气作为动力,将定量供给的粉尘分散成实验所需含尘浓度的气溶胶状态。

通风机是实验系统的动力装置,本实验选用 4-72-ll No4A 型离心通风机,转速为 2 900r/min,全压为 1 290~2 040Pa,所配电动机功率为 5.5kW。

除尘系统入口的喇叭形均流管处的静压测孔用于测定除尘器入口气体流量,亦可用于在实验过程中连续测定和监控除尘系统的气体流量。在实验前应预先测量确定喇叭形均流管的流量系数(φ_V),通风机入口前设有阀门,用来调节除尘器处理气体量和过滤速度。

本实验尚需配备以下仪器:干湿球温度计 1 支;空盒式气压表 1 个;钢卷尺 2 个;U 形管压差计 1 个;倾斜式微压计 3 台;毕托管 2 支;烟尘采样管 2 支;烟尘测试仪 2 台;旋片式真空泵 2 台;秒表 2 个;光电分析天平(分度值 1/10 000g) 1 台;托盘天平(分度值为 1g) 1 台;干燥器 2 个;鼓风干燥箱 1 台;超细玻璃纤维无胶滤筒 20 个。

(四)实验内容和要求

1.实验内容

(1)室内空气环境参数的测定。包括空气干球温度、湿球温度、相对湿度、当地大气压力等环境参数的测定。

(2)袋式除尘器实验装置的测定。固定袋式除尘器清灰制度,包括选择适当压力的压缩空气、适当的清灰周期和脉冲时间。测定除尘系统入口喇叭形均流管流量系数(φ_V)。

(3)袋式除尘器性能测定和计算。在固定袋式除尘器实验系统进口发尘浓度和清灰制度的条件下,测定和计算袋式除尘器处理气体量(Q)、漏风率(δ)、过滤速度(V_F)、压力损失(ΔP)和除尘效率(η)。

(4)实验数据的整理分析。认真记录袋式除尘器处理气体量和过滤速度、压力损失、除尘效率等性能参数,分析压力损失、除尘效率和过滤速度的关系。

2.实验要求

(1)室内空气环境参数测定、除尘系统入口喇叭形均流管流量系数测定、风管中气体含尘浓度测定等实验方法可参照前述各实验指导书。

(2)为了求得除尘器的 V_F—η 和 V_F—ΔP 的性能曲线,应在除尘器清灰制度和进口气体含尘浓度(C_1)相同的条件下,测出除尘器在不同过滤速度(V_F)下的压力损失(ΔP)和除尘效率(η)。

(3)除尘器进、出口风管中气体含尘浓度采样过程中,要注意监控均流管处的静压值,使之保持不变,并记录。考虑到出口含尘浓度较低,每次采样时间不宜少于 30min。进、出口风管中含尘浓度测定可连续采样 3~4 次,并取其平均值作为其含尘浓度。

(4)在进行采样的同时,测定记录袋式除尘器的压力损失。压力损失亦应在除尘器处于稳定运行状态下,每间隔一定时间,连续测定并记录 5 次数据,取其平均值作为除尘器的压力损失。

(5)本实验要求每个学生综合应用前述基本知识和技能,自行编制上述各项参数的测量方案和实验步骤,经指导教师审查通过后方准予实验。

(6)本实验要求学生独立设计袋式除尘器压力损失、除尘效率与过滤速度关系的测定记录表和 V_F—η、V_F—ΔP 实验性能曲线图。

(五)实验数据记录和整理

(1)处理气体流量和过滤速度。按表 5-10 记录和整理数据。按式(5-15)计算除尘器处理气体流量,按式(5-16)计算除尘器漏风率,按式(5-18)计算除尘器过滤速度。

表 5-10　袋式除尘器处理气体流量及过滤速度测定记录

除尘器型号规格	除尘器过滤面积 $A(m^2)$	当地大气压力 P_a(kPa)	空气湿球温度 (℃)	空气干球温度 (℃)	空气相对湿度 Φ(%)	空气中水蒸气体积分数 Y_W(%)	均流管流量系数 φ_V	均流管处静压	测定	测定人员

		除尘器进口测定断面				除尘器出口测定断面				备注
测定点		A_1	A_2	A_3	A_4	B_1	B_2	B_3	B_4	
管道内气体动压	微压计初读值 l_0									
	微压计终读值 l									
	差值 $\Delta l = l - l_0$									
	微压计系数 K									
	各测点气体动压 P_d(Pa)									
管道内气体静压	微压计初读值 l_0									
	微压计终读值 l									
	差值 $\Delta l = l - l_0$									
	微压计系数 K									
	各测点气体动压 P_s(Pa)									
	测定断面气体平均静压 P_s(Pa)									
毕托管系数 K_P										
管道内气体密度 ρ(kg/m³)										
各测点气体流速 v(m/s)										
测定断面平均流速 v(m/s)										
测定断面面积 F(m²)										
测定断面气体流量 Q_i(m³/s)										
除尘器处理气体流量 Q_i(m³/s)										
除尘器过滤速度 V_F(m/min)										
除尘器漏风率 δ(%)										

(2)压力损失。按表 5-11 记录和整理数据。按式(5-19)计算压力损失,并取 5 次测定数据的平均值($\Delta \overline{P}$)作为除尘器压力损失。

表 5-11　袋式除尘器压力损失测定记录

袋式除尘器			清灰制度			粉尘特性		过滤速度(m/min)	测定日期	测定人
型号规格	滤料种类	过滤面积(m²)	喷吹压力(Pa)	脉冲周期(min)	脉冲时间(s)	种类	D_{50}(μm)			

测定序号	每次间隔时间 t(min)	除尘处理气体流量(静压法)			除尘器进出口平均静压差(Pa)	测定断面至除尘器进出口压力损失之和			除尘器压力损失各组测定值	除尘器压力损失 ΔP(Pa)
		均流管流量系数 φ_V	均流管处静压	处理气体流量 Q(m³/s)		摩擦压力损失	局部压力损失	压力损失之和		
1										
2										
3										
4										
5										

(3)除尘效率。除尘效率测定数据按表 5-12 记录整理。除尘效率按式(5-20)计算。

表 5-12　袋式除尘器净化效率测定记录

除尘器规格型号	清灰制度			处理气体流量		过滤速度 V_F(m/min)	粉尘特性		大气压力(kPa)	测定日期	测定人
	喷吹压力(Pa)	周期(min)	脉冲时间(s)	φ_V	Q(m³/s)		种类	D_{50}(μm)			

		除尘器进口测定断面				除尘器出口测定断面				备注
测定点		A_1	A_2	A_3	A_4	B_1	B_2	B_3	B_4	
流量计读数 Q_m(L/min)	控制值									
	实测值									
滤筒号										
采样头直径 d(mm)										
采样时间 τ(min)										
采样流量 V(L)										
流量计前的气体参数	温度 t_m(℃)									
	压力 P_m(kPa)									
标准采样流量 V_{Nd}(L)										
标准状况下干气体采气总体积 $\sum V_{Nd}$(L)										
捕集尘量 $\Delta G = G_2 - G_1$	滤筒初重 G_1									
	滤筒终重 G_2									
	捕集尘量 ΔG									
含尘浓度(标准状况)C(g/m³)										
除尘器净化效率 η(%)										

(4)压力损失、除尘效率与过滤速度的关系。本项是继压力损失(ΔP)、除尘效率(η)和过滤速度(V_F)测定完成后,自行设计记录表,整理 5 组不同 V_F 下的 ΔP 和 η 数据,并独立设计分析图,绘制 V_F—ΔP 和 V_F—η 实验性能曲线。

第四节　气态污染物净化实验

一、碱液吸收法净化二氧化硫

(一)实验目的和意义

本实验采用填料吸收塔,用 5% NaOH 或 Na_2CO_3 溶液吸收 SO_2。通过实验可进一步了解用填料塔吸收净化有害气体的方法,同时还有助于加深理解在填料塔内气液接触状况及吸收过程的基本原理。通过实验要达到以下目的。

(1)了解用吸收法净化废气中 SO_2 的原理和效果。

(2)改变空塔速度,观察填料塔内气液接触状况和液泛现象。

(3)掌握测定填料吸收塔的吸收效率及压降的方法。

(4)测定化学吸收体系(碱液吸收 SO_2)的体积吸收系数。

(二)实验原理

含 SO_2 的气体可采用吸收法净化。由于 SO_2 在水中溶解度不高,常采用化学吸收法吸收 SO_2 的吸收剂种类较多,本实验采用 NaOH 或 Na_2CO_3 溶液作吸收剂,吸收过程发生的主要化学反应为:

$$2NaOH + SO_2 \rightarrow Na_2SO_3 + H_2O$$
$$Na_2CO_3 + SO_2 \rightarrow Na_2SO_3 + CO_2$$
$$Na_2SO_3 + SO_2 + H_2O \rightarrow 2NaHSO_3$$

实验过程中通过测定填料吸收塔进出口气体中 SO_2 的含量,即可近似计算出吸收塔的平均净化效率,进而了解吸收效果。气体中 SO_2 含量的测定可采用碘量法或 SO_2 测定仪。

实验中通过测出填料塔进出口气体的全压,即可计算出填料塔的压降;若填料塔的进出口管道直径相等,用 U 形管压差计测出其静压差即可求出压降。对于碱液吸收 SO_2 的化学吸收体系,还可通过实验测出体积吸收系数。

(三)实验装置、流程仪器设备和试剂

1. 实验装置、流程

实验装置、流程如图 5-10 所示。吸收液从高位液槽通过转子流量计,由填料塔上部经喷淋装置喷入塔内,流经填料表面由塔下部排出,进入受液槽。空气由空压机经缓冲管后,通过转子流量计进入混合缓冲器,并与 SO_2 气体相混合,配制成一定浓度的混合气。SO_2 来自钢瓶,并经毛细管流量计计量后进入混合缓冲器。含 SO_2 的空气从塔底进气口进入填料塔内,通过填料层后,气体经除雾器由塔顶排出。

2. 实验仪器设备

实验仪器设备包括空压机[压力 3kg/cm²(294kPa),气量 3.6m³/h]、液体 SO_2 钢瓶、

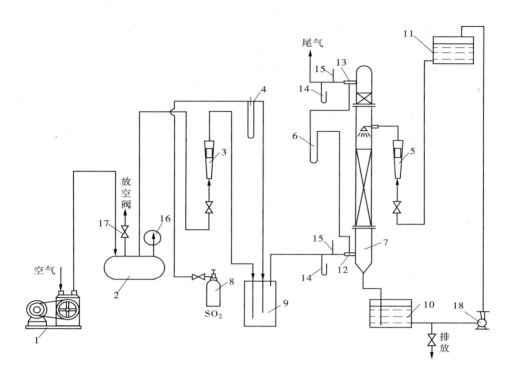

图 5-10 SO₂ 吸收实验装置、流程

1—空压机;2—缓冲管;3—转子流量计(气);4—毛细管流量计;5—转子流量计(水);

6—压差计;7—填料塔;8—SO₂钢瓶;9—混合缓冲器,10—受液槽;11—高位液槽;

12、13—取样口;14—压力计;15—温度计;16—压力表;17—放空阀;18—水泵

填料塔($D = 70$mm,$H = 650$mm)、填料($\Phi = 5 \sim 8$mm 瓷环)、泵(扬程 3m,流量 400L/h)、缓冲罐(容积 1m³)、高位槽(500mm × 400mm × 600mm)、混合缓冲槽(0.5m³)、受液槽(500mm × 400mm × 600mm)、转子流量计(水)(10 ~ 100L/h ,LZB-10)、转子流量计(气)(4~40m³/h,LZB-40)、毛细管流量计(0.1~0.3mm)、U 形管压力计(200mm)、压力表(0~3kg/cm²)、温度计(0~100℃)、空盒式大气压力计、玻璃筛板吸收瓶(125mL)、锥形瓶(250mL) 20 个、烟气测试仪(采样用)(YQ-I 型)或综合烟气分析仪(英国 KM9106)。

3.试剂

(1)采样吸收液:取 11g 氨基磺酸铵,7g 硫酸铵,加入少量水,搅拌使其溶解,继续加水至 1 000mL,以硫酸[$C(H_2SO_4) = 0.05$mol/L]和氨水[$C(NH_3 \cdot H_2O) = 0.1$mol/L]调节pH 值至 5.4。

(2)碘储备液[$C(I_2) = 0.05$mol/L]:称取 12.7g 碘放入烧杯中,加入 40g 碘化钾,加25mL 水,搅拌至全部溶解后,用水稀释至 1L,储于棕色试剂瓶中。

标定:准确吸取 25mL 碘储备液,以硫代硫酸钠溶液[$C(Na_2S_2O_3) = 0.1$mol/L]滴定,溶液由红棕色变为淡黄色后,加 5mL 5%淀粉溶液,继续用硫代硫酸钠溶液滴定至蓝色恰好消失为止,记下滴定用量,则:

$$C(I_2) = \frac{C(Na_2S_2O_3)V}{25 \times 2} \tag{5-22}$$

式中：$C(I_2)$为碘溶液的实际浓度，mol/L；$C(Na_2S_2O_3)$为硫代硫酸钠溶液实际浓度，mol/L；V为消耗硫代硫酸钠溶液的体积，mL。

(3)碘溶液：准确吸取100mL碘储备液$[C(I_2)=0.05mol/L]$于1 000mL容量瓶中，用水稀释至标线，摇匀，储于棕色瓶内。保存于暗处。

(4)硫代硫酸钠溶液$[C(Na_2S_2O_3)=0.1mol/L]$：取26g硫代硫酸钠$(Na_2S_2O_3\cdot5H_2O)$和0.2g无水碳酸钠溶于1 000mL新煮沸并冷却的水中，加10mL异戊醇，充分混匀，储于棕色瓶中。放置3天后进行标定。若浑浊，应过滤。

标定：将碘酸钾(优级纯)于120～140℃干燥1.5～2h，在干燥器中冷却至室温。称取0.9～1.1g(准确至0.1mg)溶于水，移入250mL容量瓶中，稀释至标线，摇匀。吸取25mL此溶液，于250mL碘量瓶中，加2g碘化钾，溶解后，加10mL盐酸$[C(HCl)=2mol/L]$溶液，轻轻摇匀。于暗处放置5min，加75mL水，以硫代硫酸钠溶液$[C(Na_2S_2O_3)=0.1mol/L]$滴定。至溶液为淡黄色后，加5mL淀粉溶液，继续用硫代硫酸钠溶液滴定至蓝色恰好消失为止，记下消耗量(V)。

另外，取25mL蒸馏水，以同样的条件进行空白滴定，记下消耗量(V_0)。

硫代硫酸钠溶液浓度可用下式计算。

$$C(Na_2S_2O_3)=\frac{W\times\dfrac{25.00}{250}}{(V-V_0)\times\dfrac{214}{1\,000\times6}}=\frac{W\times100}{(V-V_0)\times35.67} \qquad (5\text{-}23)$$

式中：$C(Na_2S_2O_3)$为硫代硫酸钠溶液实际物质的量浓度，mol/L；W为碘酸钾的质量；V为滴定点消耗的硫代硫酸钠溶液体积，mL；V_0为滴定空白溶液消耗的硫代硫酸钠溶液的体积，mL；214为碘酸钾相对分子质量。

(5)0.5%淀粉溶液：取0.5g可溶性淀粉，用少量水调成糊状，倒入100mL沸水中，继续煮沸直至溶液澄清(放置时间不能超过1个月)。

(6)5%烧碱或纯碱溶液：称取工业用烧碱或纯碱5kg，溶于$0.1m^3$水中，作为吸收系统的吸收液。

(四)实验方法和步骤

(1)正确连接实验装置，并检查系统是否漏气。关严吸收塔的进气阀，打开缓冲管上的放空阀，并在高位液槽中注入配制好的5%的碱溶液。

(2)在玻璃筛板吸收瓶内装入采样用的吸收液50mL。

(3)打开吸收塔的进液阀，并调节液体流量，使液体均匀喷淋，并沿填料表面缓慢流下，以充分润湿填料表面，当液体由塔底流出后，将液体流量调节至35L/h左右。

(4)开启空压机，逐渐关小放空阀，并逐渐打开吸收塔的进气阀。调节气体流量，使塔内出现液泛。仔细观察此时的气液接触状况，并记录下液泛时的气速(由气体流量计算)。

(5)逐渐减小气体流量，在液泛现象消失后。即在接近液泛现象，吸收塔能正常工作时，开启SO₂气瓶，并调节其流量，使气体中SO_2的含量为0.1%～0.5%(体积分数)。

(6)经数分钟，待塔内操作完全稳定后，按表5-13的要求开始测量并记录有关数据。

表 5-13   实验系统测定结果记录表

实验时间_____年_____月_____日

大气压力_____kPa   室温_____℃   液泛气速_____m/s

测定次数	测体流量 (L/min)	空气流量		SO₂流量		气体状态				标准状态下气体中SO₂浓度				填料层高度h (m)	塔截面积A (m²)	压降 ΔP (Pa)
						塔前		塔后		塔前		塔后				
		体积流量 (L/min)	摩尔流量 Q (kmol/h)	体积流量 (L/min)	摩尔流量 (kmol/s)	温度 t_1 (℃)	压力 P_1 (Pa)	温度 t_2 (℃)	压力 P_2 (Pa)	质量浓度 (mg/m³)	分压力 P_{A1} (Pa)	质量浓度 (mg/m³)	分压力 P_{A2} (Pa)			

(7)在吸收塔的上下取样口用烟气测试仪(或综合烟气分析仪)同时采样。采样时,先将装入吸收液的吸收瓶放在烟气测试仪的金属架上。吸收瓶上和玻璃筛板相连的接口与取样口相连;吸收瓶上另一接口与烟气测试仪的进气口相连(注意,不能接反)。然后,开启烟气测试仪,以 0.5L/min 的采样流量采样 5~10min(视气体中 SO₂ 浓度大小而定)。取样 2 次。

(8)在液体流量不变,并保持气体中 SO₂ 浓度在大致相同的情况下,改变气体的流量,按上述方法,测取 4~5 组数据。

(9)实验完毕后,先关掉 SO₂ 气瓶,待 1~2min 后再停止供液,最后停止鼓入空气。

(10)样品分析。将采过样的吸收瓶内的吸收液倒入锥形瓶中,并用 15mL 吸收液洗涤吸收瓶 2 次,洗涤液并入锥形瓶中,加 5mL 淀粉溶液,以碘溶液[$C(I_2)=0.05mol/L$]滴定至蓝色,记下消耗量(V)。另取相同体积的吸收液,进行空白滴定,记下消耗量(V_0),并将结果填入表 5-14 中。按表 5-15 要求的项目进行有关计算。

表 5-14   气体浓度测定记录

测定次数	空塔气速 v(m/s)	I₂液浓度 (mol/L)	塔前				塔后				净化效率 η(%)
			标准状态下采样体积 V_{Nd}(L)	样品耗 I₂液 V(mL)	样品耗 I₂液 V_0(mL)	标准状态下SO₂浓度 (mg/m³)	标准状态下采样体积 V_{Nd}(L)	样品耗 I₂液 V(mL)	样品耗 I₂液 V_0(mL)	标准状态下SO₂浓度 (mg/m³)	

表 5-15   实验结果汇总

测定次数	液体流量 (kmol/h)	气体流量 Q (kmol/h)	液气比	空塔气速 v(m/s)	塔内气体平均压力 (Pa)	体积吸收系数 K_{Ga} (kmol/(m³·h·Pa))	吸收效率 η(%)	压降 ΔP (Pa)

(五)实验数据的记录和处理

(1)实验数据的处理。

①由样品分析数据计算标准状态下气体中 SO_2 的浓度:

$$\rho(SO_2) = \frac{(V - V_0)C(I_2) \times 64}{V_{Nd}} \times 1\,000 \tag{5-24}$$

式中:$\rho(SO_2)$ 为标准状态下二氧化硫浓度,mg/m^3;$C(I_2)$ 为碘溶液物质的量浓度,mol/L;V 为滴定样品消耗碘溶液的体积,mL;V_0 为滴定空白消耗碘溶液的体积,mL;64 为 SO_2 的相对分子质量;V_{Nd} 为标准状态下的采样体积,L。

V_{Nd} 可用下式计算:

$$V_{Nd} = 1.58q'_m\tau\sqrt{\frac{P_m + B_a}{T_m}} \tag{5-25}$$

式中:q'_m 为采样流量,L/min;τ 为采样时间,min;T_m 为流量计前气体的绝对温度,K;P_m 为流量计前气体的压力,kPa;B_a 为当地大气压力,kPa。

②吸收塔的平均净化效率(η)可由下式近似求出:

$$\eta = \left(1 - \frac{C_2}{C_1}\right) \times 100\% \tag{5-26}$$

式中:C_1 为标准状态下吸收塔入口处气体中 SO_2 的质量浓度,mg/m^3;C_2 为标准状态下吸收塔出口处气体中 SO_2 的质量浓度,mg/m^3。

③吸收塔压降(ΔP)的计算:

$$\Delta P = P_1 - P_2 \tag{5-27}$$

式中:P_1、P_2 分别为吸收塔入口处、出口处气体的全压或静压,Pa。

④气体中 SO_2 的分压(P_{SO_2})的计算:

$$P_{SO_2} = \frac{\rho \times 10^{-3}/32}{1\,000/22.4} \times P \tag{5-28}$$

式中:ρ 为标准状态下气体中 SO_2 的质量浓度,mg/m^3;32 为 $\frac{1}{2}SO_2$ 的相对分子质量;P 为气体的总压,Pa。

⑤体积吸收系数的计算:以浓度差为推动力的体积吸收系数(K_{Ga})可通过下式计算:

$$K_{Ga} = \frac{Q(y_1 - y_2)}{h \cdot A \cdot \Delta y_m} \tag{5-29}$$

式中:Q 为通过填料塔的气体量,$kmol/h$;h 为填料层高度,m;A 为填料塔的截面面积,m^2;y_1、y_2 分别为进、出填料塔气体中 SO_2 的摩尔分数;Δy_m 为对数平均推动力。

$$\Delta y_m = \frac{(y_1 - y_1^*) - (y_2 - y_2^*)}{\ln\dfrac{y_1 - y_1^*}{y_2 - y_2^*}} \tag{5-30}$$

对于碱液吸收 SO_2 系统,其吸收反应为极快不可逆反应,吸收液面上 SO_2 平衡浓度 y^* 可看做零,则对数平均推动力(Δy_m)可表示为

$$\Delta y_m = \frac{y_1 - y_2}{\ln \frac{y_1}{y_2}} \tag{5-31}$$

由于实验气体中 SO_2 浓度较低,则摩尔分数 y_1、y_2 可用下式表示:

$$y_1 = \frac{P_{A1}}{P}, y_2 = \frac{P_{A2}}{P} \tag{5-32}$$

式中:P_{A1}、P_{A2} 分别为进、出塔气体中 SO_2 的分压力,Pa;P 为吸收塔气体的平均压力,Pa。

将式(5-31)和式(5-32)代入式(5-29)中,可得到以分压差为推动力的体积吸收系数 K_{Ga} 的计算式:

$$K_{Ga} = \frac{Q}{PAh} \ln \frac{P_{A1}}{P_{A2}} \tag{5-33}$$

(2)将实验测得数据和计算的结果等填入表 5-13～表 5-15 中。

(3)根据实验结果,以空塔气速为横坐标,分别以吸收效率和压降为纵坐标,绘出曲线。

二、吸附法净化气体中的氮氧化物

(一)实验目的和意义

吸附法是利用多孔性的固体物质,使污水中或工业废气中的一种或多种物质(通过范德华力、化学键力和静电引力)被吸附在固体表面而去除。常用的吸附剂有活性炭、磺化煤、焦炭、木炭、泥煤、高岭土、硅藻土、硅胶、炉渣、木屑、吸附树脂、腐殖酸等。在工业上,应用吸附操作始于 18 世纪末叶,主要用于化学、食品等工业部门回收某些吸附剂和精制原料气,随着对吸附机理的深入研究,特别是活性炭、沸石分子筛等新型的性能优良的吸附剂的出现及应用,以及模拟移动床和流动床的问世,并在工业装置上成功地得到连续运转,实现了连续吸附与脱附操作,大大开拓了吸附法的应用范围。吸附法多用于吸附污水中的酚、汞、铬、氰等有毒物质及废水的除色和除臭,同时吸附法在净化有毒、有害工业废气中也有广泛的使用,用活性炭净化氮氧化物废气是一种简便、有效的方法。

本实验采用有机玻璃吸附塔、以活性炭作为吸附剂,通过模拟氮氧化物废气,得出吸附净化效率、空塔气速和转效时间等数据。通过本实验应达到以下目的:

(1)深入理解吸附法净化有害废气的原理和特点。

(2)掌握活性炭吸附法的工艺流程和吸附装置的特点。

(3)掌握活性炭吸附法中的样品分析和数据处理的技术。

(二)实验原理

吸附是利用多孔性固体吸附剂处理流体混合物,使其中所含的一种或几种组分浓集在固体表面,而与其他组分分开的过程。产生吸附作用的力可以是分子间的引力,也可以是表面分子与气体分子的化学键力,前者称为物理吸附,后者则称为化学吸附。

活性炭吸附气体中的氮氧化物是基于其较大的比表面和较高的物理吸附性能。活性炭吸附氮氧化物是可逆过程,在一定温度和压力下达到吸附平衡,而在高温、减压条件下被吸附的氮氧化物又被解吸出来,使活性炭得到再生而能重复使用。

氮氧化物的分析采用盐酸萘乙二胺分光光度法测定。用冰乙酸、对氨基苯磺酸和盐酸萘乙二胺配成吸收液采样,空气中的 NO_2 被吸收转变成亚硝酸和硝酸。在冰乙酸存在的条件下,亚硝酸与对胺基苯磺酸发生重氮化反应,然后再与盐酸萘乙二胺偶合,生成玫瑰红色偶氮染料,其颜色深浅与气样中 NO_2 浓度成正比,因此可用分光光度法进行定量分析。

(三)实验流程、仪器设备和试剂

(1)实验流程。实验装置流程如图 5-11 所示,主要包括酸气发生装置、吸附塔、尾气净化、真空泵及流量计、冷凝器等部分。

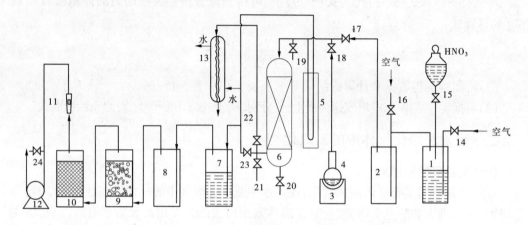

图 5-11　活性炭吸附装置流程图

1—酸雾发生器;2、8—缓冲瓶;3—电热器;4—蒸汽瓶;5—压差计;6—吸附塔;
7—液体吸收瓶;9—固体吸收瓶;10—干燥瓶;11—转子流量计;
12—真空泵;13—冷凝器;14—关闭阀;15、17、18、20、22、23—控制阀;
16—进气调节阀;19—进口采样点;21—出口采样点;24—气量调节阀

(2)仪器设备:有机玻璃吸附塔($D = 40mm$, $H = 380mm$)1 台、真空泵(流量 30 L/min)1 台、气体转子流量计(0 ~ 40L/min)、玻璃洗气瓶(500mL)2 个、玻璃干燥瓶(500mL)2 个、玻璃细口瓶 2 个、紫外分光光度计 1 台、电热器 1 台、冷凝器 2 支、双球玻璃氧化管 2 支、采样用注射器 2 支、玻璃三通管 2 个、玻璃四通管 1 个、溶气瓶(100mL)20 个。

(3)试剂(均为分析纯):活性炭、硝酸、10% 的 NaOH 浓液、固体 NaOH、铁屑或铜屑、三氧化铬、对氨基苯磺酸、盐酸乙二胺、冰醋酸、盐酸、亚硝酸钠。

(四)实验方法及步骤

1.实验准备

(1)三氧化铬氧化管的制作。筛取 20~40 目砂子,用(1+2)盐酸溶液浸泡一夜,用水洗至中性,烘干。把三氧化铬及砂子按质量比(1+20)混合,加少量水调匀,放在红外灯下或烘箱里于 105℃烘干,称取约 8g 三氧化铬 - 砂子装入双球玻璃管,两端用少量脱脂棉塞紧即可使用,使用前用乳胶管或用塑料管制的小帽将氧化管两端密封。

(2)吸收液的配制。所用试剂均用不含亚硝酸根的重蒸蒸馏水配制,即所配吸收液的吸光度不超过 0.005。配制时称取 5.0g 对氨基苯磺酸,通过玻璃小漏斗直接加入 1 000mL 容量瓶中,加入 50mL 冰醋酸和 900mL 的混合溶液,盖塞振摇使其溶解。待对氨基苯磺酸完全溶解,再加入 0.050g 盐酸萘乙二胺溶解后,用水稀释至标线。此为吸收原液,储于棕色瓶中,在冰箱中可保存两个月,保存时可用聚四氟乙烯生胶密封瓶口,以防止空气与吸收液接触。采样时按 4 份吸收原液和 1 份水的比例混合。

(3)亚硝酸钠标准溶液的配制。称取 0.150 0g 粒状亚硝酸钠($NaNO_2$,预先在干燥器内放置 24h 以上),溶解于水,移入 1 000mL 容量瓶中,用水稀释至标线,此溶液每毫升含 100.0μg 亚硝酸根(NO_2^-),储于棕色瓶保存在冰箱中,可稳定 3 个月。临用前,吸取储备液 5.00mL 于 100mL 容量瓶中,用水稀释至标线。此溶液每毫升含 5.0μg 亚硝酸根(NO_2^-)。

(4)标准曲线的绘制。在 7 只 10mL 具塞比色管中分别准确加入 0、0.10、0.20、0.30、0.40、0.50、0.60mL 亚硝酸钠标准溶液,然后在每个比色管中分别加入 4mL 吸收原液和 1.00、0.90、0.80、0.70、0.60、0.50、0.40mL 蒸馏水,摇匀,避光放置 15min,在波长 540nm 处,用 1cm 比色皿,以水为参比,测定吸光度,根据测定结果,绘制吸光度对 NO_2^- 含量的标准曲线。

2. 实验操作

(1)按流程图 5-11 连接好实验装置。

(2)将活性炭装入吸附柱中,按要求将试剂药品装入瓶中(分液漏斗中装入 HNO_3),气酸发生器中装入铜丝或铁丝,洗气瓶中装入 10%NaOH,干燥塔中装入固体 NaOH。

(3)检查管路系统是否漏气,开动真空泵,使压差计有一定压力差,并将各调节阀关死,保持一段时间,看压力是否有变化,如有漏气,可以压差计为中心向远处逐步检查,查到整个系统不漏气为止。

(4)将铜丝或铁丝(块)放入酸雾发生器中,配制 40% HNO_3 溶液,装入分液漏斗中,将分液漏斗的阀门打开,酸雾发生器中便有氮氧化物放出。

(5)关闭阀门 15、18、20 和 22,开动真空泵,调节气量调节阀及转子流量计,使流量达到一定值。

(6)开启阀门 15、调节进气阀,观察缓冲瓶中黄烟的变化情况,并调节转子流量计,使其回到规定值,保持气流稳定。

(7)当整个系统稳定 2~5min 后取样分析,以后每 30min 取样一次,每次取 3 个。

(8)当吸附净化效率低于 80% 时,停止吸附操作,将气量调节阀打开,停止真空泵,关闭进气调节阀、关闭阀和控制阀 15、17 和 23。

(9)开启控制阀 18 和 22,置管路系统处于解吸状态,打开冷水管开关,向吸附塔通入水蒸气进行解吸。

(10)当解吸液 pH 值小于 6 时,关闭控制阀 18 和 22,停止解吸。

3. 采样与分析

分析氮氧化物采用盐酸萘乙二胺比色法。

(五)实验数据的记录和整理

1. 实验数据的处理

(1)标准状态下气体中 NO_2 浓度的计算:

$$\rho(NO_2) = \frac{a \times V_s}{V_N \times V_1 \times 0.76} \tag{5-34}$$

式中:a 为样品溶液中 NO_2^- 含量,μg;V_s 为样品溶液的总体积,mL;V_1 为分析时所取样品溶液的体积,mL;0.76 为转换系数,气体中 NO_2 被吸收转换为 NO_2^- 的系数;V_N 为标准状态下的采样体积,L,V_N 可用下式计算:

$$V_N = V_f \times \frac{273}{273 + t_f} \times \frac{B_a}{101.3} \qquad (5\text{-}35)$$

式中:V_f 为注射器采样体积,L;t_f 为室温,℃;B_a 为大气压力;kPa。

(2)吸附塔的平均净化效率(η):

$$\eta = (1 - \frac{\rho_{2N}}{\rho_{1N}}) \times 100\% \qquad (5\text{-}36)$$

式中:ρ_{1N} 为标准状态下吸附塔入口处气体中 NO_2 的浓度,mg/m^3;ρ_{2N} 为标准状态下吸附塔出口处气体中 NO_2 的浓度,mg/m^3。

(3)空塔气速:

$$W = \frac{Q}{F} \qquad (5\text{-}37)$$

式中:Q 为气体体积流量,m^3/s;F 为床层横截面面积,m^2。

2.实验基本参数记录

(1)吸附器:直径 $D =$ ＿＿ mm;高度 $H =$ ＿＿ mm;床层横截面面积 $F =$ ＿＿ m^2。

(2)活性炭:种类＿＿;粒径 $d =$ ＿＿ mm;装填高度＿＿ mm;装填量＿＿ g。

(3)操作条件:气体浓度＿＿＿$\times 10^{-6}$;室温＿＿＿℃;气体流量＿＿＿L/min。

3.实验结果及整理

(1)记录实验数据及分析结果见表 5-16。

表 5-16　吸附法处理氮氧化物实验记录

实验时间	净化率1 (%)	净化率2 (%)	净化率3 (%)	平均净化率 (%)	空塔气速 (m/s)

(2)根据实验结果给出净化效率随吸附操作时间(t)的变化曲线。

第五节 汽车尾气的测定

一、实验目的和意义

随着经济的发展及人民生活水平的不断提高,汽车的数量越来越多。汽车给人们带来交通便利的同时,它对环境空气的污染及其危害也越来越受到人们的重视。

汽车主要使用内燃机作为动力源,在行驶过程中,内燃机燃烧所产生的有害气体是汽车的主要污染源,由于有害气体是从汽车后通过排气管排出的,所以汽车排放的废气常称为尾气。

汽车尾气中的有害成分主要是CO、HC(碳氢化合物)、NO_x 和炭烟,它们也是目前汽车排污标准及净化措施主要针对的成分。尾气中各有害成分产生的原因是不同的。CO是因燃烧时供氧不足造成的,在汽油机中,主要是由于混合气较浓,在柴油机中是由于局部缺氧。HC是由于燃烧时不完全,及低温缸壁使火焰受冷熄灭,电火花微弱,混合气形成条件不良而造成的。NO_x 是燃烧过程中,在高温、高压条件下,原子氧和氮化合的结果。炭烟是燃油在高温缺氧条件下裂解生成的,汽油机正常工作时很少出现炭烟,柴油机因局部混合气很浓,易产生炭烟。

目前,在国外大部分汽车及国内部分汽车上装有空气喷射装置——热反应器或催化反应器,使 HC、NO_x、CO 降到最低程度,其中催化反应器是目前采用最多的,也是未来汽车尾气净化的方向,它使废气通过催化反应器时,在催化剂的作用下,与空气产生化学反应,其结果是 CO 被氧化为 CO_2,HC 被氧化为 CO_2 和 H_2O,NO_x 被还原为 N_2。炭烟是柴油机尾气中的重要组成部分,它由多孔性碳粒构成,常附带有 SO_2,炭烟的处理可采用过滤的方法,使高温废气通过蒸发器水层使水蒸发,冷却后形成以碳粒为核心的水滴,被过滤器过滤,而水流回蒸发器重复利用,过滤材料采用氨基甲酸乙酯。

本实验拟采用 NDIR 法(不分光红外线吸收法)测定 CO_2、CO、HC 的浓度,用电化学方法测定 O_2 和 NO_x 的浓度,采用过滤称量法测定颗粒物含量。

二、实验原理

当具有电极性的气体分子受到红外线照射时产生振动能级的跃迁,吸收一部分其频率对应于气体分子固定振动频率的红外线,从而在红外光谱上形成吸收带,不同的气体分子具有不同的吸收波长,利用这一点可对气体进行定性分析。CO 对波长 $4.6\mu m$ 的红外线有选择性吸收,HC 对波长为 $3.3\mu m$ 的红外线有选择性吸收。

测量时,光源的两束相等的红外光,被切光电机周期性地打开切断。若工作室流过的气体为零,在光束打开时,到达两个接受室的红外光能量相等,室内气体吸收相同的光能量后热膨胀产生的压力也相等,薄膜无位移,电容量不变化,在光束遮断时,两个接收室均不接收能量,电容量也不变化。若工作室流过一定浓度的待测气体,在光束打开时,由于到达两接收室的红外光量不相等(左室大于右室),左室压力大于右室压力,在这一压差作用下,金属箔向右鼓起,极间距离增大,电容量变小,在光束遮断后,金属箔复位,电容量还原。这样,当切光片旋转,检测器的电容量就产生了周期性变化,其变化量与气体浓度呈一定函数关系。

O_2 和 NO_x 含量的测定采用电化学的方法进行测定,气路流程如图 5-12 所示。

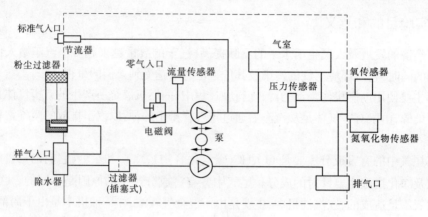

图 5-12 气路流程图

三、实验装置、仪器设备

本实验所需仪器有汽车排气分析仪(FGA-4100,参见图 5-13 和图 5-14)、直径 16mm 的聚氯乙烯取样管、标准 CO 气体(3.5%)、标准 C_3H_8 气体($3\,200 \times 10^{-6}$)、标准 NO 气体($3\,000 \times 10^{-6}$)、标准 CO_2(11.0%)气体、干燥滤纸。

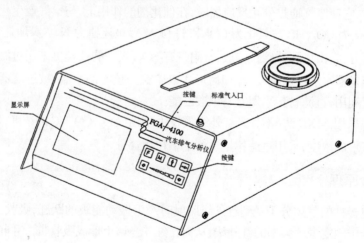

图 5-13 汽车尾气分析仪前视图

M—确认,执行;F—功能,进入主菜单;

↑—上下移位,增加;→左右移位,进入下一功能;☼—亮度调节

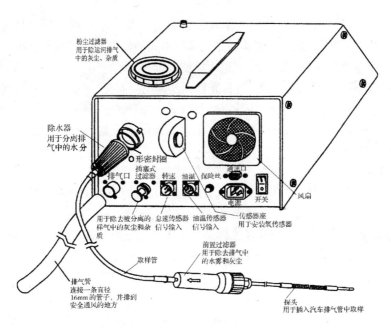

図 5-14　汽车尾气分析仪后视图

（図中标注文字）
- 粉尘过滤器 用于除运河排气中的灰尘、杂质
- 除水器 用于分离排气中的水分
- O 形密封圈
- 插塞式过滤器 用于除去被分离的样气中的灰尘和杂质
- 排气口
- 转速
- 油温
- 保险丝
- 通讯口
- 电源
- 开关
- 风扇
- 总速传感器信号输入
- 油温传感器信号输入
- 传感器座 用于安装氧传感器
- 取样管
- 前置过滤器 用于除去排气中的水雾和灰尘
- 排气管 连接一条直径 16mm 的管子，并排到安全通风的地方
- 探头 用于插入汽车排气管中取样

四、实验方法和步骤

（一）测量前的准备

本实验采用直接取样法，在汽车尾气排气管处用取样探头将废气引出，探头插入的深度不得小于 300mm。因为废气中含有水分、烟尘、油污等，为防止其影响分析结果，故要经冰冷（气凝除水）、玻璃棉过滤（滤除油尘等），经取样泵将气体引出。

测量前首先将软管套上前置过滤器，套牢后用卡子组件夹紧，软管的另一端套上水分离器，用卡子组件夹紧；然后在 O 形密封圈上涂上一些真空硅脂，装到除水器座环型槽内，除水器按正确方向插入，锁紧，把氧传感器座上的黑色塞子旋下，将氧传感器从备件袋中取出，装到氧传感器座上，并拧紧直到 O 形环密封，再把氧传感器接头插入氧传感器；最后把那条直径 16mm 的聚氯乙烯管连接在排气口处。取样元器件和排气管连接好后，应检查保险丝和电源：逆时针旋下保险丝外壳，露出保险丝，取出并检查，其标值应为 2A；电源线应接在仪器所标明的电压和频率的电源上，不要将仪器放在电焊机等产生显著干扰的场所附近，也不要与这类装置共用一个电源，电源座应有接地端。

（二）尾气浓度的测定

（1）预热。打开电源开关，仪器自动预热 3min20s。

（2）泄露检查。为了保证测量时仪器没有泄露，确保测量结果的准确，预热结束后马上进入泄露检查。按提示堵住进气口，按"M"键启动泄露检查程序，如果有泄露，则重新检查气路后，按"F"键重测；如果无泄露，仪器在 5s 后自动进入吸附测试。

（3）吸附测试。泄露检查合格后，仪器进入吸附测试。按提示从排气管中取出探头，按"M"键开始吸附测试，先抽气 30s，测试显示合格或不合格。如果不合格，清洗气路后，按"F"

键重测;如果合格,仪器 5s 后进入"输入车辆信息"状态。如果不想进行吸附测试,按"→"键进入"输入车辆信息"状态,按"↑"键移动光标选择不同的信息项,按"M"键执行。此时也可按"→"键进入测量类型选择,或按"F"键进入功能表选项。

(4)输入车辆信息。用"F、→、↑"键移光标到所需的字符处,然后按"M"键确认,重复以上步骤,直到将车牌号码完全输入,按"F"键退出,或按"M"键重新输入车牌。如果输入过程中有错误,可同时按下"F"键和"→"键退出。如果要清除上次输入的号码,只要退出普通测量界面进入泄露检查即可。

按"→"键移动光标到所需位置,然后按"↑"键改变参数值,当所有参数设定好后,按"F"键退出。由于发动机使用的是不同的燃料,此测量前要进行燃料类型的选择,按"↑"键移动光标到正确的燃料处,然后按"F"键退出,机器默认的燃料类型是汽油。

(5)测量类型选择。按"↑"键移动光标选择所需的测量类型,按"M"键执行相应的测量,如果按"F"键则退回到车辆信息输入状态。

测量类型可分为怠速测量(按照怠速法标准进行测量)、双怠速测量(按照双怠速标准进行测试)、普通型测量(主要用于调试和实验)。

选择普通型测量,按"M"键开泵测量,或按"F"键退出到泄露检查,按"↑"键输入车牌号码。开泵测量后,按"→"键停止测量,按"↑"键打印当前值。

五、实验数据的记录和处理

将所测数据及计算结果填入表 5-17。

表 5-17　实验数据记录

项目	1	2	3	4	5
CO					
HC					
NO_x					
O_2					
CO_2					

第六章 噪声污染控制与固体废弃物处理处置实验技术

第一节 概 述

一、噪声概述

一般地说，人们把声音分成乐声和噪声。物理学的观点是把节奏有调、听起来和谐的声音称为乐声，而把杂乱无章、听起来不和谐的声音称为噪声。心理学的观点认为噪声和乐声是很难区分的，它们会随着人们主观判别的差异而改变。因此，人们把凡是使人烦躁、讨厌、不需要的声音都称为噪声。

噪声因其产生的条件不同而分为很多种类，既有来源于自然界的(如火山爆发、地震、潮汐和刮风等自然现象所产生的空气声、地声、水声和风声等)，又有来源于人为活动的(如交通运输、工业生产、建筑施工、社会活动等)。

(一)噪声的类型

一般来说，噪声主要分为过响声、妨碍声、不愉快声、无影响声等几类。过响声是指很响的声音，如喷气发动机排气声、大炮射击的轰鸣声等。妨碍声是指一些声音虽不太响但它妨碍人们的交谈、思考、学习和睡眠的声音。像摩擦声、刹车声、吵闹声等噪声称为不愉快声。人们生活中习以为常的如室外风声、雨声、虫鸣声等声音称为无影响声。

根据噪声源的不同，噪声可分为工业噪声、交通噪声和生活噪声三种。

(1)工业噪声是指工厂在生产过程中由于机械振动、摩擦撞击及气流扰动产生的噪声。例如化工厂的空气压缩机、鼓风机和锅炉排气放空时产生的噪声，都是由于空气振动而产生的气流噪声；球磨机、粉碎机和织布机等产生的噪声，是由于固体零件机械振动或摩擦撞击产生的机械噪声。

(2)交通噪声是指飞机、火车、汽车和拖拉机等交通运输工具在飞行和行驶中所产生的噪声。

(3)生活噪声是指街道以及建筑物内部各种生活用品设备和人们日常活动所产生的噪声。

工业噪声、交通噪声和生活噪声也是构成环境噪声的三个主要来源。噪声使人感到烦恼，强的噪声还会给人体健康带来危害。

(二)噪声控制的基本途径

根据噪声的产生、传播规律，只有当噪声源、介质、接收者三因素同时存在时，噪声才对听者形成干扰，因此控制噪声必须从这三个方面考虑，既要对其进行分别研究，又要将它作为一个系统综合考虑。控制噪声的原理，就是在噪声到达耳膜之前，采用阻尼、隔声、吸声、个人防护和建筑布局等措施,尽力降低声源的振动,或者将传播中的声能吸收掉,或者设置障碍,使声音全部或部分反射出去。

1. 治理噪声源

要彻底消除噪声只有对噪声源进行控制。要从声源上根治噪声是比较困难的,而且受到各种条件和环境的限制。但是,对噪声源进行一些技术改造是切实可行的,例如,改造机械设备的结构、改进操作方法、提高零部件的加工精度及装配质量等。

1)应用新材料改进机械设备的结构

改进机械设备结构、应用新材料来降噪,效果和潜力是很大的。近些年,随着材料科学的发展,各种新型材料应运而生,用一些内摩擦较大、高阻尼合金、高强度塑料生产机器零部件已变成现实,例如,在汽车生产中就经常采用高强度塑料机件;化纤厂的拉捻机噪声很高,将现有齿轮改为尼龙齿轮,可降噪 20dB。对于风机,不同形式的叶片,产生的噪声也不一样,选择最佳叶片形状,可以降低风机噪声。例如,把风机叶片由直片式改成后弯形,可降低噪声 10dB,或者将叶片的长度减小,亦可降低噪声。

对于旋转的机械设备,应尽量选用噪声小的传功方式:一般齿轮传动装置产生的噪声较大,达 90dB,如果改用斜齿轮或螺旋齿轮,啮合时重合系数大,可降低噪声 3~16dB。若改用皮带传动代替一般齿轮传动,由于皮带能起到减振阻尼作用,因此可降低噪声 16dB。对于齿轮类的传动装置,通过减小齿轮的线速度,选择合适的传动比,也能降低噪声。实验表明,若将齿轮的线速度减低一半,噪声就会降低 6dB。

2)改革工艺和操作方法

改革工艺和操作方法,也是从声源上降低噪声的一种途径。例如,用低噪声的焊接代替高噪声的铆接;用无声的液压代替有梭织布机。在建筑施工中,柴油打桩机在 15m 外噪声达到 100dB,而压力打桩机的噪声则只有 50dB。在工厂里,把铆接改成焊接、锻打改成液压加工,均能降噪 20~40dB。

3)提高零部件加工精度和装配质量

零部件加工精度的提高使机件间摩擦减少,从而使噪声降低。提高装配质量、减少偏心振动,以及提高机壳的刚度等,都能使机器设备的噪声减小。对于轴承,若将滚子加工精度提高一级,轴承噪声可降低 10dB。降低机器设备的噪声,对提高机器的远行效率、降低能量消耗、延长使用寿命都有好处。

2. 在噪声传播途径上降低噪声

在噪声源上治理噪声效果不理想时,需要在噪声传播的途径上采取措施。

1)利用闹静分开的方法降低噪声

居民住宅区、医院、学校、宾馆等需要较高的安静环境,应该与商业区、娱乐场所、工业区分开布置。在厂区内应合理地布置生产车间和办公室的位置,将噪声较大的车间集中起来,与办公室、实验室等需要安静的场所分开,噪声源尽量不露天放置。

2)利用地形和声源的指向性降低噪声

如果噪声源与需要安静的区域之间有山坡、深沟等地形地物时,可以利用它们的障碍作用减少噪声的干扰。同时,声源本身具有指向性,利用声源的指向性,使噪声指向空旷无人区或者对安静要求不高的区域,而医院、学校、居民住宅区等需要安静的地区应避开声源的方向,减少噪声的干扰。

3)利用绿化降低噪声

采用植树、植草坪等绿化手段也可减少噪声的干扰程度。实验表明,绿色植物减弱噪声的效果与林带宽度、高度、位置、配置方式及树木种类有密切关系。在城市中,林带宽度最好是6～15m,郊区为15～20 m。多条窄林带的隔声效果比只有一条宽林带好。林带的高度大致为声源至声区距离的两倍。林带的位置应尽量靠近声源,这样降噪效果更好。一般林带边缘至声源的距离6～11m,林带应以乔木、灌木和草地相结合,形成一个连续、密集的障碍带。树种一般选择树冠矮的乔木,阔叶树的吸声效果比针叶树好,灌木丛的吸声效果更为显著。

4)采取声学控制手段

除了以上几种降低噪声的办法外,噪声控制还可以采用声学控制方法,这是噪声控制技术的重要内容,它主要包括吸声、隔声、消声、阻尼隔振等。

3. 接收点防护

控制噪声还可以在接收点进行防护,个人防护是一种经济且有效的措施。常用的个人防声用具有耳塞、防声棉、头盔等。它们主要是利用隔声原理来阻挡噪声传入耳膜。

二、固体废弃物概述

(一)固体废弃物的概念

固体废弃物是指在生产建设、日常生活和其他活动中产生,在一定时间和地点无法利用而被丢弃的污染环境的固态、半固态废弃物质。这里所说的生产建设,不是具体的某个建设工程项目的建设,而是指国民经济建设而言的生产及建设活动,是一个大范围的概念,包括工厂、矿山、建筑、交通运输、邮电等各业的生产和建设活动;这里所说的日常生活是指人们居家过日子、吃住行等活动,亦包括为保障人们居家生活提供各种社会服务及保障的活动;这里所说的其他活动,主要是指商业活动及医院、科研单位、大专院校等非生产性的,又不属于日常生活范畴的正常活动。

固体废物是相对某一过程或某一方面没有使用价值,而并非在一切过程或一切方面都没有使用价值。另外,由于各种产品本身具有使用寿命,超过了寿命期限,也会成为废物。因此,固体废弃物的概念具有时间性和空间性。一种过程的废物随着时空条件的变化,往往可以成为另一过程的原料,所以废物又有"放在错误地点的原料"之称。

固体废弃物的来源大体上可分为两类:一类是生产过程中所产生的废弃物,称为生产废弃物;另一类是在产品进入市场后在流动过程中或使用和消费后产生的固体废弃物,称生活废物。人们在资源开发和产品制造过程中,必然产生废弃物。任何产品经过使用和消费后也会变成废弃物。

(二)固体废物的基本处理方法

固体废物在资源化过程中,必须进行一系列处理,以回收其中有用成分。目前尚不能进行综合利用的固体废物在最终处理之前也必须作适当的处置,以使其达到无害化,并尽可能地减少其容积和数量。随着科学技术的发展,人类对于固体废物的处理技术有了很大发展,现在人们可以对固体废物采取物理的、化学的和生物的方法进行处理。

1.固体废物的预处理

在对固体废物进行回收利用和最终处理之前,往往需要进行预处理,以便比较容易地进行下一步的处理和利用。预处理主要包括固体废物的破碎、筛分、粉磨、压缩等工序。

1)破碎

破碎的目的是把固体废物破碎成小块或粉状小颗粒分选出有用或有害的物质。

固体废物的破碎方式有机械破碎和物理破碎两种。机械破碎是借助于各种破碎机械对固体废物进行破碎。主要的破碎机械有辊式破碎机、冲击破碎机和剪切破碎机等。对于不能用破碎机械破碎的固体废物,可用物理法破碎。物理法破碎有低温冷冻破碎、超声波破碎。低温冷冻破碎的原理是利用一些固体废物在低温($-60\sim-120℃$)条件下脆化的性质而达到破碎的目的。现在,低温冷冻技术已用于废塑料及其制品、废橡胶及其制品、废电线(塑料或橡胶被覆)等的破碎。超声波破碎还处于实验室研究阶段。

2)筛分

筛分是利用筛子将粒度范围较宽的混合物料按粒度大小分成若干不同级别的过程。它主要与物料的粒度或体积有关,比重和形状的影响很小。筛分时,通过筛孔的物料称为筛下产品,留在筛上的物料称为筛上产品。筛分一般适用于粗粒物料的分解。常用的筛分设备有棒条筛、振动筛、圆筒筛等。

根据筛分作业所完成的任务不同,筛分可分为独立筛分、准备筛分、辅助筛分、选择筛分、脱水筛分等。在固体废物破碎车间,筛分主要作为辅助手段,其中在破碎前进行的筛分称为预先筛分,对破碎作业后所得产物进行的筛分称为检查筛分。

3)粉磨

粉磨在固体废物处理和利用中占有重要的地位。粉磨一般有三个目的:①对物料进行最后一段粉碎,使其中各种成分单体分离,为下一步分选创造条件;②对各种废物原料进行粉磨,同时起到把它们混合均匀的作用;③制造废物粉末,增加物料比表面积,为缩短物料化学反应时间创造条件。

磨机的种类很多,有球磨机、棒磨机、砾磨机、自磨机(无介质磨)等。

4)压缩

对固体废物压缩处理的目的一是减少容积,便于装卸和运输;二是制取高密度惰性块料,便于储存、填埋或做建筑材料。无论是可燃废物、不可燃废物或是放射性废物都可进行压缩处理。

用于固体废物的压缩机有很多类型,以城市垃圾压缩机为例,小型的家用压缩机可装在橱柜下面;大型的可以压缩整辆汽车,每日可压缩上千吨垃圾。但无论何种用途的压缩机,都大致可分为竖式压缩机和卧式压缩机两种。

2.物理方法处理技术

在处理固体废物时经常利用固体废物的物理性质和物理化学性质,从中分选或分离有用或有害物质。通常依据的物理性质有重力、磁性、电性、光电性、弹性、摩擦性、粒度特性等;物理化学性质有表面润湿性等。根据固体废物的这些特性可分别采用重力分选、磁力分选、电力分选、光电分选、弹道分选、摩擦分选和浮选等分选方法。

1)重力分选

重力分选(简称重选)是将物料放入活动或流动的介质中,密度的差异导致颗粒运动速度或运动轨迹不同,因而可分选出不同密度产物。

重力分选过程中常用的介质有水、空气和悬浮液。目前,重液还仅限于实验室内应用。

重选方法可分为重介质选、跳汰选、摇床选和溜槽选。广义地讲,分组和洗矿也属于重选的范畴。

重选的优点是生产成本低,处理的物料粒度范围宽,对环境的污染少。

2)浮选

浮选是固体废物资源化技术中的重要工艺方法。主要用于分选出不易被重力分选所分离的细小固体颗粒。浮选的原理是利用矿物表面物理化学的特性,在一定条件下,加入各种浮选剂(起泡剂、捕收剂、抑制剂、介质调整剂等),并进行机械搅拌,使悬浮固体附在空气泡或浮选剂上,随着气泡等一起浮到水面上来,然后再加以回收。

目前,尚未见到固体废物专用浮选机,一般都是直接采用或稍加改进的矿用浮选机。

3)磁力分选

磁力分选(简称磁选)分为两种类型。一种是电磁和永磁的磁力分离,即通常所说的磁选。这种磁选的方法是在皮带机端头设置一个电磁或永磁的磁力滚筒,当物料经过磁力滚筒时,可将铁磁性物质分离。另一种是磁流体磁力分离。磁流体是指某种能够在磁场或者磁场与电场联合作用下磁化,呈现似加重现象,对颗粒具有磁浮力作用的稳定分散液。磁流体通常采用强电解质溶液、顺磁性溶液和磁性胶体悬浮液。似加重后的磁流体密度称为视在密度,视在密度高于介质原密度数倍,介质真密度一般为 1 400～1 600 kg/m^3,视在密度可高达 21 500 kg/m^3。流体的视在密度可以通过改变外磁场强度、磁场梯度或电场强度任意调节。将固体废物置于磁流体中,通过调节磁流体的视在密度即可对任意密度的物料进行有效的分选。

4)电力分选

电力分选是在高压电场中利用入选物料之间电性差异进行分选的方法。一般物质大致可分为电的良导体、半导体和非导体,它们在高压电场中有着不同的运动轨迹。利用物质的这一特性即可将各种不同的物质分离。

电力分选对于塑料、橡胶、纤维、废纸、合成皮革、树脂等与某种物料的分离,各种导体和绝缘体的分离,工厂废料的回收,例如旧型砂、磨削废料、高炉石墨、煤渣和粉煤灰等的回收都十分简便有效。

5)摩擦分选和弹道分选

摩擦分选和弹道分选是根据固体废物中各种混杂物质的摩擦系数和碰撞恢复系数的差异来进行分选的一种新技术。其原理是,各种固体废物摩擦系数和碰撞恢复系数明显不同,当它们沿斜面运动和与斜面碰撞时,就会产生不同的运动速度和反弹运动轨迹,从而达到彼此分开的目的。例如,城市垃圾自一定高度投入到可移动斜面筛网上端时,其中的碎砖瓦、碎玻璃等与斜面筛网弹性碰撞产生反跳,有机性垃圾和炉灰等近似塑性碰撞,不产生反跳,从而与砖瓦、玻璃、金属块等分离。

3.化学方法处理技术

采用化学方法处理固体废物是使固体废物发生化学转换从而回收物质和能源的有效方法。煅烧、焙烧、烧结、溶剂浸出、热分解、焚烧、辐射处理等都属于化学方法处理技术。

1)煅烧

煅烧是在适宜的高温条件下,脱除物质中二氧化碳、结合水的过程。煅烧过程中发生脱水、分解和化合等物理化学变化。如碳酸钙渣经煅烧再生石灰,其反应如下:

$$CaCO_3 = CaO + CO_2$$

2)焙烧

焙烧是在适宜气氛条件下将物料加热到一定的温度(低于其熔点),使其发生物理化学变化的过程。根据焙烧过程中的主要化学反应和焙烧后的物理状态,可分为烧结焙烧、磁化焙烧、氧化焙烧、中温氯化焙烧、高温氯化焙烧等。这些方法在各种工业废渣的资源化过程中都有较成熟的生产实践。

(1)烧结焙烧。烧结焙烧是使物料通过焙烧结成块,并且具有一定强度和特性的工艺过程。将钢渣配入烧结炉料中生产烧结矿即属于烧结焙烧的一种。

(2)磁化焙烧。磁化焙烧的目的是把弱磁性物质变成强磁性物质,以便能够用弱磁场磁选机分选回收。如硫铁矿、硫铁矿烧渣等铁的硫化物和氧化物等经过适宜温度及在还原气氛条件下焙烧之后,不但增加了磁性,而且大大降低了强度,这对破碎和磨细具有很大意义。

(3)氧化焙烧和中温氯化焙烧。氧化焙烧和中温氯化焙烧是指物料在氧化或氯化气氛条件下进行中温(1 000℃以下)焙烧。如煤矸石中含有 FeS_2,在氧化气氛下焙烧可生成 SO_3,SO_3 与水形成 H_2SO_4,然后与氨化合物生成硫酸铵肥料。又如,将硫铁矿烧渣在 $600\sim650℃$ 温度下,在氯化气氛条件下小焙烧,烧渣中的有色金属氧化物就生成了可溶性氯化物。从可溶性氯化物溶液中可回收有色金属。

(4)高温氯化焙烧。高温氯化焙烧是指物料在较高温度下(1 000℃以上),在氯化气氛条件下进行焙烧。

如将硫铁矿烧渣与氯化钙混合制成球团,球团经干燥后,在 1 000℃以上的高温条件下进行氯化焙烧,有色金属氯化并挥发而与三氧化二铁分离。又如,从挥发的有色金属氯化物烟尘中回收有色金属。焙烧的球团矿可用于炼铁。

3)烧结

烧结是将粉末或粒状物质加热到低于主成分熔点的某一温度,使颗粒黏结成块或球团,提高致密度和机械强度的过程。为了更好地烧结,一般需在物料中配入一定量的熔剂,如石灰石、纯碱等。物料在烧结过程中发生物理化学变化,化学性质改变,并有局部熔化,生成液相。烧结产物既可是可熔性化合物,也可是不熔性化合物,应根据下一工序要求制定烧结条件。烧结往往是焙烧的目的(烧结焙烧),但焙烧不一定都要烧结。

4)溶剂浸出

溶剂浸出法是将固体物料加入液体溶剂内,让固体物料中的一种或几种有用金属溶解于液体溶剂中,以便下一步从溶液中提取有用金属。这种化学过程称为溶剂浸出法。

按浸出剂的不同,浸出方法可分为水浸、酸浸、碱浸、盐浸和氰化浸等。

溶剂浸出法在固体废物回收利用有用元素中应用很广泛,如可用盐酸浸出物料中的铬、钢、镍、锰等金属;从煤矸石中浸出结晶三氯化铝、二氧化钛等。

在生产中,应根据物料组成、化学组成及结构等因素,选用浸出剂。浸出过程一般是在常温常压下进行的,但为了使浸出过程得到强化,也常常使用高温高压浸出。

5)热分解

热分解(或热裂解)是利用热能切断大分子量的有机物(碳氢化合物),使之转变为含碳量更小的低分子量物质的工艺过程。炼油工业早已用热分解来裂解烃类,制取低级烯烃。在固体有机废物处理中应用热分解则是后来发展起来的,可以说是热分解技术的新领域。通过热分解可在一定温度条件下,从有机废物中直接回收燃料油、气等。但是并非所有有机废物都适合于热分解,适于热分解的有机废物有废塑料(含氯者除外)、废橡胶、废轮胎、废油及油泥、废有机污泥等。

固体废物热分解一段采用竖炉、回转炉、床炉等。

6)焚烧

焚烧是对固体废物进行有控制的燃烧的方法。其目的是使有机物和其他可燃物质转变为二氧化碳和水逸入环境,以减少废物体积,便于填埋。在焚烧过程中,还可把许多种病原体以及各种有毒、有害物质转化为无害物质,因此焚烧也是一种有效的除害灭菌的废物处理方法。

7)辐射处理

辐射处理是用 Y 射线和电子束辐射城市固体废物,以达到杀菌、消毒目的的一种无毒化处理方法。此法优点是设备简单,操作容易,只要用泵或其他传送工具把废物送进辐射处理设备,经放射线照射后即可达到杀菌目的,而且 Y 射线穿透力强,杀菌效果彻底。

常用的辐射源有^{60}钴、^{137}铯、^{90}锶、^{85}氪等,利用废放射性同位素是经济可行的方法。废物在辐射作用下,能够改变微生物的活力和成分,其中有些分解、有些聚合,从而达到杀菌、消毒的目的。

进行辐射处理时,只要把辐射源密封好,如放置在壁厚为 1.5m 的混凝土或其他储器内,辐射剂量不超过一定的安全剂量时,则不会产生放射性污染。废物中所含病菌微生物的种类和数量不同,有效的辐射剂量也不一样,一般安全剂量在 10kGy(1 000krad)以下。

4．生物方法处理技术

生物方法亦称生物化学处理法,是利用微生物处理各种固体废物的一种方法。其基本原理是利用微生物的生物化学作用,将复杂有机物分解为简单物质,将有毒物质转化为无毒物质。根据氧气供应的有无,生物处理法可分为好气生物处理法和厌气生物处理法。好气生物处理法是在水中有充分溶解氧存在的情况下,利用好气微生物的活动,将固体废物中的有机物分解为二氧化碳、水、氨和硝酸盐。厌气生物处理法是在缺氧的情况下,利用厌气微生物的活动,将固体废物中的有机物分解为甲烷、二氧化碳、硫化氢、氨和水。生物处理法具有效率高、运行费用低等优点。沼气发酵、堆肥和细菌冶金等都属于生物处理法。

1)沼气发酵

沼气发酵是有机物质在隔绝空气和保持一定的水分、温度、酸和碱度等条件下,微生物分解有机物的过程。经过微生物的分解作用可产生沼气。沼气是一种混合气体,主要成分是甲烷(CH_4)和二氧化碳(CO_2)。甲烷占 60%～70%,二氧化碳占 30%～40%,还有少量氢、一氧化碳、硫化氢、氧和氮等气体。由于含有可燃气体甲烷,故沼气可作燃料。城市有机垃圾、污水处理厂的污泥、农村的人畜粪便、作物秸秆等皆可作产生沼气的原料。

2)堆肥

堆肥是垃圾、粪便处理方法之一。堆肥是将人畜粪便、垃圾、青草、农作物的秸秆等堆积起来,利用微生物的作用,将堆料中的有机物分解,产生高热,以达到杀灭寄生虫卵和病原菌的目的。堆肥分为普通堆肥和高温堆肥,前者主要是厌气分解过程,后者则主要是好气分解过程。堆肥的全程一般约需一个月。为了加速堆肥和确保处理效果,必须控制以下几个因素:①堆内须有足够的微生物;②须有足够的有机物,使微生物得以繁殖;③保持堆内适当的水分和酸碱度;④适当通风,供给氧气;⑤用草泥封盖堆肥,以保温和防蝇。

3)细菌冶金

细菌冶金是利用某些微生物的生物催化作用,将废物中的金属溶解出来,从而能够较为容易地从溶液中提取所需要的金属。它具有以下特点:①设备简单,操作方便;②特别适宜处理废矿、尾矿和炉渣;③可综合浸出,分别回收多种金属;④目前仅铜、铀细菌冶炼比较成熟,而且铜的回收需要大量铁来置换。

(三)固体废物的最终处置方法

即使资源化工作不断发展,总不可能将每年所排的各种固体废物全部用光,废物的积存是一个必然的趋势,这就需要采取最终处置措施,使其安全化、稳定化、无害化。结合我国技术经济情况,简要介绍几种可行的方法。

1.一般固体废物的处置方法

1)土地堆存法

土地堆存法是最原始、最简单和应用最广泛的处置方法。这种方法只用于处置不溶解(或低溶性的)、不扬尘、不腐烂变质等不危害周围环境的固体颗粒物。堆存场应设在山沟、山谷或坑洼荒地,尽量做到储量大、使用年限长、运营方便、安全可靠,绝不应占用良田。

2)填埋法

填埋法也是古老而广泛采用的处置方法,适用于处置任何形状的废物。填埋场地尽量利用人工开发过的废矿坑、废土坑等。因为这些废矿坑被废物充填后,可以恢复地貌,有利生态平衡。如果回填海湾、山谷等,则需考虑对自然环境的影响,避免破坏生态平衡。填埋场要防止填埋废物的溶出液、滤液及雨水径流对土坡、水源等的污染。回填地段还应能排放有机废物厌氧分解产生的气体,防止发生爆炸、火灾或窒息性死亡等。一些工业发达国家应用卫生填埋、滤沥循环填地、压缩和破碎垃圾填地等新的填埋技术处理城市垃圾等固体废物。

3)筑坝堆存法

粉煤灰、尾矿粉等湿排灰泥需要进行围隔堆存。储存场应设在输送方便、工程量小、使用年限长的山沟、山谷。近年来正在发展多级坝,即利用天然土石方堆筑母坝,然后储灰,储满后再在其上利用已储好的部分灰、粉作为堆筑子坝的材料不断逐层堆筑子坝。此法具有以灰、粉筑坝,并能储存灰、粉的作用,较之一次筑坝,可节省 3/4～4/5 的土方量,可节省投资,缩短工期。

4)土壤耕作法

土壤耕作法是利用土壤中的微生物将固体废物分解,以有效地处理某些可生物降解废物,如石油渣和制药、化工以及其他工业中的各种有机渣等的方法。此法简单易行,既处理了废物,还有可能改善土壤结构和提高肥效。此法适用于可以机械耕作的中性土壤区,但注意不要妨碍表面或底土的利用,并能与居民或公用区域适当隔离。所处理的废物应该是无毒的或经过无毒化处理的。

2. 工业有害渣的最终处置

在工业生产中排放的有害渣包括有毒的、易燃的、有腐蚀性的、有传染疾病的、有化学反应性的以及其他有害的固体废物。

工业有害固体废物种类很多,如浸油废物、固体焦油物质、焦油蒸馏后的污泥,以及含有芳烃、氰化物、铬酸、氯酚、生物碱、碳化物、硫和重金属等的固体废物;还有有毒溶剂、废涂料、废酸和农药配制后的残留物等。

对于工业有害固体废物的管理,许多国家都制定了各种法规。我国公布的《工业企业设计卫生标准》和《工业"三废"排放标准》也作了原则性的规定。

目前,各国对有害渣进行无害化处理和最终处理的方法有如下几种。

(1)焚化法。废渣中有害物质的毒性如果是由物质的分子结构造成的,而不是由所含元素造成的,这种废渣一般可采用焚化法分解其分子结构,如有机物经焚化转化为二氧化碳、水和灰分以及少量含硫、氮、磷和卤素的化合物等。

(2)化学处理法。化学处理方法中应用较普遍的有如下几种:①酸碱中和法。为了避免过量,可采用弱酸或弱碱中和。②氧化和还原处理法。如处理氰化物和铬酸盐应用强氧化剂和还原剂,通常要有一个避免过量的运转反应池。③沉淀化学处理法。利用沉淀作用,形成溶解度低的水合氧化物和硫化物等,减少毒性。④化学固定。常能使有害物质形成溶解度较低的物质。固定剂有水泥、沥青、硅酸盐、离子交换树脂、土壤黏合剂、脲醛以及硫磺泡沫材料等。⑤水泥窑高温煅烧。将有害废物放进水泥窑,在1 400℃高温下煅烧10s以上,分解和净化某些有毒成分。

(3)生物处理法。对各种有机物常采用生物降解法进行无害处理。

(4)海洋投弃。经过回收利用或适当处理后的废渣与垃圾,在不破坏海洋生物生态系统的条件下,可以投入大海。投入海洋的废物应严格符合以下规定:①投入海洋的固体废物主要限于疏浚工程泥土,污水处理场的污泥、粪便,经过初步处理的工业废物和爆炸物等。②禁止含汞、镉等有毒物质,塑料制品或其他可以漂浮在海面上的物质以及原油等含油废渣和放射性废物投入大海。③严格控制废物投入大海的地点与时间,不得近距离入海。

(5)填埋法。掩埋有害废物,必须做到安全填埋。预先要进行地质和水文调查,选定合适的场地,保证不发生滤沥、渗漏等现象,不使这些废物或淋出液体排入地下水或地面水体,也不使之污染空气。对被处理的有害废物的数量、种类、存放位置等均应做出记录,避免引起各种成分间的化学反应。对渗出液要进行监测。对水溶性物质的填埋,要铺设沥青、塑料等隔水层,以防底层渗漏。安全填埋的场地最好选在干旱或半干旱地区。

第二节　实验分析

一、环境噪声分析实验

实验一　声传感器噪声测量实验

1. 实验目的

(1)掌握声压级的测量方法。

(2)掌握噪声的测量方法。

2. 实验原理

声音是大气压上的压强波动,这个压强波动的大小简称为声压,以 P 表示,其单位是 Pa(帕)。从刚刚可以听到的声音到人们不堪忍受的声音,声压相差数百万倍。显然用声压表达各种不同大小的声音不太方便,同时考虑了人耳对声音强弱反应的对数特性,用对数方法将声压分为若干个等级,称为声压级。

声压级的定义是:声压与参考声压之比的常用对数乘以 20,单位是 dB(分贝)。其表达式为

$$L_P = 20\lg \frac{P}{P_0} \tag{6-1}$$

式中:P 为声压,即参考声压,它是人耳刚刚可以听到的声音。

值得注意的是,两个声压级或多个声压级相加不是 dB 的简单算术相加,而是按照对数的运算规律相加。

声压级只反映声音的强度对人耳的响度感觉的影响,而不能反映声音频率对响度感觉的影响。利用具有一个频率计权网络的声学测量仪器,对声音进行声压级测量,所得到的读数称为计权声压级,简称声级,单位为 dB。声学测量仪器中,模拟人耳的响度感觉特性,一般设置 A、B 和 C 三种计权网络。声压级经 A 计权网络后就得到 A 声级,用 LA 表示,其单位记作 dB(A)。大量实验证明,用 A 声级来评价噪声对语言的干扰,对人们的吵闹程度以及听力损伤等方面都有很好的相关性。另外,A 声级测量简单、快速,还可以与其他评价方法进行换算,所以是使用最广泛的评价尺度之一。如金属切削机床通用技术条件规定:高精度机床噪声容许小于 75dB(A);精密机床和普通机床噪声容许小于 85dB(A)。

实际测量中,除了被测声源产生噪声外,还有其他噪声存在,这种噪声叫做背景噪声。背景噪声会影响到测量的准确性,需要对结果进行修正。粗略的修正方法是:先不开启被测声源测量背景噪声,然后再开启声源测量,若两者之差为 3dB,应在测量值中减去 3dB,才是被测声源的声压级;若两者之差为 4~5dB,减去数应为 2dB;若两者之差为 6~9dB,减去数应为 1dB;当两者之差大于 10dB 时,背景噪声可以忽略。但如果两者之差小于 3dB,那么最好是采取措施降低背景噪声后再测量,否则测量结果无效。

测量环境中风、气流、磁场、振动、温度、湿度等因素都会给测量结果带来影响。特别是风和气流的影响。当存在这些影响时,应使用防风罩或鼻锥等测量附件来减少影响。

3. 实验仪器和设备

(1)DRVI 可重组虚拟实验开发平台 1 套。

(2)蓝津数据采集仪(LDAQ-EPP2)1 套。

(3)声传感器 1 套。

(4)双通道声学分析仪 1 台。

(5)计算机 1 台。

4. 实验步骤及内容

(1)将声传感器与数据采集仪连接。

(2)运行 DRVI 主程序,开启 DRVI 数据采集仪电源,然后点击 DRVI 快捷工具条上的"联机注册"图标,选择其中的"DRVI 采集仪主卡检测"进行服务器和数据采集仪之间的注册。

(3)在 DRVI 中搭建实验环境,测量当前室内噪声的声压级。

5. 实验报告要求

(1)简述实验原理和目的。

(2)根据实验原理和要求整理出本实验的设计原理图。

6. 思考题

(1)噪声信号是如何转换成电信号的?

(2)若要了解噪声对人体健康的影响,如何选择测点位置?

(3)怎样准确地消除背景噪声的影响?

实验二　频谱细化和展宽分析实验

1. 实验目的

了解频谱细化和展宽的原理,掌握用 ZOOMFFT 对频谱进行细化和用连续傅立叶变换对频谱进行展宽的方法。

2. 实验原理和内容

FFT 是测试信号处理的重要工具,用 FFT 算法计算得到的信号频谱的分辨力为

$$df = F_s/N \qquad (6\text{-}2)$$

其频率分析范围从直流到 $F_s/2$。在这一范围内信号的频谱具有相同的分辨力。在工程中有时会遇到信号频率范围很宽,但需要仔细观察的频带很窄的场合。用常规的 FFT 算法分析,只有增加变换点数 N,这样就导致计算量急剧增大。为了能将感兴趣的一小段局部频谱放大(见图 6-1),人们提出了多种算法。下面介绍其中的两种。

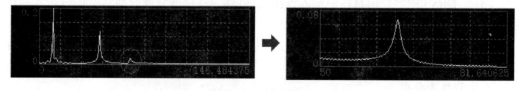

图 6-1　局部频谱放大

1)ZOOMFFT 频谱细化方法

图 6-2 所示是复调制 ZOOMFFT 频谱细化方法的原理框图。它将分析信号与细化中心频率 f_c 的正弦信号和余弦信号相乘,将信号中感兴趣频段移到低频;为避免频率混迭,通过低通滤波将其他频率成分滤掉;然后对信号进行 K 点选 1 的重采样;最后对重采样信号进行 FFT 计算就可以得到 K 倍细化频谱。

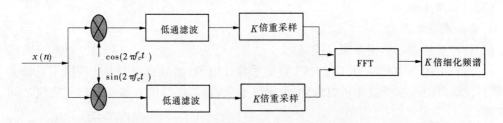

图 6-2　复调制 ZOOMFFT 频谱细化方法的原理

2)连续傅立叶变换频谱展宽法

FFT 频谱分析精度低的主要原因是其谱线在分析范围内均匀分布,如果将谱线集中在频谱的局部,就可以提高频谱的分辨力。下面是连续傅立叶变换的数字计算公式:

$$H(f) = \left[\sum_0^{N-1} x(n)\cos(2\pi \cdot f \cdot n \cdot \Delta t) + j \sum_0^{N-1} x(n)\sin(2\pi \cdot f \cdot n \cdot \Delta t) \right] \quad (6-3)$$

选定频率分辨力 df,对分析频段(flow − fhigh)直接按下式计算:

$$f = f_1 + idf \quad (i = 0,1,2,3,\cdots) \quad (6-4)$$

该法的缺点是无法利用 FFT 蝶型计算的优点,计算量大。不过对目前计算机的计算能力而言,通常情况下计算量大已不是问题。

3.实验仪器和设备

(1)计算机 1 台。

(2)DRVI 快速可重组虚拟仪器平台 1 套。

(3)打印机 1 台。

4.实验步骤及内容

(1)启动 DRVI 主程序,点击 DRVI 快捷工具条上的"联机注册"图标,进行注册,获取软件使用权。

(2)在 DRVI 的地址信息栏中输入连接地址,建立 ZOOMFFT 细化谱分析实验环境,如图 6-3 所示。

(3)在 DRVI 的地址信息栏中输入连接地址,建立连续傅立叶变换展宽谱分析实验环境,如图 6-4 所示。

(4)分析对比两种局部频谱分析算法的特点,掌握在实际测量中对信号进行处理的方法。

5.实验报告要求

简述实验目的及原理,按实验步骤附上相应的信号波形曲线,总结实验得出的主要结论。

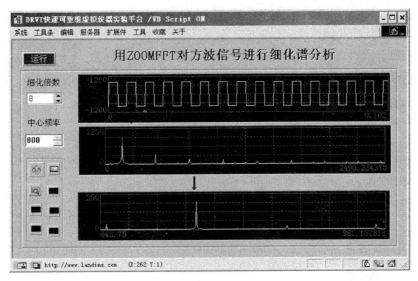

图 6-3　ZOOMFFT 细化谱分析实验环境

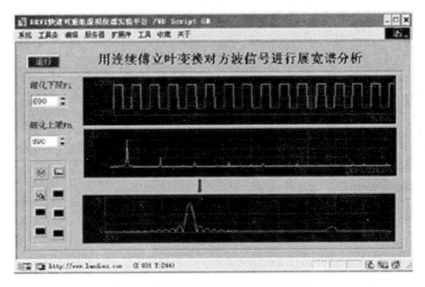

图 6-4　连续傅立叶变换展宽谱分析环境

实验三　发动机排气系统噪声的实验

1. 实验目的

熟悉噪声的测量方法,通过实验分析排气噪声对整车噪声降低的作用,测量噪声对发动机及整车噪声的影响,从而为以后降低排气噪声提供实验依据。

2. 实验原理

当前噪声污染已成为世界性的问题,而汽车噪声是主要的噪声污染源,因此汽车噪声的研究是目前汽车工业的一个重要课题。一般说来,汽车噪声中排气噪声是主要的噪声源。随着发动机转速和强化程度的提高,排气系统气流速度加大,排气噪声有增大的趋势。对发动机而言,其噪声按辐射方式不同可分为气体动力噪声和表面辐射噪声。气体动力噪声包括进气噪声、排气噪声和风扇噪声;表面辐射噪声包括燃烧噪声和机械噪声。在上述噪声源中,以排气噪声最为突出,所以研究排气噪声对整车噪声的降低是很有必要的。

(1)每秒排气数为基频的倍频成分,其各谐次频率为

$$f_k = \frac{Zn}{60\tau}k \quad (k = 1, 2, 3, \cdots) \tag{6-5}$$

式中:Z 为气缸数;n 为发动机转速,r/min;τ 为冲程系数,四冲程 $\tau = 2$,二冲程 $\tau = 1$;k 为不同的谐次。

(2)排气管气柱共振噪声成分。当排气管内压力脉冲频率与 $f = C/(4L)$ 及其较高谐次倍频相吻合时,就会出现较大共振噪声。如与 $f = C/(4L)$ 及其较高谐次倍频相吻合,则会出现反共振使这一频率的噪声减弱,其中,C 为排气状态下的声速,m/s;L 为排气管的长度,m。

(3)除此以外,还有废气喷注噪声、高速气流和管壁摩擦的紊流噪声等,这些主要为中高频成分。

(4)发动机位于实验室中央离四周墙壁距离超过 1m。为了消除柴油机运转时表面辐射噪声和风扇噪声对排气噪声测量的影响,用排气管将发动机排气噪声引到室外,关闭实验室大门,以防止室内的发动机噪声传出对测量产生影响。测量按 GB/T4759—1995 要求进行,排气噪声的测点布置在与排气口气流轴向成 45°方向上距离 0.5m 处,传声器指向排气口测点距地面高度大于 1.5m。为了防止排气气流对测点的冲击和废气对传声器的腐蚀,测量时传声器戴防风罩。在测量前后及中途用 NC-9 活塞发生器对测量仪器校验,控制误差≤0.2dB。控制发动机转速在规定的转速范围内转速误差不超过 ±5r/min。

3. 实验仪器

(1)某车型配备 491 柴油发动机 1 台。

(2)11.4m×7.2m×6.9m(长×宽×高)的内燃机噪声实验室 1 个。

(3)双通道声学分析仪 1 台。

(4)测功机及其控制系统 1 套。

(5)精密声级计 1 台。

(6)计算机 1 台。

(7)传声器 1 台。

(8)NC-9 活塞发生器 1 台。

4. 实验步骤

(1)按照 JJG176—84《声校准器检定规程》和 JJG188—84《声级计检定规程》,对测量过程中使用的声级计进行校准。

(2)根据 GB3743—84《内燃机台架性能实验方法》的规定,确定需要安装的附件,做好记录。

(3)测试环境的背景噪声,以备对测量结果做修正。

(4)测点布置。发动机排气由管道引出实验室外测点布置在排气管出口的右边,测点和

排气管出口中心点的连线与该出口管中心线成 45°方向且距离排气管出口中心点 0.5m 处。

5. 结果分析

绘制噪声频谱图,并对频谱图进行分析。判断发动机的噪声声压级、频率及频段。

二、吸声实验

岩棉空间吸声体吸声实验

1. 实验目的

(1)掌握噪声的测量方法。

(2)掌握吸声系数和吸声量的计算方法。

2. 实验原理

对于一个需要吸声的建筑物内部,它的声学状况不仅取决于所有的材料吸声系数大小,而且还与吸声材料的面积直接有关。因此,人们引出了吸声量的概念,它是吸声系数 a 与材料面积 s 的乘积,用 A 来表示,由此可见,采用吸声系数高的材料,就可以用尽量少的材料来达到预定的声学要求,节约造价。

岩棉空间吸声体是一种悬挂式的吸声结构,如图 6-5 所示。

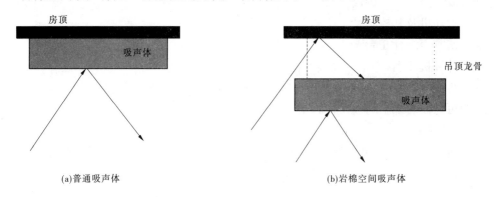

图 6-5　普通吸声体与岩棉空间吸声体安装示意图

由于两面吸声作用,空间吸声体的系数往往大于 1,尤其以中高频吸声效率提高更为显著,因此常能以数量不多的空间吸声体达到通常整片满铺吸声材料的声学效果。当然,由于声学现象很复杂,因此空间吸声体的吸声系数并不是简单的单面吸声系数的 2 倍。

岩棉空间吸声体采用不同的布置方法和组合方式,其吸声性能有较大差异,平板型和竖板型两种吸声体在设计和选用中应注意以下几个问题。

1)吸声特性的选择

在噪声控制中,要对噪声突出的频带首先降低。因此,选择岩棉空间吸声体时首先要仔细考虑其各频带的吸声特性。

岩棉空间吸声体的特点是中高频吸声系数很高,一般均在 0.8 左右,而低频声系数较低,一般在 0.2 左右。因此,我们把提高岩棉空间吸声体低频吸声性能作为一个重点进行反复实验。实验发现,吊高在室内净高 1/7 至 1/5 时,吸声体的中低频吸声性能比较好,符合宽频带吸声体的设计要求。

2）悬挂率

对于一定材料的空间吸声体,吸声材料面积与室内平面面积之比称为悬挂率。实验发现此值为40%～50%就可以达到吸声材料满铺平顶的声学效果,工程设计中悬挂率最好在此范围内,若悬挂率超出此值很多,则失去了空间吸声体节约材料的优点。

3）面层的使用

在不同场合,岩棉空间吸声体应采用不同的面层,实验表明,钢板网、铝板网、农用透气薄膜、玻璃纤维薄毡、装饰布等饰面都对岩棉板本身的吸声性能影响不大。但是,油漆、较厚的塑料薄膜、密实的装饰布都对吸声体的声性能有显著的影响,应避免采用。

需要指出的是,各种金属穿孔板的穿孔率大于10%时,基本上只起装饰作用,对吸声体的吸声性能影响不大;而小于10%时,就对吸声性能有影响,主要表现在使吸声体的高频吸声性能下降。因此,应当尽量避免使用低穿孔率面板。

3. 实验仪器及设备

(1)20m² 左右的实验室 1 间。

(2)空压机 1 台。

(3)双通道声学分析仪 1 台。

(4)测功机及其控制系统 1 套。

(5)精密声级计 1 台。

(6)计算机 1 台。

(7)传声器 1 台。

(8)可组装岩棉空间吸声体若干。

4. 实验步骤

(1)按照要求组装岩棉空间吸声体(可采用平板型和竖板型组合方式,实验后比较结果)。

(2)按照 JJG176—84《声校准器检定规程》和 JJG188—84《声级计检定规程》,对测量过程中使用的声级计进行校准。

(3)用不同的吸声组合将实验室密闭,确定需要安装的附件,做好记录。

(4)测试环境的背景噪声,以备对测量结果做修正。

(5)测点布置。测量按 GB/T4759—1995 要求进行,空压机噪声的测点距离机器0.5m处。

5. 结果分析

(1)绘制噪声频谱图,并对频谱图进行分析,判断噪声的声压级、频率及频段。

(2)分析两种不同组合方式的吸声效果,找出吸声效果不同的原因。

三、隔声实验

实验一　建筑物隔声实验

1. 实验目的

通过实验了解各种隔声材料的隔声量,熟悉并理解隔声结构设计的原理。

2. 实验原理

用一定材料、结构和装置将声源封闭，以达到控制噪声传播的目的。常见的隔声装置有隔声室、隔声罩、隔声屏，隔声材料有砖、钢板、钢筋混凝土及硬木板等。隔声室应强调密封，室内要做吸声处理，通风的进出管道要装消声器。隔声罩由隔声材料、阻尼材料和吸声层构成。隔声设施的隔声量与材料的面密度 M、激发频率 f、声波的入射角等因素有关。当声波法向入射于无限大理想均质构件并向自由场辐射声能时，正入射隔声设施隔声量 TL_0 的计算式为

$$TL_0 = 20\lg Mf - 42.2 \tag{6-6}$$

这一简单的关系称为质量定律。

实际的隔声量比理论值小，隔声量可按下式计算：

$$TL = 14.5\lg M + 14.5\lg f - 26 \tag{6-7}$$

将空压机放于实验室中央离四周墙壁距离超过 1m。为了消除空压机运转时表面辐射噪声和空压机振动噪声对噪声测量的影响，用螺栓将发动机固定好，关闭实验室大门，以防止室内的发动机噪声传出对测量产生影响。测量按 GB/T4759—1995 要求进行，空压机噪声的测点布置距离机器 0.5m 处。

用不同的隔声材料将实验室密闭，测量各种不同隔声材料的隔声效果。

3. 实验仪器及设备

(1)20m² 左右的实验室 1 间。

(2)空压机 1 台。

(3)双通道声学分析仪 1 台。

(4)测功机及其控制系统 1 套。

(5)精密声级计 1 台。

(6)计算机 1 台。

(7)传声器 1 台。

(8)石膏板或夹合板若干。

(9)木材及木构件若干。

4. 实验步骤

(1)按照 JJG176—84《声校准器检定规程》和 JJG188—84《声级计检定规程》，对测量过程中使用的声级计进行校准。

(2)用不同的隔声材料将实验室密闭，确定需要安装的附件，做好记录。

(3)测试环境的背景噪声，以备对测量结果做修正。

(4)测点布置。测量按 GB/T4759—1995 要求进行，空压机噪声的测点布置在距离机器 0.5m 处。

5. 结果分析

(1)绘制噪声频谱图，并对频谱图进行分析，判断发动机的噪声声压级、频率及频段。

(2)分析不同隔声材料的隔声效果，找出隔声效果不同的原因。

实验二　空压机隔声罩降噪实验

1.实验目的

通过实验了解各种隔声罩的隔声原理,熟悉并理解隔声结构的设计。掌握噪声的测量及布点方法,绘制噪声频谱图及对图进行分析。

2.实验原理

对于工厂车间中的各种空压机、汽轮机、发电机、变压器等动力设备以及非常吵闹的制订机、抛光机、球磨机等机械加工设备,一般是把它密封在一个局部的罩子里,对于改善周围环境、减少噪声干扰有着明显的效果。隔声罩的优点是体积小、用料少、效果显著,但是加隔声罩以后,往往会对运转的机组散热、管道安装以及维护检修带来一些不便之处,因此在设计隔声罩时,要结合生产工艺、操作方便和实际条件进行设计。

为了便于操作、检修和拆装方便,隔声罩大多使用薄金属板、木板、纤维板等轻质板材做成。由于这些轻质板材重量较轻,具有较高的固有频率,因此当声源辐射的强大声能一旦与罩壳发生共振,隔声性能将显著下降,有时甚至成为噪声的"放大器"。为了解决这个问题,特别是对于薄金属板做的罩壳,一般采取以下几种方法:

(1)尽量减少噪声辐射的面积,去掉不必要的金属板面或者在金属板面上采取加筋的办法以控制板面振动,减少声能辐射。

(2)加大结构阻尼克服共振(简称为减损阻尼),就是在薄钢板上紧紧地粘贴或涂喷一层内摩擦阻尼大的黏滞性材料,常见的有软橡胶、软木沥青或其他高分子涂料配制成的"阻尼浆",可以有效地抑制金属板面的振动。

(3)将声源与隔声罩或与基础之间的刚性连接断开或垫以软的弹性材料,以减少振动的传递。

(4)隔声罩内表面作隔声处理。

(5)为了机组散热,在隔声罩上增加进排气口。为防止声音在进排气口处漏声,在进风或排风口处要安装专门的消声装置。

3.实验仪器及设备

(1)隔声罩1套。

(2)空压机1台。

(3)双通道声学分析仪1台。

(4)测功机及其控制系统1套。

(5)精密声级计1台。

(6)计算机1台。

(7)传声器1台。

4.实验步骤

(1)按照JJG176—84《声校准器检定规程》和JJG188—84《声级计检定规程》,对测量过程中使用的声级计进行校准。

(2)用隔声罩将空压机密闭,确定需要安装的附件,做好记录。

(3)测试环境的背景噪声,以备对测量结果做修正。

(4)测点布置。测量按 GB/T4759—1995 要求进行,空压机噪声的测点布置在距离机器 0.5m 处。

5. 结果分析

(1)绘制噪声频谱图,并对频谱图进行分析。判断发动机的噪声声压级、频率及频段。

(2)分析不同隔声材料的隔声效果,找出隔声效果不同的原因。

四、工业废渣渗滤模型实验

垃圾渗滤液中硫酸盐的测定分析

1. 实验目的

掌握用重量法测定分析硫酸盐的原理和方法。

2. 实验原理

在盐酸溶液中,于接近沸腾的温度下,硫酸盐与加入的氯化钡形成硫酸钡沉淀。至少沸腾 20min,使沉淀陈化之后过滤,洗沉淀至无氯离子为止。烘干或者灼烧沉淀,冷却后,称硫酸钡的质量。

3. 干扰及消除

水样中如含悬浮物、硝酸盐、亚硝酸盐和二氧化硅,可使结果偏高;碱金属硫酸盐,特别是碱金属硫酸氢盐常使结果偏低;铁和铬等能影响硫酸盐完全沉淀,使测定结果偏低。

硫酸钡的溶解度很小,在酸性介质中进行沉淀,虽然可以防止碳酸钡和磷酸钡沉淀。但酸性较大时也会使硫酸钡沉淀溶解度增大。

4. 测定范围

本方法可测定硫酸盐含量 10mg/L(SO_4^{2-})以上的水样,测定上限为 5 000mg/L。

5. 仪器

(1)蒸气浴或水浴。

(2)烘箱。

(3)马福炉。

(4)慢速定量滤纸。

(5)滤膜:孔径为 0.45μm。

(6)烧结玻璃坩埚 G4:约 30mL。

(7)铂蒸发皿:75mL。

6. 试剂

(1)(1+1)盐酸。

(2)(1+1)氨水。

(3)氯化钡溶液:称取 100g±1g 二水合氯化钡(BaCl$_2$·2H$_2$O)溶于约 800mL 水中,加热有助于溶解,冷却并稀释至 1 000mL。此溶液能长期保持稳定,1mL 可沉淀约 400mgSO$_4^{2-}$。

(4)0.1%甲基红指示剂。

(5)硝酸银溶液(约 0.1mol/L):称取 0.17g 硝酸银溶于 80mL 水中,加 0.1mL 硝酸,

稀释至100mL。储存于棕色试剂瓶中,避光保存。

(6)无水碳酸钠。

7.水样的保存

当水样中存在有机物时,某些细菌可以将硫酸盐还原成硫化物。因此,对于严重污染的水样应在40℃低温保存,防止菌类增殖。

8.操作步骤

1)沉淀

(1)测可溶性硫酸盐:移取适量经0.45μm滤膜过滤的水样置于500mL烧杯中,滴加2滴0.1%甲基红指示剂,用盐酸或氨水调水样呈橙黄色,再加2mL盐酸,然后补加水使试液的总体积约为200mL。加热煮沸5min(此时若试液出现不溶物,应过滤后再进行沉淀),缓慢加入约10mL热的氯化钡溶液,直到不出现沉淀,再过量加入2mL。继续煮沸20min,放置过夜,或在50~60℃下保持6h使沉淀陈化。

(2)回收和测定不溶物中的硫酸盐:取适量混匀水样,经定量滤纸过滤。将滤纸转移到铂蒸发皿中,在低温燃烧器上加热灰化滤纸,并将4g无水碳酸钠同皿中残渣混合,于900℃使混合物熔融。放冷,用50mL热水溶解熔融混合物后,转移到500mL烧杯(或洗净蒸发皿)中,将溶液酸化后再按前述方法进行沉淀。

(3)如果水样中二氧化硅及有机物的浓度能引起干扰(SiO_2浓度超过25mg/L),则应除去。方法是将水样分次置于铂蒸发皿中,在水浴上蒸发至近干,加1mL盐酸,将皿倾斜并转动使酸和残渣完全接触,并继续蒸发至干。再放入180℃的炉内完全烘干(如果水样中含有机质,就在燃烧器的火焰上或马弗炉中加热使之碳化。然后用2mL水和1mL盐酸把残渣浸湿,再在蒸气浴上蒸干)。加入2mL盐酸,用热水溶解可溶性残渣,过滤。用几份少量的热水反复洗涤不溶的二氧化硅,将滤液和洗液合并,弃去残渣。滤液和洗液按上述方法进行沉淀。

2)过滤

(1)用带橡皮头的玻璃棒将烧杯中的沉淀完全转移到已恒重过的烧结玻璃坩埚G4中去,用热水少量多次地洗涤沉淀直到没有氯离子为止。

(2)检验上述洗涤水中是否含有氯化物:收集约5mL的过滤洗涤水,如果没有沉淀生成或者不变浑浊,即表明沉淀中不含氯离子。

(3)检验坩埚下侧的边沿上有无氯离子。

3)干燥和称量

取下坩埚,并在105℃±2℃干燥1~2h。然后将坩埚放在干燥器中,冷却至室温后,称量。再将坩埚放在烘干箱中干燥10min,冷却,称量,直到前后两次的质量差不大于0.000 2g为止。

9.计算

硫酸盐的含量可按下式计算:

$$\rho(SO_4^{2-}) = \frac{m \times 0.411\,5 \times 1\,000}{V} \tag{6-8}$$

式中:m为从水样中沉淀出来的硫酸钡的质量,mg;V为水样体积,mL;0.411 5为

$BaSO_4$ 质量换算为 SO_4^{2-} 的系数。

10. 注意事项

(1)使用过的烧结玻璃坩埚清洗:用每升含 8gEDTA·2Na 和 25mL 乙醇胺的水溶液将坩埚浸泡过夜,然后将坩埚在抽滤情况下用水充分洗涤。

(2)用少量无灰滤纸的纸浆与硫酸钡混合,能改善过滤效果,并防止沉淀产生蠕升现象。在此种情况下,应将过滤并洗涤好的沉淀放在坩埚中,在 800℃ 灼烧 1h,放在干燥器中冷却至恒重。

(3)使用铂蒸发皿或铂坩埚前,应先查阅铂器皿使用的注意事项。

(4)水样有颜色不影响测定。

11. 讨论

(1)简述垃圾渗滤液中硫酸盐测定的意义。

(2)干扰本实验结果的因素有哪些?

五、固体废弃物焚烧实验

实验一　有机固体废物热值测定

1. 实验的目的和意义

固体废物热值是固体废物的一个重要物理化学指标。固体废物热值的大小直接影响着固体废物处理方法的选择。本实验的目的是使学生掌握固体废物热值的测定方法,并在实验中培养学生动手能力,使其熟悉相关设备的使用方法。

2. 实验原理

热化学中定义,1mol 物质完全氧化时的反应热称为燃烧热。对生活垃圾固体废物和无法确定相对分子质量的混合物,其单位质量完全氧化时的反应热称为热值。

测量热效应的仪器称为量热计(卡计)。量热计的种类很多,本实验用氧弹卡计,图 6-6 为氧弹卡计安装示意图,图 6-7 为氧弹卡计构造图。测量基本原理是:根据能量守恒定律,样品完全燃烧放出的能量促使氧弹卡计本身及其周围的介质(本实验用水)温度升高,通过测量介质燃烧前后温度的变化,就可以求算出该样品的燃烧热值。其计算式为

$$mQ_V = (3\,000\rho C + C_卡)\Delta T - 2.9L \tag{6-9}$$

式中:Q_V 为燃烧热,J/g;ρ 为水的密度,g/cm³;C 为水的比热容,J/(℃·g);m 为样品的质量,kg;$C_卡$ 为卡计的水当量,J/℃;L 为铁丝的长度,cm(其燃烧值为 2.9J/cm);3 000 为实验用水量,mL。

氧弹卡计的水当量 $C_卡$ 一般用纯净苯甲酸的燃烧热来标定,苯甲酸的恒容燃烧热 $Q_V = 26\,460$J/g。

为实验的准确性,完全燃烧是实验成功的第一步。要保证样品完全燃烧,氧弹卡计中必须充足高压氧气(或者其他氧化剂),因此要求氧弹密封、耐高压、耐腐蚀,同时粉末样品必须压成片状,以免充气时冲散样品,使燃烧不完全而引起实验误差。第二步,必须使燃烧后放出的热量不散失,不与周围环境发生热交换而全部传递给卡计本身和其中盛放的

水,促使卡计和水的温度升高。为了减少卡计与环境的热交换,卡计放在一恒温的套壳中,故称环境恒温或外壳恒温卡计。卡计壁须高度抛光,也是为了减少热辐射。卡计和套壳中间有一层档屏,以减少空气的对流量。虽然如此,热漏还是无法完全避免,因此燃烧前温度变化的测量值必须经过雷诺图法校正。其校正方法如下。

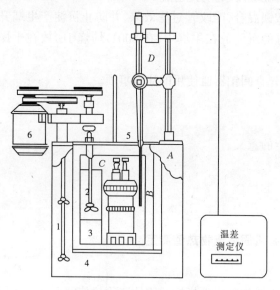

图 6-6 氧弹卡计安装示意图
1、2—搅拌器;3—支架;4—垫片;
5—绝热胶板;6—马达

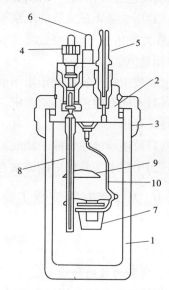

图 6-7 氧弹卡计的构造图
1—厚壁圆筒;2—弹盖;3—螺帽;
4—进气孔;5—排气孔;6—电极;
7—燃烧皿;8—电极(同时也是进气管);
9—火焰遮板;10—支架

称适量待测物质,使燃烧后水温升高 1.5～2.0℃。预先调节水温低于室温 0.5～1.0℃,然后将燃烧前后历次观察的水温对时间作图,联成 FHIDG 折线(见图 6-8),图中 H 相当于开始燃烧之点,D 为观察到最高的温度读数点,作相当于室温的平行线 JI 交折线于 I,过 I 点作 ab 垂线,然后将 FH 线和 GD 线外延交 ab 线与 A、C 两点,A 点与 C 点所表示的温度差即为欲求温度的升高 ΔT。图中 AA′ 为开始燃烧到温度上升至室温这一段时间 Δt_1 内,由环境辐射进来和搅拌引进的能量而造成卡计温度的升高,必须扣除。CC′ 为温度升高到 D 这一段时间 Δt_2 内,卡计向环境辐射出能量而造成卡计温度的降低,因此需要添加上。由此可见,A、C 两点的温差较客观地表示了由于样品燃烧促使卡计温度升高的数值。

有时卡计的绝热情况良好,热漏小,而搅拌器功率大,不断引进微量能量使得燃烧后的最高点不出现(见图 6-9)。这种情况下 ΔT 仍然可以按照同法校正。

温度测量采用贝克曼温度计,其工作原理和调节方法参阅说明书。

3. 实验仪器和试剂

(1)氧弹卡计 1 支。

(2)放大镜 1 支。

(3)氧气钢瓶 1 支。

(4)贝克曼温度计 1 支。

(5)氧气表。

(6)0～100℃温度计 1 支。

(7)压片机 1 台。

(8)万用电表 1 支。

(9)变压器 1 台。

(10)苯甲酸(分析纯或燃烧专用)若干。

(11)铁丝若干。

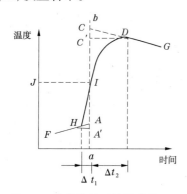

图 6-8　绝热较差时的雷诺校正图

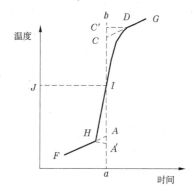

图 6-9　绝热良好时的雷诺校正图

4.实验步骤

1)测定卡计的水当量 $C_卡$

(1)样品压片:用台秤称取 1g 左右的苯甲酸(切勿超过 1.1g)。用分析天平准确称量长度为 15cm 长的铁丝。将铁丝穿在模子的底板内,下面填以托板,徐徐旋紧压片机的螺丝,直到压紧样品为止(压的太紧会压断铁丝,以致样品点火不能燃烧起来)。抽去模底下的托板,再继续向下压,则样品和模底一起脱落。将压好样品在分析天平上准确称量后即可供燃烧用。

(2)充氧气:在氧弹中加入 1mL 蒸馏水,再将样品片上的铁丝绑牢于氧弹中两根电极上。打开氧弹出气道,旋紧氧弹盖。用万用电表检查进气管电极与另一根电极是否通路。若通路,则旋紧出气道后就可以充氧气了。充氧气程序如下:将氧气表头的导管和氧弹的进气管接通,此时减压阀门应逆时针旋松(即关紧)。打开阀门,直至指针指在表压100kg/cm²(1kg/cm² = 98.066 5kPa)左右,然后渐渐旋紧减压阀门(即渐渐打开),使表指针指在表压 20kg/cm²,此时氧气已充入氧弹中。1～2min 后旋松(即关闭)减压阀门,关闭阀门,再松开导气管,氧弹已充有 21atm(1atm = 101 325Pa)的氧气(注意不可超过30atm),可作燃烧用。但减压阀门到阀门之间尚有余气,因此要旋紧减压阀门以放掉余气,再旋松阀门,使钢瓶和氧气表头恢复原状。

(3)燃烧和测定温度:将充好氧气的氧弹再用万用电表检查是否通路,若通路则将氧弹放入恒温套层内。用容量瓶准确地量取已被调节到低于室温 0.5～1.0℃ 的自来水

3 000mL,并倒入盛水桶内。装好搅拌电动机,盖上盖子,将已调节好的贝克曼温度计插入水中,将氧弹电极用电极线连接到点火变压器上。接着开动搅拌电动机,待温度稳定上升后,每隔1min读取贝克曼温度计一次(读数时用放大镜准确读到千分之一度),这样继续10min,然后按下变压器上电键通电点火。若变压器上指示灯亮后不息,表示铁丝没有烧断,应立即加大电流引发燃烧;若指示灯根本不亮或者虽加大电流也不熄灭,而且温度也没有迅速上升,则可以当温度升到最高点以后,读数仍改为1min一次,共继续10min,方才可以停止实验。

实验停止后,小心取下温度计,拿出氧弹,打开氧弹出口,放出余气,最后旋出氧弹盖,检查样品燃烧的结果。若氧弹中没有什么燃烧的残渣,表示燃烧完全;若氧弹中有许多黑色的残渣,表示燃烧不完全,实验失败。燃烧后剩下的铁丝长度必须用尺度量,把数据记录下来。最后倒去自来水,擦干盛水桶待下次实验。

2)样品热值的测定

(1)固体状样品测定:将混匀具有代表性的生活垃圾或固体废物粉碎成粒径为2mm的碎粒;若含水率高,则应于150℃烘干,并记录水分含量,然后称取1.0g左右,同法进行上述实验。

(2)流动性样品的测定:油流动性污泥或不能压成片状物的样品,则称1.0g左右样品置于小皿,铁丝中间部分浸在样品中,两端与电极相连,同上法进行实验。

5.数据处理

(1)用图解法求出苯甲酸燃烧引起卡计温度变化的差值 ΔT_1,并根据公式计算卡计的水当量。

(2)用图解法求出样品燃烧引起卡计温度变化的差值 ΔT_2,并根据公式计算样品的热值。

6.讨论

(1)本实验中测出的热值与高热值及低热值的关系。

(2)固体样品与流动状样品的热值测量方法有何不同?

(3)在利用氧弹卡计测量废物的热值中,有哪些因素可能影响测量分析的精度?

实验二 医疗废物的焚烧处理实验

1.实验目的与意义

医疗固体废物是医院、诊所等医疗机构在诊治、预防疾病过程中产生的固体废弃物,包括手术残物、动物实验废物、废医用塑料制品、针管、有毒棉球、废敷料、感光乳液、废药品和部分生活废物。医疗废物中含有大量受到生物性污染的传染性物体,导致污染的可能是各种病毒、病菌和寄生虫卵等,如各种细菌、寄生虫等,以及危险性较大的脊髓灰质炎病毒、柯萨奇病毒、肝炎病毒、呼吸道和肠道病毒等致病微生物。因此,医疗废物是高度危险废物,必须进行无害化处置。医疗废物焚烧处理的主要目的是,彻底消灭医疗废物所携带的各种病菌、病原体,销毁医疗废物中解剖后的残肢或手术后的碎屑,以及医疗用的玻璃瓶、注射器、针嘴等有毒残留物。

2. 实验原理

通过高温焚烧杀灭医疗废物中的各种病毒、病菌和寄生虫卵,可燃医疗废物分解为二氧化碳、水等。

3. 实验设备

(1)小型医疗废物焚烧炉 1 台。

(2)余热器 1 台。

(3)干式烟气反应塔 1 台。

(4)布袋除尘器 1 台。

(5)在线尾气检测仪 1 套。

(6)配套的仪表和电气设备 1 套。

4. 实验步骤

(1)医疗废物在焚烧炉一燃室内通过干燥、热分解(850~1 000℃)。

(2)在一燃室中,部分可燃物质分解为一氧化碳、气态烃类等可燃混合烟气,进入二燃室继续进行充分燃烧,二燃室燃烧温度达到 1 100~1 300℃。

(3)排出燃尽后的块状物残渣。

(4)燃烧后的高温废气经烟道式余热器吸热回收能源后,温度降至 180℃进入尾气处理系统,尾气处理系统采用干式烟气调温反应塔和布袋除尘器的工艺。

(5)反应塔除用来控制进入布袋除尘器的烟气温度外,还通过喷入适量的 $CaCO_3$ 粉来去除烟气中的 SO_2 和 HCl。

(6)在烟气调温反应塔和布袋除尘器中间的烟道中,还布置了活性炭喷吹装置,以进一步去除烟气中的二噁英。

(7)经焚烧炉、余热器和尾气处理系统各自排出的飞灰中含有 $CaCl_2$、$CaSO_4$ 和未反应的 $CaCO_3$ 等,再加入适量水泥搅拌制成半凝固块状水泥运至填埋厂填埋。

(8)水泥封固可以很好地固定飞灰和残留物,防止有毒物质的渗出。

(9)灰渣送危险废弃物填埋场填埋。

5. 数据处理

(1)记录和计算医疗废物焚烧炉焚烧过程中的技术参数(烟气停留时间、燃烧效率、焚毁去除率等)。

(2)灰渣中病原病菌的分析。

(3)灰渣中重金属分析。

第七章　环境工程专业综合性实验设计

第一节　概　述

我国的高等教育正在面临着一场深刻的变革,正如江泽民同志曾指出的:"创新是一个民族进步的灵魂,是国家兴旺发达的不竭动力。"这句话深刻阐明了培养学生创新的重要意义,也为我们的教育改革指明了方向。实验教学作为高等学校教学体系的重要部分,它肩负着培养创新意识、创新能力的高素质人才的重任,有着得天独厚的条件。创新能力是以实践动手为基础的,学生只有在既动脑又动手的实验过程中才能产生创新思维。因此,实验教学在培养学生的创新能力及创新意识等方面起着其他教学环节无法替代的重要作用。

长期以来,在实验教学中,学生所做实验主要是一些常规的验证性实验,每次实验都由教师提前将仪器设备准备好,并由教师讲一遍实验步骤,然后学生再做。这种教师为主、学生为辅的做法,使得一些实验虽然做了,但达不到实验教学的目的,甚至出现流于形式的现象,既不能调动学生学习的积极性和主动性,提高学生的动手能力和设计能力,又起不到培养学生创新意识与实践能力的目的,与实验教学的目的及全面素质教育的目标相距甚远。针对上述问题,进行了综合型实验教学改革的研究与实践。

环境工程专业综合实验的开设能让学生将所学知识系统化。综合实验是为大学四年级学生开设的,对于高年级学生,由于处于继续修读研究生课程,或走向社会面对实际工作岗位前的"磨合期",学生的专业化实验手段和科学素质,以及分析问题和解决问题的能力的培养尤为重要。综合实验打破了单科实验只验证某一论点或测定某一数据或学习某一操作技术的缺陷,把几门专业课的基本理论、基本操作技能系统地综合在一起,大大促进了学生综合素质的提高。综合实验具有一定的科研性。在综合实验中,按科研的基本思路和方法要求学生,首先,要求学生必须广泛查阅有关资料,每人至少10篇,有的学生查阅多达20篇,且涉及面很广,正如学生在报告体会中写的:"查资料,跑图书馆颇有收获,大大拓宽了知识面。"其次,学生在做实验的过程中,不仅练习了各种操作技术,培养了独立分析问题、解决问题的能力,而且还调动了他们的积极性、创造性,同时学生对如何研究增强了感性认识。再次,要求学生写出较高水平的实验总结报告,我们认为写好实验总结报告,既是对实验课教学质量的基本检验,也是对学生综合分析和表达能力的有效锻炼,要求以科研论文的形式写出 3 000 字以上的实验报告总结,内容包括前言、主要实验材料与方法、实验结果与讨论、小结与体会、参考文献等,促进和深化了第一课堂的学习,为今后的毕业论文设计和工作后从事科研活动打下了坚实的基础。综合实验具有一定的研究性。如固定化微生物技术处理废水是一种新型技术,目前仍处于实验室研究阶段,为使学生尽快踏入这一先进技术领域,结合这一新技术开发了综合实验,在固定化微生物处理废水的实验中,学生们从固定化微生物技术对有机物的降解速率、降解效率及降解性能的影响着手与自然菌株比较,明显看出固定化微生物的优势,并对这一新技术在水处理工程中的广泛应用充满信心,从而培养了他们的研究能力,增强了他们的创新意识。

为加深环境工程专业学生对所学课程有关内容的理解,帮助学生建立一个完整的水处理工程系统概念,提高学生利用各门课程所学的知识综合分析和解决问题的能力,经过有关教师和实验人员的反复讨论,建立了给水处理和污水处理综合实验方案。方案在不减少大纲规定的实验项目的情况下,将给水工程的处理过程和污水处理的工艺分别设计成综合实验,这些实验综合了《水分析化学》《水微生物学》《给水工程》《排水工程》等课程的有关内容。从实施情况看,对提高学生运用所学知识综合分析和解决实际问题的能力起到了很好的促进作用。

第二节　环境工程综合性实验

一、固定化微生物处理废水实验

(一)实验目的和意义

废水生物处理作为水污染防治走水资源可持续利用道路中的重要技术手段之一,20世纪80年代以来,废水生物处理新技术的研究开发和应用,已在全世界范围内得到了长足的发展,并出现了许多新型的废水生物处理技术。包埋法固定化微生物处理废水就是其中的一种。为提高学生综合素质,培养学生的创新能力、实践能力与创业精神,我们结合废水处理的这一新技术,经过两年研究与探索,开出了集环境工程微生物、环境监测、水处理实验于一体的固定化微生物废水处理综合实验。

(二)实验原理

在废水处理过程中,随着废水水质的差异,出现的微生物种类、数量也有明显的差别,其中以细菌的数量最多。由于微生物具有来源广、易培养、繁殖快、对环境适应性强、易变异等特征,在生产上较容易采集菌种进行培养增殖,并在特定条件下进行驯化,使之适应有毒工业废水的水质条件,从而通过微生物的新陈代谢使有机物无机化、有毒物质无害化。加之微生物的生存条件温和,新陈代谢过程中不需要高温高压,它不需投加催化剂和催化反应,用生物法促使污染物的转化过程与一般化学法相比优越得多,其处理废水的费用低廉,运行管理较为方便,所以生化处理是废水处理系统中最重要的过程之一。目前,这种方法已广泛用于生活污水及工业废水的二级处理。

废水生物处理主要是通过微生物的新陈代谢作用来实现的,微生物在生命活动过程中,不断地从外界环境中摄取营养物质,通过复杂的酶催化反应将其加以利用,提供能量并合成新的生物体,同时又不断地向外界环境排泄废物,在这一过程中,废水中的有机污染物被降解,从而使废水中的有机物含量下降而得到净化。参与这一过程的微生物主要有细菌、真菌、原生动物、后生动物以及藻类等,其中细菌起主要作用。图7-1所示为废水处理流程。

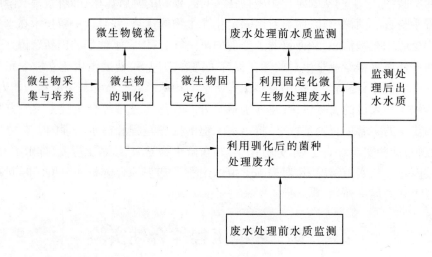

图 7-1　废水处理流程

(三)实验仪器、材料

本实验所需实验仪器有分析天平(感量 0.01mg)1 台、振荡培养箱 1 台、冰箱 1 台、接种环若干、接种瓶若干、显微镜 1 台、高速离心机 1 台、722 分光光度计 1 台、自选土样、苯酚、4 - 氨基安替比林、聚乙烯醇(PVA)、硼酸(H_3BO_3)等试剂。

(四)实验步骤与实验方法

1. 微生物的采集、培养及驯化

运用微生物的营养、生长、发育、遗传变异理论将菌种采集技术、灭菌消毒、显微镜调试观察、微生物培养、分离接种、微生物活性测定等贯穿于微生物驯化培养的整个过程中。

(1)接种。取过筛花园土 2g 于 25mL 的含酚浓度为 50mg/L 的培养液中,共接种两瓶,一瓶于 28～30℃ 的振荡培养箱中培养 24h,另一瓶于 4℃ 冰箱中不培养。

经 24h 后,将培养与不培养的两瓶取出,用 4 - 氨基安替比林比色法监测降解酚的效果。

(2)传代。取上述检查有解酚菌的培养液 5mL 两份,分别接入 50mL 含酚浓度为 100mg/L 的培养液中,重复上述培养与检查。对于二次、多次传代(方法同上),寻找最高苯酚浓度为多少时,自然耐酚菌株对苯酚降解速率开始下降。

(3)分离。将上述耐酚菌株的培养液用已灭过菌的接种环在含酚固体培养基平板上划线分离,经 28～30℃ 恒温培养 24h,进行 G 染色、镜检。

2. 菌种的固定化

包埋法微生物处理废水是 20 世纪 80 年代开始研究的一种废水处理新技术,它是用物理方法将微生物细胞包埋在凝胶载体内,固定化微生物小球具有多孔结构,内部孔洞比外表面孔洞大,这种外密内疏的结构可有效防止包埋细菌的流失、减少污泥产量、防止膨胀现象、固定化小球,尤其是能保持高效菌种浓度优势,从而提高处理效率,缩短水力停留时间。

(1)包埋。将上述驯化的菌液用高速离心机以 5 000r/min 离心 3 次,每次 20min,浓缩至含泥量为 15% 的菌泥,称取 10g 菌泥,加至 10g8% 的聚乙烯醇(简称 PVA)凝胶中,充分混匀。

(2)交联。将上述混匀的凝胶用滴管逐滴滴至饱和 H_3BO_3 中,即可形成 PVA 小球,滴完后将烧杯放入冰箱中,在 7~8℃ 时交联 24h。

(3)硬化。将交联好的 PVA 小球放至 2%$AlCl_3$ 溶液中,置于 7~8℃ 冰箱中硬化 24h。

(4)PVA 小球的活性恢复。将硬化好的 PVA 小球加至营养液中于 28~30℃ 恒温箱中培养 24h。

(5)PVA 小球的活性诱导。将已恢复活性的 PVA 小球加到适宜浓度的模拟废水中,30℃ 静置,每 8h 监测一次,当酚的去除率达 98% 时,更换废水并加入酚的浓度,继续诱导至解酚率在 50% 以下为止。再恢复活性,即在原诱导已达到所至的浓度,再继续诱导。观察并记下 PVA 小球降解酚速率下降时的酚浓度以及 PVA 小球失去活性时的酚浓度。

3.固定化菌体与自然菌株的活性比较

将具有同等解酚能力且含等量菌泥的 PVA 小球和驯化菌泥分别加至等量含酚浓度为 200mg/L 的废水中,置于 30℃ 恒温振荡箱中,每 2h 监测一次,并绘出时间与解酚率关系曲线。

(五)实验结果分析

实验结果记录见表 7-1 和表 7-2。

表 7-1　微生物接种、驯化记录

实验时间:＿＿＿年＿＿＿月＿＿＿日　　　　　　　　实验地点:＿＿＿＿＿＿

		酚降解速率
接种	接种瓶 1	
	接种瓶 2	
一次传代	接种瓶 1	
	接种瓶 2	
二次传代	接种瓶 1	
	接种瓶 2	
三次传代	接种瓶 1	
	接种瓶 2	

表 7-2　固定化菌体与自然菌体活性比较记录

实验时间:＿＿＿年＿＿＿月＿＿＿日　　　　　　　　实验地点:＿＿＿＿＿＿

微生物	测量次数			
	1	2	3	4
PVA 小球				
驯化菌泥				

二、混凝正交实验

(一)实验目的和意义

混凝是水处理的一个重要方法,用以去除水中细小的悬浮物和胶体污染物质。混凝法可用于各种工业废水的处理(如造纸、钢铁、纺织、煤炭、选矿、化工、食品等工业废水)的预处理、中间处理或最终处理及城市污水的三级处理和污泥处理。它除用于去除废水中的悬浮物和胶体物质外,还用于除油和脱色。通过混凝正交实验,学生可以了解混凝的机理,掌握混凝的操作程序,学会设计正交实验表格,分析影响混凝效果的因素。

(二)实验原理

凝聚是两种基本机制的结果:一是异向凝聚或叫做电动凝聚,即通过投加相反电荷的离子或胶体使 ξ 电位降至小于范德华引力的程度;二是同向凝聚,即胶态分子集结成团而聚合成胶体颗粒。投加高价阳离子可以减少颗粒电荷和双电层的有效距离,因此可以降低 ξ 电位。混凝剂溶解后,其中的阳离子就与胶体颗粒带有的负电荷中和。这一过程发生在可见的絮凝体形成之前。这时候快速搅拌,对去除胶体外包裹物很有效,接着就形成无数微小絮凝体。若在酸性介质中,这些微小絮凝体就吸附氢离子,从而带有正电荷,它也能中和并包裹胶体粒子。同向凝聚往往又简称絮凝。絮凝是使絮状胶体集结起来的过程。在这个阶段,表面吸附也起作用,起初未被吸附的胶体物质,此时被裹挟入絮团中。

本实验选用硫酸铝和氯化铁作为混凝剂,自配水样作为原水,为考察混凝剂种类、投加量和反应速度是否影响水样的处理效果,通过设计一个三因素二水平的正交实验表来完成这一设计性实验。

(三)实验仪器、材料

本实验所需仪器有六联搅拌机 1 台、浊度仪 1 台、温度计 1 支、烧杯、量筒、移液管、洗耳球等。实验所需材料有一定浓度的 $FeCl_3$ 和 $Al_2(SO_4)_3$ 溶液。

(四)实验步骤与实验方法

(1)绘出正交实验表(见表 7-3)。

表 7-3　混凝正交实验表

实验时间:_____年_____月_____日　　　　　　实验地点:_____

实验号	因素			出水浊度
	药剂种类	投加量	反应速度	
1	$Al_2(SO_4)_3$			
2	$Al_2(SO_4)_3$			
3	$FeCl_3$			
4	$FeCl_3$			

(2)测定原水水温、浊度。原水水温用温度计测量,原水浊度用浊度仪测量,浊度仪测量之前需调零。

(3)加药。用 800mL 量筒量取 4 个水样,分别放入已编号的搅拌机的量杯中,并向其中加入正交表中所计划药量。

(4)混凝沉淀。对六联搅拌机进行编程运行,快速搅拌 2min,再慢速搅拌 15min。搅拌完成后静沉 15 min。

(5)测定处理水浊度。各量杯中水样静沉 15min 后,倒出上清液,用浊度仪测其浊度,记录到表格中。

(五)实验结果分析

对正交实验分析,需计算相应统计量与各项方差,列出方差分析表,见表7-4。

表7-4 方差分析检验表

实验时间:_____年_____月_____日　　　　　　　实验地点:_____

方差来源	差方和	自由度	均方值	F值	$\lambda_{0.05}$	显著性
投加量						
反应速度						
误差						
总和						

三、环境监测综合性实验——某大学校园环境质量监测方案制定

(一)校园环境空气监测方案

1. 实验目的

(1)通过实验进一步深入了解大气环境中各污染因子的具体采样方法、分析方法、误差分析及数据处理等方法。

(2)对校园的环境空气定期监测,评价校园的环境空气质量,为研究校园大气环境质量变化及制定校园环境保护规划提供基础数据。

(3)根据污染物或其他影响环境质量因素的分布,追踪污染路线,寻找污染源,为校园环境污染的治理提供依据。

(4)培养团结协作精神及综合分析与处理问题的能力。

2. 校园大气环境影响因素识别

大气污染受气象、季节、地形、地貌等因素的强烈影响并随时间而变化,因此应对校园内各种大气污染源、大气污染物排放状况及自然与社会环境特征进行调查,并对大气污染物排放作初步估算。

(1)校园大气污染源调查。主要调查校园大气污染物的排放源、数量、燃料种类和污染物名称及排放方式等,为大气环境监测项目的选择提供依据,可按表7-5的方式进行调查。

表7-5 校园大气污染源情况调查

序号	污染源名称	数量	燃料种类	污染物名称	污染物治理措施	污染物排放方式	备注
1	食堂						
2	锅炉房						
3	机械实习工厂						
4	建筑工地						
5	家庭炉灶						

(2)校园周边大气污染源调查。一般大学校园位于交通干线旁,有的交通干线还穿越大学校园,因此校园周边大气污染源主要调查汽车尾气排放情况,汽车尾气中主要含有CO、NO_2、烟尘等污染物。调查形式如表7-6所示。

表7-6　汽车尾气调查情况

路段		××街	××街	××街	××街	…
车流量 (辆/h)	大型车					
	中型车					
	小型车					

(3)气象资料收集。主要收集校园所在地气象站(台)近年的气象数据,包括风向、风速、气温、气压、降水量、相对湿度等,具体调查内容如表7-7所示。

表7-7　气象资料调查

项目	调查内容
风向	主导风向、次主导风向及频率等
风速	年平均风速、最大风速、最小风速、年静风频率等
气温	年平均气温、最高气温、最低气温等
降水量	平均年降水量、每日最大降水量等
相对湿度	年平均相对湿度

3.大气环境监测因子的筛选

根据国家环境空气质量标准和校园及其周边的大气污染物排放情况来筛选监测项目,高等学校一般无特征污染物排放,结合大气污染源调查结果,可选 TSP、PM_{10}、SO_2、NO_2、CO 等作为大气环境监测项目。

4.大气监测方案

(1)采样点的布设。根据污染物的等标排放量,结合校园各环境功能区的要求,及当地的地形、地貌、气象条件,按功能区划分的布点法和网格布点法相结合的方式来布置采样点。各监测点名称及相对校园中心点的方位和直线距离可按表7-8列出,各测点具体位置应在总平面布置图上注明。

表7-8　测点名称及相对方位

测点编号	测点名称	测点方位	到校园中心点距离(m)
1#			
2#			
3#			
…			

(2)监测项目和分析方法的确定。根据大气环境监测因子的筛选结果所确定的监测项目,按照《空气和废气监测分析方法》、《环境监测技术规范》和《环境空气质量标准》所规定的采样和分析方法执行,具体方法可按表7-9列出。

表 7-9　环境空气监测项目及分析方法

监测项目	采样方法	流量 (L/min)	采气量 (L)	分析方法	检出下限 (mg/m³)
PM_{10}	滤膜阻留法	100	72 000	重量法	0.1
SO_2	溶液吸收法	0.5	22.5	四氯汞钾－盐酸副玫瑰苯胺分光光度法	0.009
NO_2	溶液吸收法	0.3	13.5	盐酸萘乙二胺分光光度法	0.01
…				…	

(3)采样时间和频次。采用间歇性采样方法,连续监测3~5d,每天采样频次根据学生的实际情况而定,SO_2、NO_2、CO等每隔2~3h采样一次;TSP、PM_{10}每天采样一次,连续采样。采样应同时记录气温、气压、风向、风速、阴晴等气象因素。

5.数据处理

(1)数据整理。监测结果的原始数据要根据有效数字的保留规则正确地书写,监测数据的运算要遵循运算规则。在数据处理中,对出现的可疑数据,首先从技术上查明原因,然后再用统计检验处理,经检验验证属离群数据应予剔除,以使测定结果更符合实际。

(2)分析结果的表示。将监测结果按样品数、检出率、浓度范围进行统计并制成表格,可按表7-10所示统计分析结果。

表 7-10　环境空气监测结果统计

编号	测点名称	样品数	检出率(%)	小时平均值		日平均值	
				浓度范围	超标率(%)	浓度范围	超标率(%)
1#							
2#							
…							
	标 准 值						

(二)校园水环境监测方案

1.实验目的

(1)通过水环境监测实验,让学生进一步深入了解水环境监测中各环境污染因子的采样与分析方法、误差分析、数据处理等方法与技能。

(2)通过对校园地表水、饮用水和污水的水质监测,掌握校园内的水环境质量现状,并判断水环境质量是否符合国家有关环境标准的要求。

(3)培养学生的实践操作技能和综合分析问题的能力。

2.水环境监测调查和资料收集

校园环境水样很多,有汇集在校园的地表水,也有来源于地壳下部的地下水（井水、泉水），此外,还有校园排放的废水。调查和资料收集,除调查收集校园内水污染物排放情况外,还需了解校园所在地区有关水污染源及其水质情况,有关受纳水体的水文和水质参数等。有关水污染源的调查可按表7-11进行。

表 7-11　水污染源调查

污染源名称	用水量 （t/h）	排水量 （t/h）	排放的主要污染物	废水排放去向
学生生活				
实验室				
印刷厂				
…				
废水总排放口				

3.水环境监测项目和范围

(1)监测项目。水环境监测项目包括水质监测项目和水文监测项目。校园水环境监测项目可以只开展水质监测项目。对于地表水,水质监测项目可分为水质常规项目、特征污染物和水域敏感参数。水质常规项目可根据国家《地表水环境质量标准》和环境监测技术规范选取,特征污染物可根据校园内实验室、校办工厂、医院、机械实习工厂等排放的污染物来选取,敏感水质参数可选择受纳水域敏感的或曾出现过超标而要求控制的污染物。对于地下水,若用做生活饮用水源,监测项目应按照国家卫生部《生活饮用水水质卫生规范》执行。划分地下水类型和反映水质特征的监测项目有矿化度、总硬度、重碳酸根、硫酸根等。河口和海湾水域的监测项目可参照国家《海水水质标准》规定的水质要求和有毒物质确定。

(2)监测范围。地表水监测范围必须包括校园排水对地表水环境影响比较明显的区域,应能全面反映与地表水有关的基本环境状况。如果校园内有湖泊（或人工湖），可直接在校园内湖泊取样监测。如果校园排水直接排入校园外河流、湖泊及海洋等地表水体,应根据地表水的规模和污水排放量来确定调查范围。表7-12列出了根据污水排放量与水域规模确定的河流环境影响现状调查范围,对河流影响范围较大取较大值,反之取较小值。如果下游河段附近有敏感区,如水库、水源地、旅游区域等,则监测范围应延长到敏感区上游边界。表中同时还列出了湖泊的调查范围。海域的监测范围通常根据废水和废水中污染物排放量大小,以及海洋特征而定。由于污染物在海湾中进行扩散时受潮汐波浪、海流等多种因素作用，一般多以3.5m等深线以下的范围作为监测海域,如果海底坡度较小,可相应缩小监测范围。另外也可以岸边排放口为圆心,取其半圆形面积作为监测海域的范围,见表7-13。如果校园废水排入城市下水道,可只在污水总排出口进行监测。

地下水监测范围可以只在校园区域内监测布点。

表 7-12　地表水环境现状调查范围

污水排放量（m³/d）	河流			湖泊	
	大河≥150（m³/s）	中河50～150（m³/s）	小河≤15（m³/s）	调查半径（km）	调查面积（km²）
＞50 000	15～30	25～40	30～50	4～7	25～80
50 000～20 000	10～20	15～30	25～40	2.5～4	10～25
20 000～10 000	5～10	10～20	15～30	1.5～2.5	3.5～10
10 000～5 000	2～5	5～10	10～25	1～1.5	2～2.5
＜5 000	＜3	＜5	5～10	≤1	≤2

表 7-13　海湾环境监测的海域调查范围

污水排放量(m³/d)	调查范围	
	调查半径(km)	调查面积(按半圆计算)(km²)
＞50 000	5～8	40～100
50 000～20 000	3～5	15～40
20 000～5 000	1.5～3	3.5～15
＜5 000	＜1.5	＜3.5

4.监测点布设、监测时间和采样方法

(1)监测点布设。监测断面和采样点的设置应根据监测目的和监测项目，并结合水域类型、水文、气象、环境等自然特征，综合诸多方面因素提出优化方案，在研究和论证的基础上确定。

河流监测断面一般应设置三种断面，即对照断面、控制断面和消减断面。对照断面反映进入本地区河流水质的初始情况，布设在不受污染物影响的城市和工业排污区的上游；控制断面布设在评价河段末端或评价河段有控制意义的位置，诸如支流汇入、废水排放口、水工建筑物和水文站下方，视沿岸污染源分布情况，可设置一个至数个控制断面；消减断面布设在控制断面的下游，污染物浓度有显著下降处，以反映河流对污染物的稀释自净情况。断面上的采样点根据河流水面宽度和水深，按国家相关规定确定。

湖泊、海湾中的监测点应尽可能地覆盖污染物所形成的污染面积，并切实反映水域水质和水文特征，如果校园排水不是直接排入河流、湖泊和海湾，而是排入城市下水道，可以在校园污水总排口进行监测布点，以了解其排水水质和处理效果。

(2)监测时间。监测目的和水体不同，监测的频率往往也不相同。对河流和湖泊的水质、水文同步调查3～4d，至少应有1d对所有已选定的水质参数采样分析。一般情况下每天每个水质参数只采一个水样。对校园废水总排口，可每隔2～3h采样一次。地下水采样时间和频率应与地表水同步进行。

(3)采样方法。根据监测项目确定是混合采样还是单独采样。采样器需事先用洗涤剂、自来水、10%硝酸或盐酸和蒸馏水洗涤干净，沥干，采样前用被采集的水样洗涤2～3

次。采样时应避免激烈搅动水体和漂浮物进入采样桶;采样桶桶口要迎着水流方向浸入水中,水充满后迅速提出水面,需加保存剂时应在现场加入。为特殊监测项目采样时,要注意特殊要求,如应用碘量法测定水中溶解氧,需防止曝气或残存气泡的干扰等。

采集地下水样时,应在监测井旁边选择标志物或编号,保证每次在同一采样点采样。从机井采样时,先放水5～10min,排净积留于管道中的水,然后采样。采集泉水时,应在泉水流出处或水流汇集的地方采样。

5.样品的保存和运输

水样存放过程中,由于吸附、沉淀、氧化还原、微生物作用等,样品的成分可能发生变化,因此如不能及时运输和分析测定的水样,需采取适当的方法保存。较为普遍采用的保存方法有控制溶液的pH值、加入化学试剂、冷藏和冷冻。

采取的水样除一部分现场测定使用外,大部分要运送到实验室进行分析测试。在运输过程中,为继续保证水样的完整性、代表性,使之不受污染、不被损坏和丢失,必须遵守各项保证措施。根据水样记录表清点样品,塑料容器要塞紧内塞,旋紧外塞;玻璃瓶要塞紧磨口塞,然后用细绳将瓶塞与瓶颈拴紧。需冷藏的样品,配备专门的隔热容器,放冷却剂。冬季运送样品,应采样保温措施,以免冻裂样瓶。

6.分析方法与数据处理

(1)分析方法。分析方法按国家环保局规定的《水和废水分析方法》进行,可按表7-14编写。

表 7-14　监测项目的分析方法及检出下限

序号	监测项目	分析方法	检出下限	国标号
1	pH 值	玻璃电极法		GB6920—1986
2	COD_{Cr}	重铬酸钾氧化滴定法	5mL/L	GB11914—1989
…				

(2)数据处理。监测结果的原始数据要根据有效数字的保留规则正确书写,监测数据的运算要遵守运算规则。在数据处理中,对出现的可疑数据,首先从技术上查明原因,然后再用统计检验处理,经检验验证后属离群数据应予剔除,以使测定结果更符合实际。

(3)分析结果表示。可按表 7-15 对水质检测结果进行统计。

表 7-15　水质监测结果统计

断面名称	污染因子	pH值	SS	DO	COD_{Cr}	BOD_5	NH_3-N	…
1#	浓度(mg/L)							
	超标倍数							
2#	浓度(mg/L)							
	超标倍数							
…	…							
标准值								

参 考 文 献

[1] 吴翊,李永乐,胡庆军.应用数理统计.长沙:国防科技大学出版社,1995
[2] 陈希孺,倪国熙.数理统计学教程.上海:上海科学技术出版社,1988
[3] 袁志发,周静芋.多元统计分析.北京:科学出版社,2002
[4] 余建英,何旭宏.数据统计分析与SPSS应用.北京:人民邮电出版社,2003
[5] 胡习英,雷庆铎,成庆利.基于Matlab的河流水质污染特征研究.武汉:水利渔业,2006(4)
[6] 唐启义,冯明光.实用统计分析及其DPS数据处理系统.北京:科学出版社,2001
[7] 叶文虎,栾胜基.环境质量评价学.北京:高等教育出版社,1994
[8] 胡习英,李海华,陈南祥.定量化城市生态环境评价指标体系与评价模型研究.河南农业大学学报,
   2006(3)
[9] 中国科学院数学所概率统计室.正交表实验成果汇编(第一辑).北京:科学出版社,1974
[10] 柳董堪.正交函数及其应用.北京:国防工业出版社,1982
[11] 蔡正泳,王足献.正交设计在混凝土中的应用.北京:中国建筑工业出版社,1983
[12] 上海市科学技术交流站.正交实验设计法——多因素实验方法.上海:上海人民出版社,1975
[13] 方开泰,马长兴.正交与均匀实验设计.北京:科学出版社,2001
[14] 正交实验法编写组.正交实验法.北京:国防工业出版社,1975
[15] 王丽敏,李秋荣,石晴.电絮凝法处理含油废水的研究.化工科技,2005,13(3):30~33
[16] 贾素云,曹霞,高建峰.混凝—吸附法处理果胶废水工艺实验.水处理技术,2001,27(5):10
[17] 奚旦立,孙裕生,刘秀英.环境监测.北京:高等教育出版社,2004
[18] 孙成.环境监测实验.北京:科学出版社,2003
[19] 聂麦茜.环境监测与分析实践教程.北京:化学工业出版社,2003
[20] 宁平,张承中,陈建中.固体废物处理与处置实践教程.北京:化学工业出版社,2005
[21] 国家环境保护局水和废水监测分析方法编委会.水和废水监测分析方法(第4版).北京:中国环境
   科学出版社,2002
[22] 奚旦立.环境工程手册(环境监测卷).北京:高等教育出版社,1998
[23] 国家环境保护局空气和废气监测分析方法编委会.空气和废气监测分析方法(第4版).北京:中国
   环境科学出版社,2003
[24] 李海华,申灿杰.郑州市郊区蔬菜对有害元素汞(Hg)富集规律研究.河南科学.2003,21(3):361~
   363
[25] 吴邦灿,费龙.现代环境监测技术.北京:中国环境科学出版社,1999
[26] 张世森.环境监测技术.北京:高等教育出版社,1992
[27] 崔九思,王欣源,王汉平.大气污染监测方法(第2版).北京:化学工业出版社,1997
[28] 吴同华.环境监测技术实习.北京:化学工业出版社,2001
[29] 姚运先.环境监测技术.北京:化学工业出版社,2001
[30] 陈玲,赵建夫.环境监测.北京:化学工业出版社,2004
[31] 郭怀成,陆根法.环境科学基础教程.北京:中国环境科学出版社,2003
[32] 黄学敏,张承中.大气污染控制工程实践教程.北京:化学工业出版社,2003
[33] 陈秀娟.工业噪声控制.北京:化学工业出版社,1981.04
[34] 国家环境保护局.工业噪声治理技术.北京:中国环境科学出版社,1993

[35] 智乃刚,许亚芬.噪声控制工程的设计与计算.北京:水利电力出版社,1994

[36] 李耀忠.噪声控制技术.北京:化学工业出版社,2001

[37] 胡春波,王文龙.DH63 型离心压缩机辐射噪声实验研究.流体机械,2000,28(5):5~7

[38] 李润方,林腾蛟,陶泽光.齿轮箱振动和噪声实验研究.机械设计与研究,2003,19(5):63~65

[39] 魏文平.家用空调器室内机组噪声的实验研究.武汉科技学院学报,2003,16(3):75~78

[40] 张立军,靳晓雄,黄锁成,等.汽车空调压缩机引起的车内噪声实验研究,汽车工程,2002,24(5):398~402

[41] 国家环境保护总局污染控制司.城市固体废物管理与处理处置技术.北京:中国石化出版社,2000

[42] 工业固体废物采样制样技术规范(HJ/T20—1998).北京:中国环境科学出版社,1998

[43] 庄伟强.固体废物处理与利用.北京:化学工业出版社,2001

[44] 卿山,王华,胡建杭,等.昆明市医疗废物的焚烧处理.资源开发与市场,2005,21(4):281~282

[45] 田文栋,魏小林,黎军,等.城市固体废物的焚烧实验.中国环境科学,2001,21(1) 49~53

[46] 孙蔚旻,陈朱蕾,熊向阳,等.垃圾渗滤液生物处理系统 BP 人工神经网络模型.安全与环境工程,2004,11(4),46~48

[47] 张衍国,邓高峰,郭亮,等.废弃物焚烧产物中 HCl 的检测研究.安全与环境学报,2002,2(2):7~9

[48] 赵海霞,刘景知,张成禄,等.环境工程专业综合实验研究.实验技术与管理,2002,19(6)